"十四五" 职业教育国家规划教材

职业教育**数字媒体应用**人才培养系列教材

U0691986

电子活页微课版

Illustrator

实例教程

Illustrator 2022
·第·2·版·

湛邵斌◎主编　李晓堂　刘一铄◎副主编

人民邮电出版社

北　京

图书在版编目（CIP）数据

Illustrator 实例教程：Illustrator 2022：电子
活页微课版 / 湛邵斌主编. -- 2 版. -- 北京：人民邮
电出版社，2025. --（职业教育数字媒体应用人才培养系
列教材）. -- ISBN 978-7-115-66577-5

Ⅰ. TP391.412

中国国家版本馆 CIP 数据核字第 202565H3M1 号

内 容 提 要

本书全面、系统地介绍 Illustrator 2022 的基本操作方法和矢量图形的制作技巧，包括初识 Illustrator 2022、图形的绘制与编辑、路径的绘制与编辑、对象的组织、颜色填充与描边、文本的编辑、图表的编辑、图层和蒙版的使用、使用混合与封套效果、效果的使用、综合设计实训等内容。

本书内容以课堂案例为主线，使学生可以快速熟悉 Illustrator 2022 的操作方法和图形设计流程。书中的软件功能解析部分可以使学生深入了解软件的使用技巧；课堂练习和课后习题可以拓展学生的实际应用能力，使学生巩固所学；综合设计实训可以帮助学生熟悉商业项目的设计理念，顺利达到实战水平。

本书适合作为高等职业院校数字媒体类专业 Illustrator 课程的教材，也可作为 Illustrator 初学者的参考书。

◆ 主　　编　湛邵斌
　　副 主 编　李晓堂　刘一铄
　　责任编辑　王亚娜
　　责任印制　王　郁　周昇亮

◆ 人民邮电出版社出版发行　　北京市丰台区成寿寺路 11 号
　　邮编　100164　电子邮件　315@ptpress.com.cn
　　网址　https://www.ptpress.com.cn
　　三河市祥达印刷包装有限公司印刷

◆ 开本：787×1092　1/16
　　印张：15　　　　　　　　　2025 年 6 月第 2 版
　　字数：376 千字　　　　　　2025 年 8 月河北第 2 次印刷

定价：59.80 元

读者服务热线：(010)81055256　印装质量热线：(010)81055316
反盗版热线：(010)81055315

前言

　　Illustrator 是由 Adobe 公司开发的矢量图形处理和编辑软件。它功能强大、易学易用，深受图形图像处理爱好者和平面设计人员的喜爱。目前，我国很多高等职业院校的数字媒体类专业都将 Illustrator 列为一门重要的专业课程。为了帮助教师全面、系统地讲授这门课程，使学生能够熟练地使用 Illustrator 进行创意设计，我们几位长期从事 Illustrator 教学工作的教师共同编写了本书。

　　本书全面贯彻党的二十大精神，以社会主义核心价值观为引领，传承中华优秀传统文化，坚定文化自信。为使本书内容更好地体现时代性、把握规律性、富于创造性，我们对其编写体系做了精心的设计，主要内容按照"课堂案例—软件功能解析—课堂练习—课后习题"这一思路进行编排，力求通过丰富的案例帮助学生举一反三，提高实际应用能力。在内容选取方面，我们力求细致全面、重点突出；在文字叙述方面，我们注意言简意赅、通俗易懂；在案例设计方面，我们强调案例的针对性和实用性。

　　本书提供书中所有案例的素材及效果文件。另外，为方便教师教学，本书还配有 PPT 课件、教学大纲、配套教案等丰富的教学资源，任课教师可到人邮教育社区（www.ryjiaoyu.com）免费下载。本书的参考学时为 64 学时，其中实训环节为 22 学时，各章的参考学时参见下面的学时分配表。

学时分配表

章	内　容	学 时 分 配	
		讲授/学时	实训/学时
第 1 章	初识 Illustrator 2022	2	—
第 2 章	图形的绘制与编辑	6	2
第 3 章	路径的绘制与编辑	4	2
第 4 章	对象的组织	2	2
第 5 章	颜色填充与描边	6	2
第 6 章	文本的编辑	4	2
第 7 章	图表的编辑	2	2
第 8 章	图层和蒙版的使用	4	2
第 9 章	使用混合与封套效果	4	2
第 10 章	效果的使用	2	2
第 11 章	综合设计实训	6	4
学时总计		42	22

由于编者水平有限，书中难免存在不足之处，敬请广大读者批评指正。

编　者

2024 年 12 月

教学辅助资源

素材类型	数量	素材类型	数量
教学大纲	1 份	PPT 课件	11 个
配套教案	1 套	微课视频	54 个

微课视频列表

章	微课视频	章	微课视频
第 2 章 图形的绘制与 编辑	绘制奖杯图标	第 7 章 图表的编辑	制作微度假旅游年龄分布图表
	绘制端午节龙舟插图		制作获得运动指导方式图表
	绘制祁州漏芦花卉插图	第 8 章 图层和蒙版的 使用	制作传统工艺展海报
	绘制校车插图		制作自驾游海报
	绘制传统乐器大鼓插图		制作时尚杂志封面
第 3 章 路径的绘制与 编辑	绘制卡通文具 Banner		制作中秋节月饼礼券
	绘制播放图标	第 9 章 使用混合与封套 效果	制作艺术设计展海报
	绘制可口冰淇淋插图		制作国风音乐会海报
	绘制传统图案纹样		制作卡通火焰贴纸
第 4 章 对象的组织	制作美食宣传海报		制作促销商品海报
	制作博物院陶瓷宣传海报	第 10 章 效果的使用	制作具有立体效果的 Logo
	制作现代家居画册内页		制作文房四宝展示会海报
	制作民间传统艺术剪纸海报		制作童装网站详情页主图
第 5 章 颜色填充与 描边	绘制围棋插图		制作夏日饮品营销海报
	绘制航天科技插图	第 11 章 综合设计实训	制作家居宣传单三折页
	制作金融理财 App 弹窗		制作阅读平台推广海报
	制作化妆品 Banner		制作苏打饼干包装
第 6 章 文本的编辑	制作夏季换新电商广告		制作电商网站首页 Banner
	制作陶艺展览海报		制作餐饮类 App 引导页 1
	制作古琴文化展宣传海报		设计家居画册封面
	制作传统扎染工艺推广广告		设计餐饮类 App 引导页 2
第 7 章 图表的编辑	制作餐饮行业收入规模图表		设计食品宣传单
	制作家装消费统计图表		设计腊八节宣传海报

扩展知识扫码阅读

设计基础

✔认识形体　　　✔透视原理

✔认识设计　　　✔认识构成

✔形式美法则　　✔点线面

✔基本型与骨骼　✔认识色彩

✔认识图案　　　✔图形创意

✔版式设计　　　✔字体设计

>>>

设计应用

✔创意绘画　　　✔图标设计

✔装饰设计　　　✔VI设计

✔UI设计　　　　✔UI动效设计

✔标志设计　　　✔包装设计

✔广告设计　　　✔文创设计

✔网页设计　　　✔H5页面设计

✔电商设计　　　✔MG动画设计

✔网店美工设计　✔新媒体美工设计

目录

目录

目录

01

第1章
初识 Illustrator 2022

本章介绍

　　本章将介绍 Illustrator 2022 的工作界面，以及矢量图和位图的概念；此外，还将介绍文件的基本操作和图像的显示效果等。通过本章的学习，学生可以掌握 Illustrator 2022 的基本功能，为进一步学习 Illustrator 2022 的操作打下坚实的基础。

学习目标

- ✔ 掌握 Illustrator 2022 的安装与卸载方法。
- ✔ 了解 Illustrator 2022 的工作界面。
- ✔ 掌握矢量图和位图的区别。
- ✔ 掌握新建、打开、保存、关闭文件的操作方法。
- ✔ 掌握预览图像的显示效果的操作方法。
- ✔ 掌握标尺、参考线和网格的使用方法。

素养目标

- ✔ 培养不断探索的学习精神。
- ✔ 培养获取新知识的能力。

1.1　软件的安装与卸载

1.1.1　安装

（1）打开软件包，双击"Set-up"程序，弹出"Adobe Illustrator 2022 安装程序"对话框，开始安装文件。

（2）在"安装选项"中选择"简体中文"，安装位置为"默认位置"。

（3）单击"继续"按钮，进入"正在安装"界面，安装完成后，弹出"安装完成"界面，单击"关闭"按钮，关闭界面；单击"启动"按钮，启动软件。

1.1.2　卸载

在"控制面板"窗口中选择"程序和功能"选项，打开"卸载和更改程序"窗口。选择"Adobe Illustrator 2022"选项，单击上方的"卸载"按钮，弹出"卸载选项"对话框。勾选"删除首选项"复选框，单击"卸载"按钮，进入卸载界面，即可完成卸载。

1.2　Illustrator 2022 的工作界面

Illustrator 2022 的工作界面主要由菜单栏、标题栏、工具箱、页面区域、状态栏、工具属性栏、控制面板、滚动条和泊槽等部分组成，如图 1-1 所示。

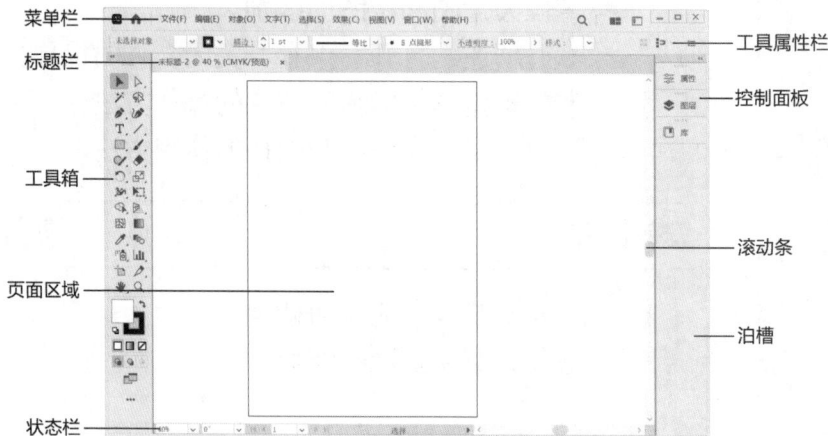

图 1-1

菜单栏：共有 9 个主菜单，包括 Illustrator 2022 中所有的操作命令，通过选择这些命令可以完成 Illustrator 基本操作。

标题栏：左侧显示当前文档的名称、显示比例和颜色模式，右侧是关闭当前窗口的按钮。

工具箱：包括 Illustrator 2022 中所有的工具，大部分工具还可以展开为工具组，其中包括一组功能相似的工具，使用户可以更方便、快捷地进行绘图与编辑。

工具属性栏：当选择工具箱中的某个工具后，Illustrator 2022 的工作界面中会出现该工具的属性栏。

控制面板：使用控制面板可以快速设置相关参数，它是 Illustrator 2022 最重要的组件之一。控制面板是可以折叠的，并可根据需要分离或组合，非常灵活。

页面区域：在工作界面的中间用黑色实线围起来的矩形区域，这个区域的大小就是用户设置的页面大小。

滚动条：当屏幕不能完全显示出整个文档的时候，可以通过拖曳滚动条浏览文档的不同部分。

泊槽：用来组织和存放控制面板。

状态栏：显示当前文档视图的显示比例，以及当前正在使用的工具等信息。

1.2.1 菜单栏

熟练使用菜单栏能够快速、有效地绘制和编辑图像，达到事半功倍的效果，下面详细介绍菜单栏的相关知识。

Illustrator 2022 中的菜单栏包含"文件""编辑""对象""文字""选择""效果""视图""窗口""帮助"这 9 个菜单，如图 1-2 所示。每个菜单又包含相应的子菜单。

文件(F)　编辑(E)　对象(O)　文字(T)　选择(S)　效果(C)　视图(V)　窗口(W)　帮助(H)

图 1-2

打开菜单可以看到多个命令，有的命令右边会显示该命令的快捷键，要执行该命令，可以直接在键盘上按对应的快捷键，这样可以提高操作速度。例如，"选择 > 全部"命令的快捷键为 Ctrl+A。

有些命令的右边有一个向右的黑色箭头图标 ❯，表示该命令还有相应的子菜单，单击即可打开对应的子菜单。有些命令的右边有 ...，单击该命令可以打开相应的对话框，在对话框中可进行更详尽的设置。有些命令呈灰色，表示该命令在当前状态下不可用，需要选中相应的对象或进行合适的设置，该命令才会变为黑色，即变为可用状态。

1.2.2 工具箱

Illustrator 2022 的工具箱包含大量具有强大功能的工具，这些工具可以帮助用户在绘制和编辑图像的过程中制作出精彩的效果。工具箱如图 1-3 所示。

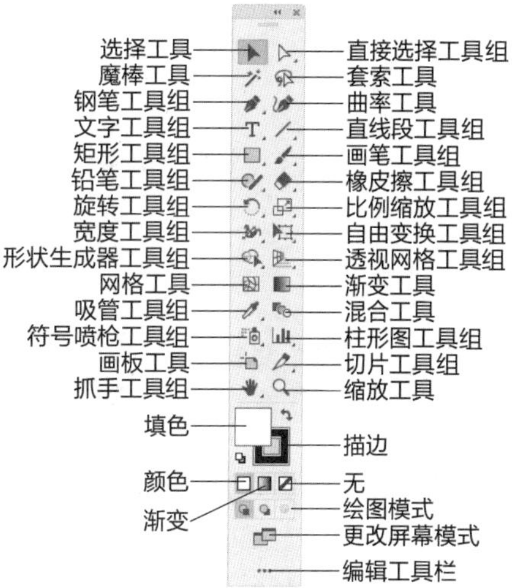

工具箱中部分工具按钮的右下角有一个黑色三角形图标 ◢，表示这是一个工具组，在该工具上按住鼠标左键，即可展开工具组。如在文字工具 T 上按住鼠标左键，将展开文字工具组，如图 1-4 所示。单击文字工具组右边的黑色三角形铵钮，如图 1-5 所示，文字工具组会从工具箱中分离出来，成为一个相对独立的工具栏，如图 1-6 所示。

选择工具 ——— 直接选择工具组
魔棒工具 ——— 套索工具
钢笔工具组 ——— 曲率工具
文字工具组 ——— 直线段工具组
矩形工具组 ——— 画笔工具组
铅笔工具组 ——— 橡皮擦工具组
旋转工具组 ——— 比例缩放工具组
宽度工具组 ——— 自由变换工具组
形状生成器工具组 ——— 透视网格工具组
网格工具 ——— 渐变工具
吸管工具组 ——— 混合工具
符号喷枪工具组 ——— 柱形图工具组
画板工具 ——— 切片工具组
抓手工具组 ——— 缩放工具
填色 ——— 描边
颜色 ——— 无
渐变 ——— 绘图模式
——— 更改屏幕模式
——— 编辑工具栏

图 1-3

图 1-4　　　　　　　　　　图 1-5　　　　　　　　　　图 1-6

下面分别介绍各个工具组。

直接选择工具组：包括直接选择工具和编组选择工具两个工具，如图 1-7 所示。

钢笔工具组：包括钢笔工具、添加锚点工具、删除锚点工具和锚点工具 4 个工具，如图 1-8 所示。

文字工具组：包括文字工具、区域文字工具、路径文字工具、直排文字工具、直排区域文字工具、直排路径文字工具和修饰文字工具 7 个工具，如图 1-9 所示。

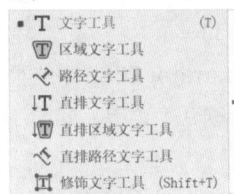

图 1-7　　　　　　　　　　图 1-8　　　　　　　　　　图 1-9

直线段工具组：包括直线段工具、弧形工具、螺旋线工具、矩形网格工具和极坐标网格工具 5 个工具，如图 1-10 所示。

矩形工具组：包括矩形工具、圆角矩形工具、椭圆工具、多边形工具、星形工具和光晕工具 6 个工具，如图 1-11 所示。

画笔工具组：包括画笔工具和斑点画笔工具两个工具，如图 1-12 所示。

铅笔工具组：包括 Shaper 工具、铅笔工具、平滑工具、路径橡皮擦工具和连接工具 5 个工具，如图 1-13 所示。

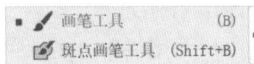
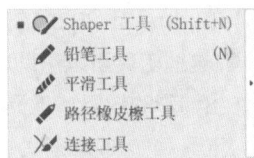

图 1-10　　　　　　　　图 1-11　　　　　　　　图 1-12　　　　　　　　图 1-13

橡皮擦工具组：包括橡皮擦工具、剪刀工具和美工刀 3 个工具，如图 1-14 所示。

旋转工具组：包括旋转工具和镜像工具两个工具，如图 1-15 所示。

比例缩放工具组：包括比例缩放工具、倾斜工具和整形工具 3 个工具，如图 1-16 所示。

宽度工具组：包括宽度工具、变形工具、旋转扭曲工具、缩拢工具、膨胀工具、扇贝工具、晶格化工具和皱褶工具 8 个工具，如图 1-17 所示。

图 1-14 图 1-15 图 1-16 图 1-17

自由变换工具组：包括自由变换工具和操控变形工具两个工具，如图 1-18 所示。

形状生成器工具组：包括形状生成器工具、实时上色工具和实时上色选择工具 3 个工具，如图 1-19 所示。

透视网格工具组：包括透视网格工具和透视选区工具两个工具，如图 1-20 所示。

吸管工具组：包括吸管工具和度量工具两个工具，如图 1-21 所示。

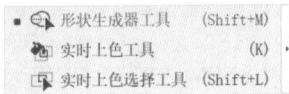 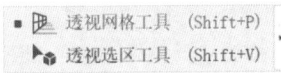 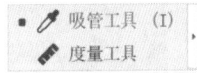

图 1-18 图 1-19 图 1-20 图 1-21

符号喷枪工具组：包括符号喷枪工具、符号移位器工具、符号紧缩器工具、符号缩放器工具、符号旋转器工具、符号着色器工具、符号滤色器工具和符号样式器工具 8 个工具，如图 1-22 所示。

柱形图工具组：包括柱形图工具、堆积柱形图工具、条形图工具、堆积条形图工具、折线图工具、面积图工具、散点图工具、饼图工具和雷达图工具 9 个工具，如图 1-23 所示。

切片工具组：包括切片工具和切片选择工具两个工具，如图 1-24 所示。

抓手工具组：包括抓手工具、旋转视图工具和打印拼贴工具 3 个工具，如图 1-25 所示。

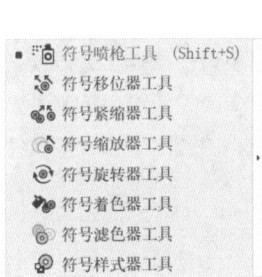  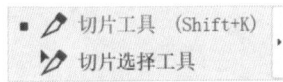 

图 1-22 图 1-23 图 1-24 图 1-25

1.2.3 工具属性栏

在 Illustrator 2022 的工具属性栏中可以快速设置与所选工具或对象相关的选项，所选工具或对象不同，工具属性栏中显示的选项也不同。选择路径对象的锚点后，工具属性栏如图 1-26 所示。选择文字工具 T 后，工具属性栏如图 1-27 所示。

图 1-26

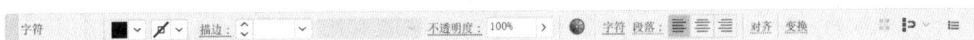

图 1-27

1.2.4 控制面板

　　Illustrator 2022 的控制面板位于工作界面的右侧，它包括许多实用、快捷的工具和命令。随着 Illustrator 功能的不断增强，控制面板也在不断改进，变得越来越合理，为用户绘制和编辑图像带来了极大的便利。

　　控制面板以组的形式出现，图 1-28 所示是其中的一组控制面板。选中"色板"面板并在面板标题上按住鼠标左键，如图 1-29 所示，向页面区域拖曳，如图 1-30 所示。拖曳到控制面板组外时，释放鼠标左键，可得到独立的控制面板，如图 1-31 所示。

 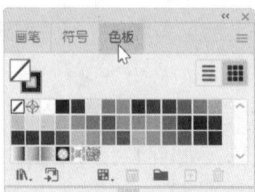 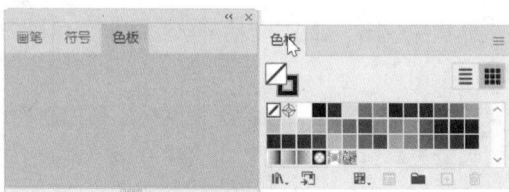

图 1-28 　　　　　　　图 1-29 　　　　　　　　　　　　图 1-30

　　单击控制面板右上角的"折叠为图标"按钮 ◀◀ 或展开按钮 ▶▶，可以折叠或展开控制面板，效果如图 1-32 所示。将鼠标指针放置在控制面板右下角，鼠标指针变为 ↖ 形状，按住鼠标左键，拖曳鼠标可放大或缩小控制面板。

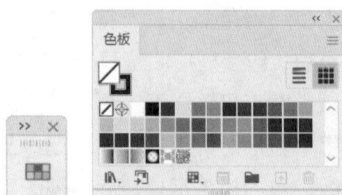

图 1-31 　　　　　　　　　　　　　　图 1-32

　　绘制图形时，经常需要选择不同的选项或设置不同的数值，通过控制面板进行操作十分方便。选择"窗口"菜单中的命令可以显示或隐藏控制面板，这样可省去反复选择命令或关闭窗口的麻烦。通过控制面板可以快速访问与所选对象相关的选项，从而为用户提供一个方便、快捷的平台，使软件的交互性更强。

1.2.5 状态栏

　　状态栏在工作界面的最下面，包括 4 个部分。第一部分的百分比表示当前文档的显示比例；第二部分用于旋转视图，可将视图旋转到某个角度；第三部分是画板导航，可在画板间切换；第四部分可显示当前使用的工具，当前的日期、时间，文件操作的还原次数和文档颜色配置文件等，如图 1-33 所示。

图 1-33

1.3 矢量图和位图

在计算机系统中，有两种常用的图像，即位图与矢量图。在 Illustrator 2022 中，不仅可以制作各式各样的矢量图，还可以导入位图进行编辑。

位图也叫点阵图像，如图 1-34 所示，它是由许多单独的点组成的，这些点称为像素，每个像素都有特定的位置和颜色值。位图的显示效果与像素紧密相关，不同排列和颜色的像素组成了色彩丰富的图像。像素越多，图像的分辨率就越高，相应地，图像文件占用的存储空间也会越大。

在 Illustrator 2022 中，除了可以使用变形工具对位图进行变形处理外，还可以通过复制工具，在画面上复制出相同的位图，制作出更完美的作品。位图的优点是色彩丰富；不足之处是文件占用的存储空间太大，而且放大到一定程度后会失真，即图像边缘会出现锯齿，图像变得模糊不清。

矢量图也叫向量图，如图 1-35 所示，它是一种基于数学方法的绘图方式。矢量图中的各种图形元素称为对象，每一个对象都是独立的个体，具有大小、颜色、形状、轮廓等属性。在改变它们的属性时，对象的清晰度和弯曲度不变。

图 1-34    图 1-35

矢量图的优点是文件占用的存储空间较小，矢量图的显示效果与分辨率无关，因此缩放图形时，对象会保持原有的清晰度以及弯曲度，颜色和外观形状也不会发生变化，不会产生失真的现象。矢量图的不足之处是色调单一，无法像位图那样精确地描绘各种绚丽的景象。

1.4 文件的基本操作

在开始设计和制作平面作品前，需要掌握基本的文件操作方法。下面将介绍新建、打开、保存和关闭文件的基本方法。

1.4.1 新建文件

选择"文件 > 新建"命令（或按 Ctrl+N 组合键），弹出"新建文档"对话框，在类别选项卡中选择需要的预设，如图 1-36 所示。在右侧的"预设详细信息"区域中修改文档的名称、宽度和高度、分辨率和颜色模式等预设数值。设置完成后，单击"创建"按钮，即可建立一个新的文档。

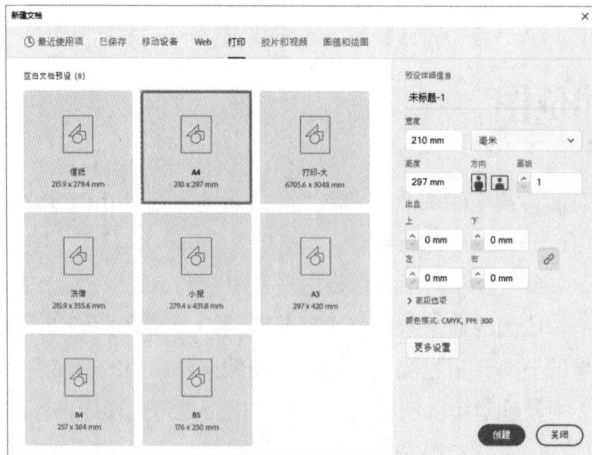

图 1-36

名称选项：用于输入新建文件的名称，默认为"未标题-1"。

"宽度"和"高度"选项：用于设置文件的宽度和高度。

单位选项：用于设置文件采用的单位，默认为"毫米"。

"方向"选项：用于设置新建页面的排列方向，包括纵向和横向。

"画板"选项：用于设置页面中画板的数量。

"出血"选项组：用于设置页面上、下、左、右的出血值。默认状态下，右侧为锁定状态 🔗，可同时设置出血值；单击右侧的按钮，使其处于解锁状态 🔗，可单独设置出血值。

单击"高级选项"左侧的 ❯ 按钮，可以展开高级选项，如图 1-37 所示。

"颜色模式"选项：用于设置新建文件的颜色模式。

"光栅效果"选项：用于设置文件的栅格效果。

"预览模式"选项：用于设置文件的预览模式。

单击 更多设置 按钮，弹出"更多设置"对话框，如图 1-38 所示。

图 1-37   图 1-38

1.4.2 打开文件

选择"文件 > 打开"命令（或按 Ctrl+O 组合键），弹出"打开"对话框，如图 1-39 所示。在对话框中搜索要打开的文件，确认文件类型和名称，单击"打开"按钮，即可打开选择的文件。

1.4.3　保存文件

当用户第一次保存文件时，选择"文件 > 存储"命令（或按 Ctrl+S 组合键），会弹出"存储为"对话框，如图 1-40 所示，在对话框中输入要保存的文件名称，设置文件的保存路径、类型。设置完成后，单击"保存"按钮，即可保存文件。

图 1-39

图 1-40

当用户对图形文件进行了各种编辑操作并保存后，选择"存储"命令时，不会弹出"存储为"对话框，计算机会直接保存最终确认的结果，并覆盖原文件。因此，在未确定要放弃原文件之前，应慎用此命令。

若既要保存修改过的文件，又不想放弃原文件，可以用"存储为"命令。选择"文件 >存储为"命令（或按 Shift+Ctrl+S 组合键），弹出"存储为"对话框，在这个对话框中，可以为修改过的文件重新命名，并设置文件的路径和类型。设置完成后，单击"保存"按钮，原文件保持不变，修改过的文件被另存为一个新的文件。

1.4.4　关闭文件

选择"文件 > 关闭"命令（或按 Ctrl+W 组合键），如图 1-41 所示，可将当前文件关闭。"关闭"命令只有当有文件被打开时才处于可用状态。也可单击绘图窗口右上角的 ✕ 按钮来关闭文件。若当前文件被修改过或是新建的文件，那么在关闭文件时系统会弹出提示框，如图 1-42 所示。单击"是"按钮可先保存再关闭文件，单击"否"按钮将不保存对文件的更改而直接关闭文件，单击"取消"按钮可取消关闭文件的操作。

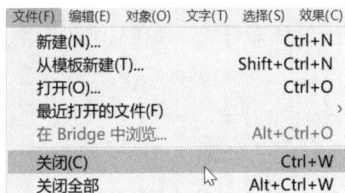

图 1-41

图 1-42

1.5 图像的显示效果

在使用 Illustrator 2022 绘制和编辑图像的过程中，用户可以根据需要随时调整图像的显示模式和显示比例，以便对所绘制和编辑的图像进行观察和操作。

1.5.1 选择视图模式

Illustrator 2022 中有 6 种视图模式，即"CPU 预览""轮廓""GPU 预览""叠印预览""像素预览""裁切视图"，绘制图像的时候，可根据需要选择不同的视图模式。

"CPU 预览"模式是系统默认的模式，图像显示效果如图 1-43 所示。

"轮廓"模式隐藏了图像的颜色信息，用线框轮廓来表现图像。用户在绘制图像时可以根据需要单独查看其轮廓，以提高图像运算的速度和工作效率。"轮廓"模式下图像的显示效果如图 1-44 所示。如果当前视图模式为其他模式，选择"视图 > 轮廓"命令（或按 Ctrl+Y 组合键）可切换到"轮廓"模式，再选择"视图 > 在 CPU 上预览"命令（或按 Ctrl+Y 组合键）可切换到"CPU 预览"模式，以预览彩色图像。

在"GPU 预览"模式下，可以在屏幕分辨率的高度或宽度大于 2000 像素时，按轮廓查看图像。此模式下，轮廓的路径显示会更平滑，且可以缩短重新绘制图像的时间。如果当前视图模式为其他模式，选择"视图 > GPU 预览"命令（或按 Ctrl+E 组合键）可切换到"GPU 预览"模式。

"叠印预览"模式可以显示接近油墨混合的效果，如图 1-45 所示。如果当前视图模式为其他模式，选择"视图 > 叠印预览"命令（或按 Alt+Shift+Ctrl+Y 组合键）可切换到"叠印预览"模式。

"像素预览"模式可以将绘制的矢量图转换为位图显示。这样可以有效控制图像的精确度和尺寸等。转换后的图像在放大时会出现排列在一起的像素，如图 1-46 所示。如果当前视图模式为其他模式，选择"视图 > 像素预览"命令（或按 Alt+Ctrl+Y 组合键）可切换到"像素预览"模式。

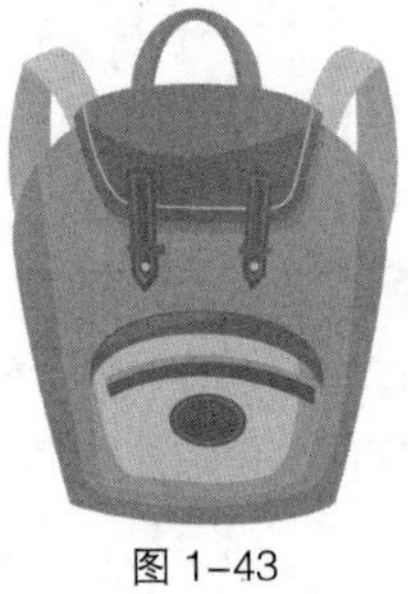

图 1-43 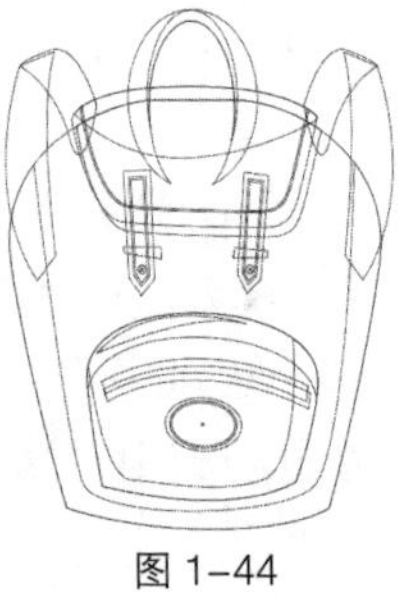　　　　　　图 1-44 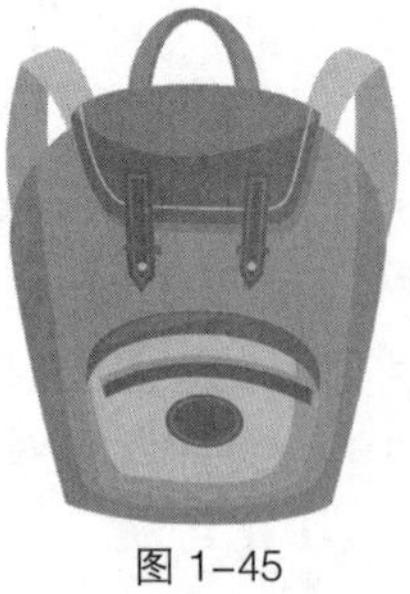　　　　　　图 1-45 　　　　　　图 1-46

"裁切视图"模式可以剪除画板边缘外的图像，并隐藏画布上的所有非打印对象，如网格、参考线等。选择"视图 > 裁切视图"命令可切换到"裁切视图"模式。

1.5.2 适合窗口大小

绘制图像时，可以选择"适合窗口大小"命令来显示图像，这时图像会最大限度地显示在工作界面中并保持完整性。

选择"视图 > 画板适合窗口大小"命令（或按 Ctrl+0 组合键），可以放大当前画板上的内容，图像显示的效果如图 1-47 所示。也可以双击抓手工具 ✋，将图像调整为适合窗口的大小显示。

选择"视图 > 全部适合窗口大小"命令（或按 Alt+Ctrl+0 组合键），可以查看窗口中所有画板上的内容。

1.5.3　实际大小

选择"实际大小"命令可以将图像按 100% 的比例显示，在此状态下可以对文件进行精确的编辑。

选择"视图 > 实际大小"命令（或按 Ctrl+1 组合键），图像的显示效果如图 1-48 所示。

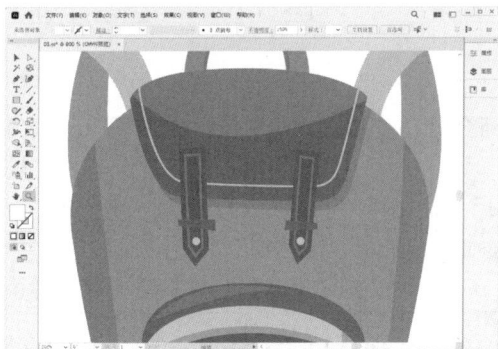

图 1-47　　　　　　　　　　　　　图 1-48

1.5.4　放大显示图像

每选择一次"视图 > 放大"命令（或按 Ctrl++组合键），页面内的图像就会被放大一级。例如，图像以 100% 的比例显示在屏幕上，选择"放大"命令一次，显示比例变成 150%，再选择一次，则变成 200%，放大后的效果如图 1-49 所示。

也可使用缩放工具放大显示图像。选择缩放工具 ，在页面中鼠标指针会自动变为 形状，每单击一次，图像就会放大一级。例如，图像以 100% 的比例显示在屏幕上，单击一次，显示比例变成150%，放大后的效果如图 1-50 所示。

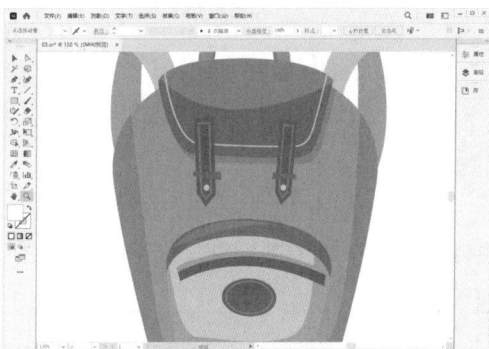

图 1-49　　　　　　　　　　　　　图 1-50

选择缩放工具 ，然后把鼠标指针定位在要放大的区域外，按住鼠标左键并向右拖曳鼠标，该区域会放大显示，如图 1-51 所示；按住鼠标左键并向左拖曳鼠标，该区域会缩小显示，如图 1-52所示。

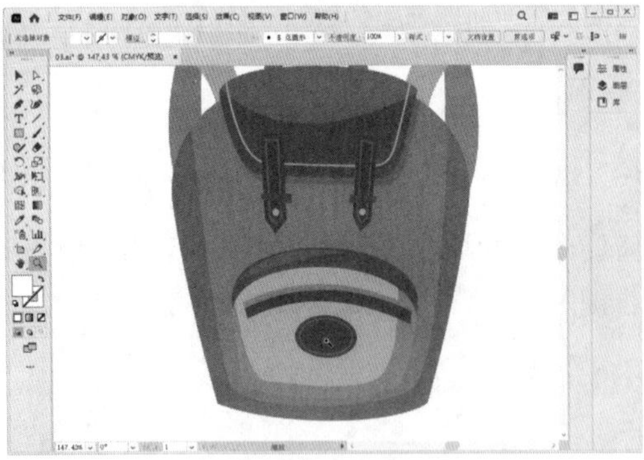

图 1-51 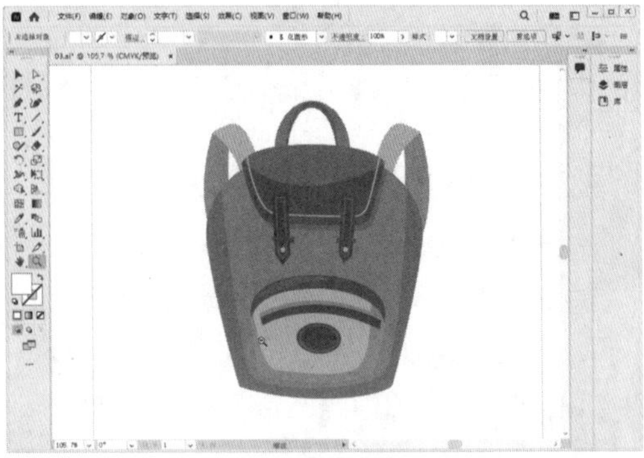　　　　　　　　　　　　图 1-52

> **提示**　如果当前正在使用其他工具，要切换到缩放工具，按 Ctrl+Space（空格）组合键即可。

也可使用状态栏放大显示图像。在状态栏的百分比下拉列表框 100% 中直接输入需要放大到的显示比例，按 Enter 键即可执行放大操作。

还可使用"导航器"面板放大显示图像。单击面板中的"放大"按钮，可逐级地放大图像，如图 1-53 所示。在百分比下拉列表框中输入数值后，按 Enter 键也可以将图像放大，如图 1-54 所示。单击百分比下拉列表框右侧的 按钮，在弹出的下拉列表中可以选择缩放比例。

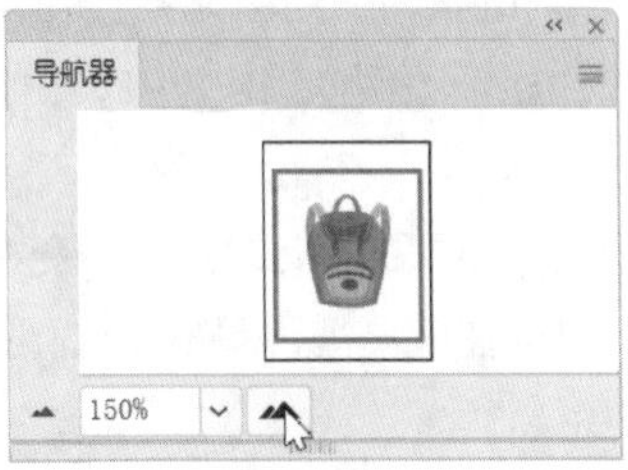

图 1-53 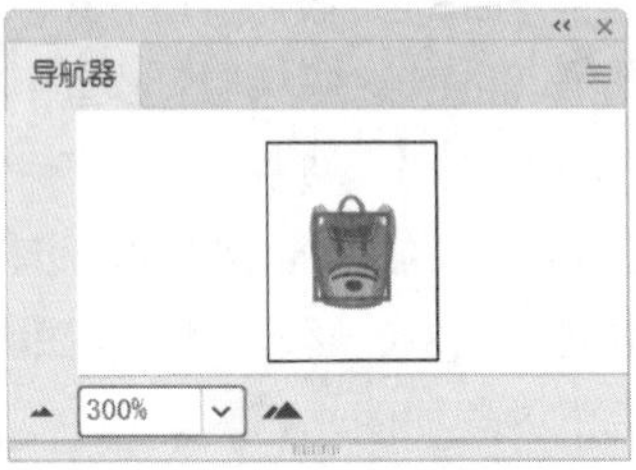　　　　　　　　　　　　图 1-54

1.5.5　缩小显示图像

每选择一次"视图 > 缩小"命令（或按 Ctrl+-组合键），页面内的图像就会被缩小一级，效果如图 1-55 所示。

也可使用缩小工具缩小显示图像。选择缩放工具，在页面中鼠标指针会自动变为形状，按住 Alt 键，鼠标指针变为形状，单击图像一次，图像就会缩小一级。

> **提示**　在使用其他工具时，若要切换到缩小工具，可以按 Alt+Ctrl+Space 组合键。

也可使用状态栏缩小显示图像。在状态栏的百分比下拉列表框 100% 中直接输入需要缩小到的显示比例，按 Enter 键即可执行缩小操作。

还可使用"导航器"面板缩小显示图像。单击面板左侧的"缩小"按钮，可逐级地缩小图像。在百分比下拉列表框中输入数值后，按 Enter 键也可以将图像缩小。单击百分比下拉列表框右侧的 按钮，在弹出的下拉列表中可以选择缩放比例。

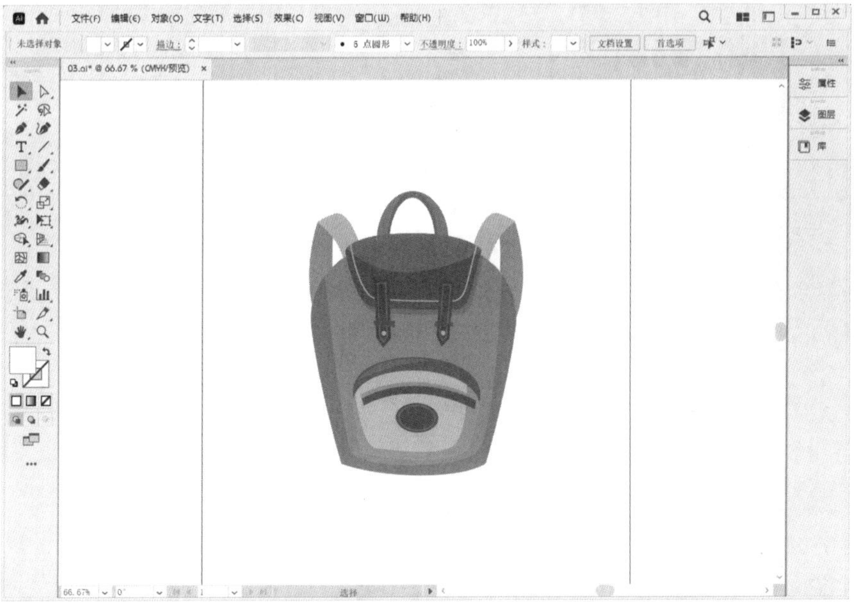

图 1-55

1.5.6 全屏显示图像

全屏显示图像可以方便用户更好地观察图像的完整效果。全屏显示图像有以下几种方法。

单击工具箱下方的"更改屏幕模式"按钮，可以在 3 种模式（即正常屏幕模式、带有菜单栏的全屏模式和全屏模式）之间转换。按 F 键也可切换屏幕显示模式。

正常屏幕模式：包括标题栏、菜单栏、工具箱、工具属性栏、控制面板、状态栏和打开文件的标题栏，如图 1-56 所示。

图 1-56

带有菜单栏的全屏模式：包括菜单栏、工具箱、工具属性栏和控制面板，如图 1-57 所示。

全屏模式：该模式下只显示页面内容，如图 1-58 所示。按 Tab 键可以调出菜单栏、工具箱、工具属性栏和控制面板（见图 1-57）。

图 1-57

图 1-58

演示文稿模式：该模式下图稿作为演示文稿显示。按 Shift+F 组合键可以切换至演示文稿模式，如图 1-59 所示。

图 1-59

1.5.7　窗口排列显示图像

当打开多个文件时，屏幕中会出现多个图像文件窗口，这时需要对窗口进行布置和摆放。

同时打开多幅图像时的界面如图 1-60 所示。选择"窗口 > 排列 > 全部在窗口中浮动"命令，图像浮动排列在界面中，如图 1-61 所示。此时，可对图像进行层叠、平铺等操作。

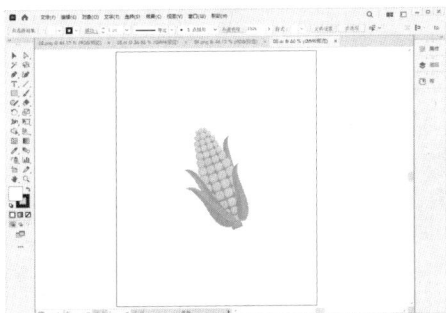

图 1-60   图 1-61

选择"窗口 > 排列 > 平铺"命令，图像的排列效果如图 1-62 所示。选择"窗口 > 排列 > 层叠"命令，图像的排列效果如图 1-63 所示。选择"窗口 > 排列 > 合并所有窗口"命令，可将所有浮动排列在界面中的窗口再次合并到选项卡中。

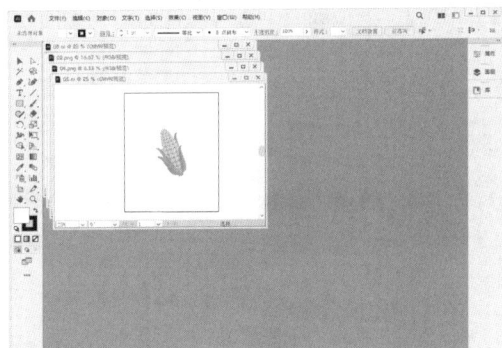

图 1-62   图 1-63

1.5.8 观察放大图像

选择缩放工具 🔍，当页面中鼠标指针变为 🔍 形状后，放大图像，图像周围会出现滚动条。选择抓手工具 ✋，当图像中鼠标指针变为 ✋ 形状时，按住鼠标左键在放大的图像中拖曳鼠标，可以观察图像的不同部分，如图 1-64 所示。还可直接拖曳图像周围的水平或垂直滚动条，以观察图像的不同部分，效果如图 1-65 所示。

图 1-64   图 1-65

提示

如果正在使用其他工具进行操作，按住 Space 键，可以切换至手形 ✋ 图标。

1.6　标尺、参考线和网格的使用

Illustrator 2022 提供了标尺、参考线和网格等工具，利用这些工具可以对图像进行精确定位，还可测量图像的准确尺寸。

1.6.1　标尺

选择"视图 > 标尺 > 显示标尺"命令（或按 Ctrl+R 组合键），显示出标尺，如图 1-66 所示。如果要将标尺隐藏，可以选择"视图 > 标尺 > 隐藏标尺"命令（或按 Ctrl+R 组合键）。

如果需要设置标尺的显示单位，选择"编辑 > 首选项 > 单位"命令，在弹出的"首选项"对话框的"常规"下拉列表中进行设置即可，如图 1-67 所示。

图 1-66

图 1-67

如果仅需要对当前文件设置标尺的显示单位，则选择"文件 > 文档设置"命令，在弹出的"文档设置"对话框的"单位"下拉列表中进行设置，如图 1-68 所示。用这种方法设置的标尺单位对以后新建立的文件不起作用。

在系统默认的状态下，标尺的坐标原点在工作界面的左上角，如果想要更改坐标原点的位置，可拖曳水平标尺与垂直标尺的交点到其他位置。如果想要恢复标尺原点的默认位置，双击水平标尺与垂直标尺的交点即可。

图 1-68

1.6.2　参考线

如果想要添加参考线，可以在水平或垂直标尺上按住鼠标左键向页面中拖曳，还可根据需要将图形或路径转换为参考线。

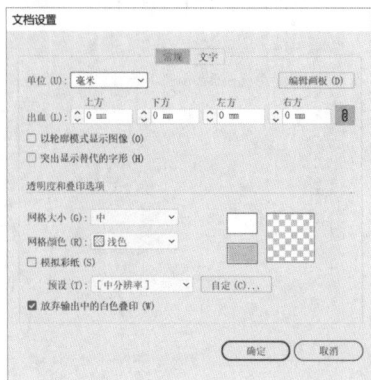

选中要转换的路径，如图 1-69 所示，选择"视图 > 参考线 > 建立参考线"命令（或按 Ctrl+5 组合键），将选中的路径转换为参考线，如图 1-70 所示。选择"视图 > 参考线 > 释放参考线"命令（或按 Alt+Ctrl+5 组合键），可以将选中的参考线转换为路径。

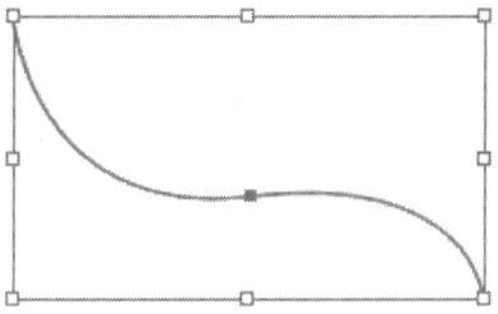

图 1-69

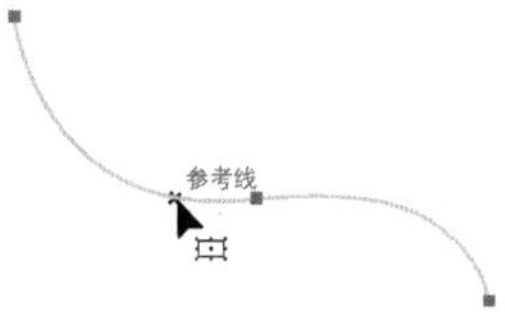

图 1-70

选择"视图 > 参考线 > 隐藏参考线"命令（或按 Ctrl+; 组合键），可以将参考线隐藏。

选择"视图 > 参考线 > 锁定参考线"命令（或按 Alt+Ctrl+; 组合键），可以将参考线锁定。

选择"视图 > 参考线 > 清除参考线"命令，可以清除参考线。

选择"视图 > 智能参考线"命令（或按 Ctrl+U 组合键），可以显示智能参考线。当图形移动或旋转到一定角度时，智能参考线会高亮显示并给出提示信息。

1.6.3 网格

选择"视图 > 显示网格"命令（或按 Ctrl+"组合键），可显示出网格，如图 1-71 所示。之后再选择"视图 > 隐藏网格"命令（或按 Ctrl+"组合键），可将网格隐藏。

如果需要设置网格的颜色、样式、间隔等属性，可选择"编辑 > 首选项 > 参考线和网格"命令，在弹出的"首选项"对话框中进行设置，如图 1-72 所示。

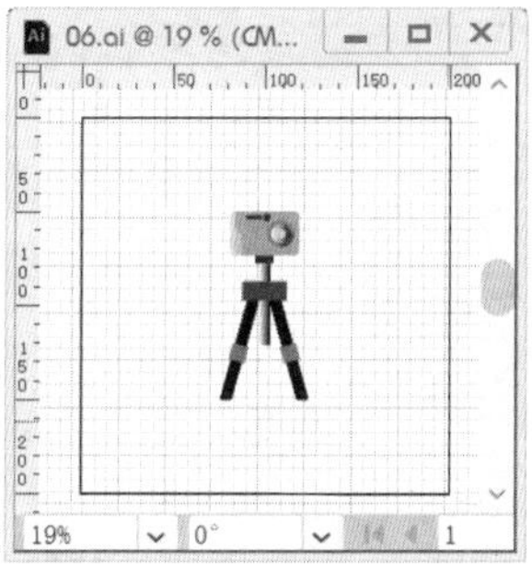

图 1-71

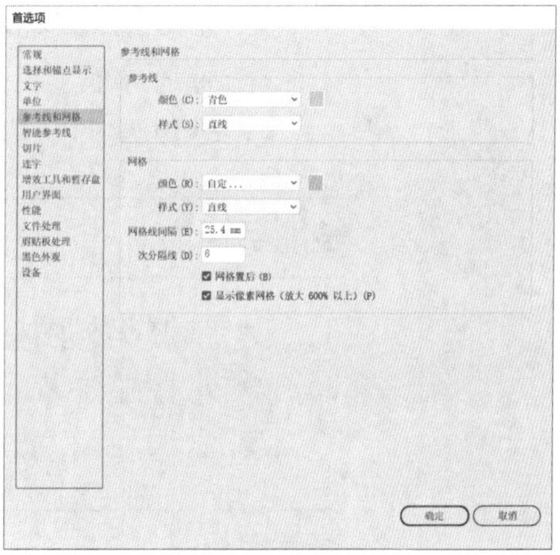

图 1-72

颜色：用于设置网格的颜色。

样式：用于设置网格的样式，包括直线和点线。

网格线间隔：用于设置网格线的间距。

次分隔线：用于细分网格线。

网格置后：用于设置网格线显示在图形的上方或下方。

显示像素网格：在"像素预览"模式下，当图形放大到 600% 以上时，可查看像素网格。

02

第 2 章
图形的绘制与编辑

本章介绍

　　本章将介绍 Illustrator 2022 中基本图形工具的使用方法，并详细讲解对象的编辑方法。通过本章的学习，学生可以掌握 Illustrator 2022 的绘图方法，以及编辑对象的方法，为进一步学习 Illustrator 2022 打好基础。

学习目标

- ✔ 掌握绘制线段和网格的方法。
- ✔ 熟练掌握绘制基本图形的技巧。
- ✔ 熟练掌握对象的编辑技巧。

技能目标

- ✔ 掌握奖杯图标的绘制方法。
- ✔ 掌握端午节龙舟插图的绘制方法。
- ✔ 掌握祁州漏芦花卉插图的绘制方法。

素养目标

- ✔ 加深对中华优秀传统文化的热爱。
- ✔ 培养对图形绘制的兴趣。

2.1 绘制线段和网格

在平面设计中，直线和弧线是经常使用的线型。使用直线段工具 ✏ 和弧形工具 ╱ 可以创建直线和弧线。对这些基本图形进行编辑和变形处理，可以得到复杂的图形对象。在绘制图形时，还可能用到各种网格，如矩形网格和极坐标网格。下面将详细介绍这些工具的使用方法。

2.1.1 绘制直线

1. 拖曳鼠标绘制直线

选择直线段工具 ✏，在页面中的适当位置按住鼠标左键，拖曳鼠标到需要的位置，释放鼠标左键，可绘制出一条任意角度的直线，效果如图 2-1 所示。

选择直线段工具 ✏，按住 Shift 键，在页面中的适当位置按住鼠标左键，拖曳鼠标到需要的位置，释放鼠标左键，可绘制出水平、垂直或倾斜角度为 45°及其倍数的直线，效果如图 2-2 所示。

选择直线段工具 ✏，按住 Alt 键，在页面中的适当位置按住鼠标左键，拖曳鼠标到需要的位置，释放鼠标左键，可绘制出以单击点为中心的直线（由单击点向两边扩展）。

选择直线段工具 ✏，按住 ~ 键，在页面中的适当位置按住鼠标左键，拖曳鼠标到需要的位置，释放鼠标左键，可绘制出多条直线（系统自动设置），效果如图 2-3 所示。

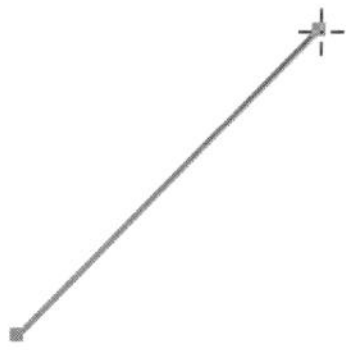

图 2-1 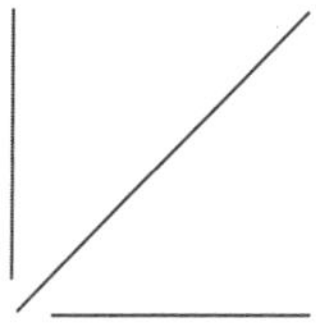　　　　　　　　图 2-2 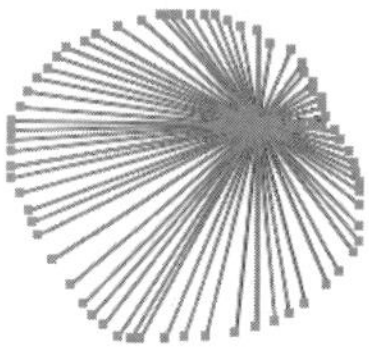　　　　　　　　图 2-3

2. 精确绘制直线

选择直线段工具 ✏，在页面中单击，或双击直线段工具 ✏，将弹出"直线段工具选项"对话框，如图 2-4 所示。在对话框中，"长度"选项用于设置直线段的长度，"角度"选项用于设置直线段的倾斜度，勾选"线段填色"复选框可以填充由直线组成的图形。设置完成后，单击"确定"按钮，得到图 2-5 所示的直线。

图 2-4 　　　　　　　　　　　　　　　　图 2-5

2.1.2 绘制弧线

1. 拖曳鼠标绘制弧线

选择弧形工具 ╱，在页面中按住鼠标左键，拖曳鼠标到需要的位置，释放鼠标左键，可绘制出一段弧线，效果如图 2-6 所示。

选择弧形工具 ，按住 Shift 键，在页面中按住鼠标左键，拖曳鼠标到需要的位置，释放鼠标左键，可绘制出在水平和垂直方向上长度相等的弧线，效果如图 2-7 所示。

选择弧形工具 ，按住 ~ 键，在页面中按住鼠标左键，拖曳鼠标到需要的位置，释放鼠标左键，可绘制出多条弧线，效果如图 2-8 所示。

图 2-6　　　　　　　图 2-7　　　　　　　图 2-8

2. 精确绘制弧线

选择弧形工具 ，在页面中单击，弹出“弧线段工具选项”对话框，如图 2-9 所示。在对话框中，“X 轴长度”选项用于设置弧线在水平方向上的长度，“Y 轴长度”选项用于设置弧线在垂直方向上的长度，“类型”选项用于设置弧线类型，“基线轴”选项用于选择坐标轴，勾选“弧线填色”复选框可以填充弧线。设置完成后，单击“确定”按钮，得到图 2-10 所示的弧形。输入不同的数值，将会得到不同的弧形，效果如图 2-11 所示。

图 2-9　　　　　　　图 2-10　　　　　　　图 2-11

2.1.3　绘制螺旋线

1. 拖曳鼠标绘制螺旋线

选择螺旋线工具 ，在页面中按住鼠标左键，拖曳鼠标到需要的位置，释放鼠标左键，可绘制出螺旋线，如图 2-12 所示。

选择螺旋线工具 ，按住 Shift 键，在页面中按住鼠标左键，拖曳鼠标到需要的位置，释放鼠标左键，可绘制出螺旋线，绘制的螺旋线转动的角度是强制角度（默认为 45°）的整数倍。

选择螺旋线工具 ，按住 ~ 键，在页面中按住鼠标左键，拖曳鼠标到需要的位置，释放鼠标左键，可绘制出多条螺旋线，效果如图 2-13 所示。

2. 精确绘制螺旋线

选择螺旋线工具 ，在页面中单击，弹出“螺旋线”对话框，如图 2-14 所示。在对话框中，“半径”选项用于设置螺旋线的半径，螺旋线的半径指的是从螺旋线的中心点到螺旋线终点之间的距离；“衰减”选项用于设置螺旋线的每一个螺线相对于上一个螺旋应减少的量；“段数”选项用于设置螺旋线的螺旋段数；“样式”单选项用来设置螺旋线的旋转方向。设置完成后，单击“确定”按钮，得到图 2-15 所示的螺旋线。

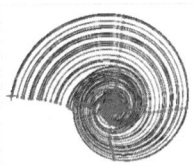

图 2-12　　　　　　　图 2-13　　　　　　　　图 2-14　　　　　　　　图 2-15

2.1.4　绘制矩形网格

1. 拖曳鼠标绘制矩形网格

选择矩形网格工具 ⊞，在页面中按住鼠标左键，拖曳鼠标到需要的位置，释放鼠标左键，可绘制出一个矩形网格，效果如图 2-16 所示。

选择矩形网格工具 ⊞，按住 Shift 键，在页面中按住鼠标左键，拖曳鼠标到需要的位置，释放鼠标左键，绘制出一个正方形网格，效果如图 2-17 所示。

选择矩形网格工具 ⊞，按住 ~ 键，在页面中按住鼠标左键，拖曳鼠标到需要的位置，释放鼠标左键，可绘制出多个矩形网格，效果如图 2-18 所示。

图 2-16　　　图 2-17　　　图 2-18

> **提示**
>
> 选择矩形网格工具 ⊞，在页面中按住鼠标左键，拖曳鼠标到需要的位置，再按住↑键，可以增加矩形网格的行数；按住↓键，可以减少矩形网格的行数。此方法同样适用于极坐标网格工具 ⊛、多边形工具 ⬡、星形工具 ☆。

2. 精确绘制矩形网格

选择矩形网格工具 ⊞，在页面中单击，弹出"矩形网格工具选项"对话框，如图 2-19 所示。在对话框的"默认大小"选项组中，"宽度"选项用于设置矩形网格的宽度，"高度"选项用于设置矩形网格的高度；在"水平分隔线"选项组中，"数量"选项用于设置矩形网格中水平网格线的数量，"倾斜"选项用于设置水平网格的倾向；在"垂直分隔线"选项组中，"数量"选项用于设置矩形网格中垂直网格线的数量，"倾斜"选项用于设置垂直网格的倾向。设置完成后，单击"确定"按钮，得到图 2-20 所示的矩形网格。

图 2-19　　　　　　　　　　　　　　　　　图 2-20

2.1.5　绘制极坐标网格

1. 拖曳鼠标绘制极坐标网格

选择极坐标网格工具 ⊛，在页面中按住鼠标左键，拖曳鼠标到需要的位置，释放鼠标左键，可绘制出一个极坐标网格，效果如图 2-21 所示。

选择极坐标网格工具 ⊛，按住 Shift 键，在页面中按住鼠标左键，拖曳鼠标到需要的位置，释放鼠标左键，可绘制出一个圆形极坐标网格，效果如图 2-22 所示。

选择极坐标网格工具 ⊛，按住 ~ 键，在页面中按住鼠标左键，拖曳鼠标到需要的位置，释放鼠标左键，可绘制出多个极坐标网格，效果如图 2-23 所示。

图 2-21　　　　　　　图 2-22　　　　　　　图 2-23

2. 精确绘制极坐标网格

选择极坐标网格工具 ⊛，在页面中单击，弹出"极坐标网格工具选项"对话框，如图 2-24 所示。在对话框的"默认大小"选项组中，"宽度"选项用于设置极坐标网格图形的宽度，"高度"选项用于设置极坐标网格图形的高度；在"同心圆分隔线"选项组中，"数量"选项用于设置极坐标网格图形中同心圆的数量，"内、外倾斜"选项用于设置同心圆分隔线倾向于网格内侧或外侧的方式；在"径向分隔线"选项组中，"数量"选项用于设置极坐标网格图形中射线的数量，"下、上方倾斜"选项用于设置径向分隔线倾向于网格逆时针或顺时针的方式。设置完成后，单击"确定"按钮，得到图 2-25 所示的极坐标网格。

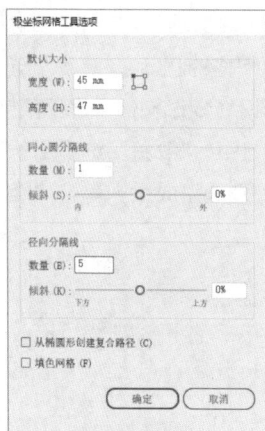

图 2-24　　　　　　　　　　　　　　　图 2-25

2.2　绘制基本图形

矩形和圆形是最简单、最基本，也是最重要的图形。在 Illustrator 2022 中，矩形工具、圆角矩形工具、椭圆工具的使用方法类似。使用这些工具，可以很方便地在页面中绘制出各种形状。多边形和星形也是常用的基本图形，它们的绘制方法与矩形和椭圆形的绘制方法类似。除了使用拖曳鼠标的方法外，还能通过在相应的对话框中进行设置来精确绘制图形。

2.2.1 课堂案例——绘制奖杯图标

🖌 **案例学习目标**

学习使用基本图形工具绘制奖杯图标。

🔒 **案例知识要点**

使用矩形工具、"变换"面板、圆角矩形工具、镜像工具和星形工具绘制奖杯杯体，使用直接选择工具调整矩形的锚点，使用圆角矩形工具、矩形工具、直线段工具、"描边"面板绘制奖杯底座，奖杯图标的最终效果如图 2-26 所示。

微课　微课

绘制奖杯图标 1　绘制奖杯图标 2

图 2-26

📍 **效果所在位置**

云盘\Ch02\效果\绘制奖杯图标.ai。

1. 绘制奖杯杯体

（1）按 Ctrl+N 组合键，弹出"新建文档"对话框。设置文档的宽度为 128 px，高度为 128 px，方向为横向，颜色模式为 RGB 颜色，光栅效果为屏幕（72 ppi），单击"创建"按钮，新建一个文档。

（2）选择矩形工具 ▢，按住 Shift 键的同时，绘制一个与页面大小相等的正方形。设置填充色（RGB 的值分别为 235、245、255），填充图形，并设置描边色为无，效果如图 2-27 所示。按 Ctrl+2 组合键，锁定所选对象。

（3）使用矩形工具 ▢ 在适当的位置绘制一个矩形，填充图形为白色，并设置描边色为黑色，效果如图 2-28 所示。

（4）选择"窗口 > 变换"命令，弹出"变换"面板，在"矩形属性"选项组中将"圆角半径"选项设为 0 px 和 23 px，如图 2-29 所示。按 Enter 键确定操作，效果如图 2-30 所示。

| 图 2-27 | 图 2-28 | 图 2-29 | 图 2-30 |

（5）选择圆角矩形工具 ▢，在页面中单击，弹出"圆角矩形"对话框，各选项的设置如图 2-31

所示。单击"确定"按钮，得到一个圆角矩形。选择选择工具 ▶，拖曳圆角矩形到适当的位置，效果如图 2-32 所示。

（6）选择矩形工具 ▣，在适当的位置绘制一个矩形，设置描边色（RGB 的值分别为 191、191、196），填充描边，效果如图 2-33 所示。在工具属性栏中将"描边粗细"选项设为 4 pt。按 Enter 键确定操作，效果如图 2-34 所示。

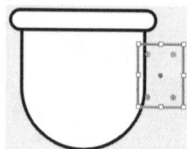

图 2-31　　　　　图 2-32　　　　　图 2-33　　　　　图 2-34

（7）在"变换"面板中将"圆角半径"选项设为 4 px 和 16 px，如图 2-35 所示。按 Enter 键确定操作，效果如图 2-36 所示。选择"对象 > 路径 > 轮廓化描边"命令，创建对象的描边轮廓，效果如图 2-37 所示。

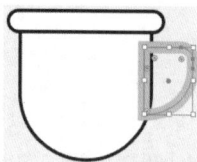

图 2-35　　　　　　　　图 2-36　　　　　　　　图 2-37

（8）保持图形处于选取状态。设置描边色为黑色，效果如图 2-38 所示。连续按 Ctrl+ [组合键，将图形向后移至适当的位置，效果如图 2-39 所示。

（9）双击镜像工具 ▷◁，弹出"镜像"对话框，各选项的设置如图 2-40 所示。单击"复制"按钮，镜像并复制图形。选择选择工具 ▶，按住 Shift 键的同时，水平向左拖曳复制的图形到适当的位置，效果如图 2-41 所示。

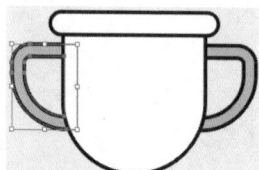

图 2-38　　　　　图 2-39　　　　　图 2-40　　　　　图 2-41

（10）选择星形工具 ☆，在页面中单击，弹出"星形"对话框，各选项的设置如图 2-42 所示。单击"确定"按钮，得到一个五角星。选择选择工具 ▶，拖曳五角星到适当的位置，设置填充色（RGB 的值分别为 0、79、255），填充图形，并设置描边色为黑色，效果如图 2-43 所示。

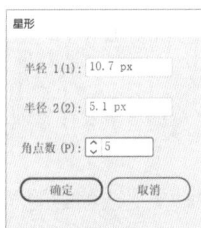

图 2-42

图 2-43

2. 绘制奖杯底座

（1）选择矩形工具 ▢，在适当的位置绘制一个矩形，填充图形为白色，并设置描边色为黑色，效果如图 2-44 所示。连续按 Ctrl+ [组合键，将图形向后移至适当的位置，效果如图 2-45 所示。

图 2-44

图 2-45

（2）选择选择工具 ▶，按住 Alt+Shift 组合键的同时，垂直向下拖曳矩形到适当的位置，复制矩形，效果如图 2-46 所示。选择直接选择工具 ▷，水平向左拖曳左下角的锚点到适当的位置，如图 2-47 所示。用相同的方法调整右下角的锚点到适当的位置，效果如图 2-48 所示。

（3）选择圆角矩形工具 ▢，在页面中单击，弹出"圆角矩形"对话框，各选项的设置如图 2-49 所示。单击"确定"按钮，得到一个圆角矩形。选择选择工具 ▶，拖曳圆角矩形到适当的位置，效果如图 2-50 所示。

图 2-46

图 2-47

图 2-48

图 2-49

图 2-50

（4）选择矩形工具 ▢，在适当的位置绘制一个矩形，设置填充色（RGB 的值分别为 191、191、196），填充图形，并设置描边色为黑色，效果如图 2-51 所示。在"变换"面板中将"圆角半径"选项设为 4 px 和 0 px，如图 2-52 所示。按 Enter 键确定操作，效果如图 2-53 所示。

图 2-51

图 2-52

图 2-53

（5）使用矩形工具 ▣，在适当的位置绘制一个矩形，设置填充色（RGB 的值分别为 0、79、255），填充图形，并设置描边色为黑色，效果如图 2-54 所示。

（6）选择直线段工具 ∕，按住 Shift 键的同时，在适当的位置绘制一条直线，设置描边色为白色，效果如图 2-55 所示。

（7）选择"窗口 > 描边"命令，弹出"描边"面板，单击"端点"选项中的"圆头端点"按钮 ◘，其他选项的设置如图 2-56 所示，效果如图 2-57 所示。

图 2-54　　　　　　　图 2-55　　　　　　　图 2-56　　　　　　　图 2-57

（8）按 Ctrl+O 组合键，弹出"打开"对话框。选择云盘中的"Ch02 > 素材 > 绘制奖杯图标 > 01"文件，单击"打开"按钮，打开文件。按 Ctrl+A 组合键，全选图形，按 Ctrl+C 组合键，复制图形。选择正在编辑的页面，按 Ctrl+V 组合键，将其粘贴到页面中。选择选择工具 ▶，并拖曳复制的图形到适当的位置，效果如图 2-58 所示。连续按 Ctrl+ [组合键，将图形向后移至适当的位置，效果如图 2-59 所示。

（9）奖杯图标绘制完成，效果如图 2-60 所示。将图标应用在手机中时，会自动为其应用圆角遮罩图标，使其呈现出圆角效果，如图 2-61 所示。

图 2-58　　　　　　　图 2-59　　　　　　　图 2-60　　　　　　　图 2-61

2.2.2　绘制矩形和圆角矩形

1. 拖曳鼠标绘制矩形

选择矩形工具 ▣，在页面中按住鼠标左键，拖曳鼠标到需要的位置，释放鼠标左键，可绘制出一个矩形，效果如图 2-62 所示。

选择矩形工具 ▣，按住 Shift 键，在页面中按住鼠标左键，拖曳鼠标到需要的位置，释放鼠标左键，可绘制出一个正方形，效果如图 2-63 所示。

选择矩形工具 ▣，按住 ~ 键，在页面中按住鼠标左键，拖曳鼠标到需要的位置，释放鼠标左键，可绘制出多个矩形，效果如图 2-64 所示。

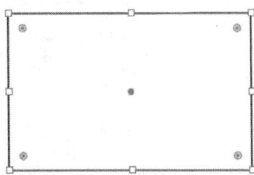

图 2-62　　　　　　　　　　图 2-63　　　　　　　　　　图 2-64

选择矩形工具 □，按住 Alt 键，在页面中按住鼠标左键，拖曳鼠标到需要的位置，释放鼠标左键，可以绘制出一个以单击点为中心的矩形。

选择矩形工具 □，按住 Alt+Shift 组合键，在页面中按住鼠标左键，拖曳鼠标到需要的位置，释放鼠标左键，可以绘制出一个以单击点为中心的正方形。

选择矩形工具 □，在页面中按住鼠标左键，拖曳鼠标到需要的位置，再按住 Space 键，可以暂停绘制工作并在页面上任意移动未绘制完成的矩形，释放 Space 键后可继续绘制矩形。

上述方法同样适用于圆角矩形工具 □、椭圆工具 ○、多边形工具 ○、星形工具 ☆。

2. 精确绘制矩形

选择矩形工具 □，在页面中单击，弹出"矩形"对话框，如图 2-65 所示。在对话框中，"宽度"选项用于设置矩形的宽度，"高度"选项用于设置矩形的高度。设置完成后，单击"确定"按钮，得到图 2-66 所示的矩形。

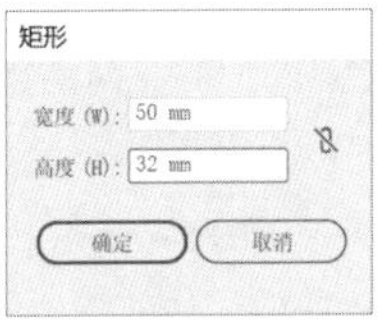

图 2-65

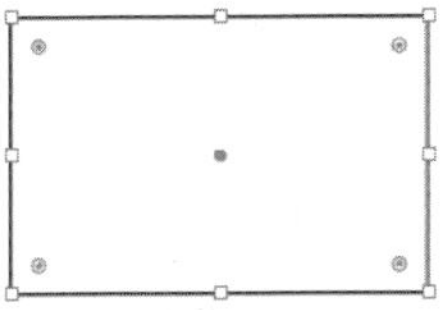

图 2-66

3. 拖曳鼠标绘制圆角矩形

选择圆角矩形工具 □，在页面中按住鼠标左键，拖曳鼠标到需要的位置，释放鼠标左键；可绘制出一个圆角矩形，效果如图 2-67 所示。

选择圆角矩形工具 □，按住 Shift 键，在页面中按住鼠标左键，拖曳鼠标到需要的位置，释放鼠标左键，可以绘制出一个宽度和高度相等的圆角矩形，效果如图 2-68 所示。

选择圆角矩形工具 □，按住 ~ 键，在页面中按住鼠标左键，拖曳鼠标到需要的位置，释放鼠标左键，可绘制出多个圆角矩形，效果如图 2-69 所示。

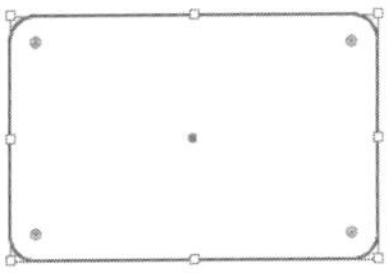

图 2-67

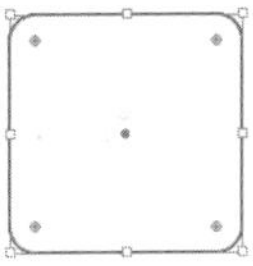

图 2-68

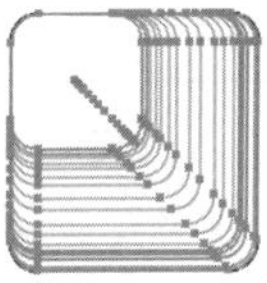

图 2-69

4. 精确绘制圆角矩形

选择圆角矩形工具 □，在页面中单击，弹出"圆角矩形"对话框，如图 2-70 所示。在对话框中，"宽度"选项用于设置圆角矩形的宽度，"高度"选项用于设置圆角矩形的高度，"圆角半径"选项用于控制圆角矩形中圆角半径的长度。设置完成后，单击"确定"按钮，得到图 2-71 所示的圆角矩形。

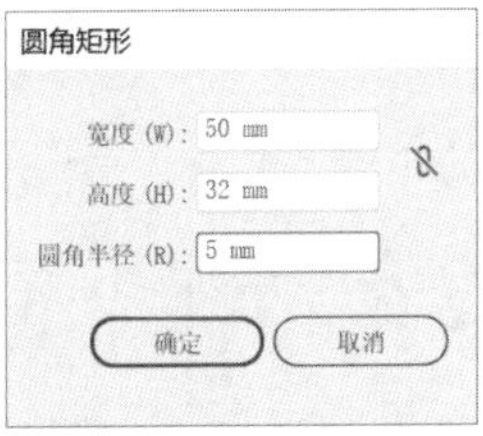

图 2-70

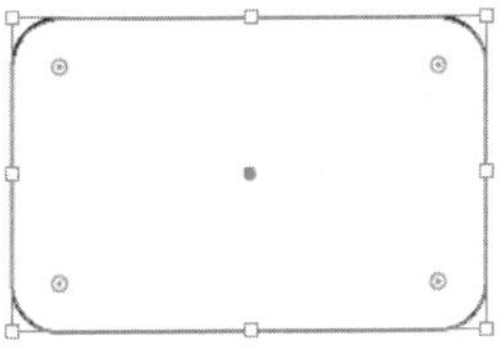

图 2-71

5. 使用"变换"面板制作实时转角

选择选择工具 ，选取绘制好的矩形。选择"窗口 > 变换"命令（或按 Shift+F8 组合键），弹出"变换"面板，如图 2-72 所示。

在"矩形属性"选项组中，"边角类型"选项 用于设置边角的转角类型，包括"圆角""反向圆角""倒角"；"圆角半径"选项 用于设置圆角半径值；单击 按钮可以链接圆角半径，以便同时设置圆角半径值；单击 按钮可以取消圆角半径的链接，以便分别设置圆角半径值。

单击 按钮，其他选项的设置如图 2-73 所示。按 Enter 键，得到图 2-74 所示的效果。单击 按钮，其他选项的设置如图 2-75 所示。按 Enter 键，得到图 2-76 所示的效果。

图 2-72　　　　　图 2-73　　　　　图 2-74　　　　　图 2-75　　　　　图 2-76

6. 拖曳鼠标制作实时转角

选择选择工具 ，选取绘制好的矩形。上、下、左、右 4 个边角构件处于可编辑状态，如图 2-77 所示。向内拖曳其中任意一个边角构件，如图 2-78 所示，可对矩形角进行变形操作，释放鼠标，效果如图 2-79 所示。

图 2-77　　　　　　　　图 2-78　　　　　　　　图 2-79

> **提示**
> 选择"视图 > 隐藏边角构件"命令，可以将边角构件隐藏。选择"视图 > 显示边角构件"命令，可以显示出边角构件。

当鼠标指针移动到任意一个实心边角构件上时，鼠标指针变为 形状，如图 2-80 所示。单击实心边角构件可将其变为空心边角构件，鼠标指针变为 形状，如图 2-81 所示。拖曳边角构件可对选取的边角单独进行变形，如图 2-82 所示。

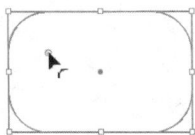
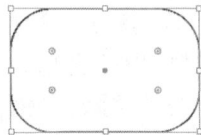

图 2-80　　　　　　　　图 2-81　　　　　　　　图 2-82

按住 Alt 键的同时，单击任意一个边角构件，或在拖曳边角构件的同时，按↑键或↓键，可在 3 种边角之间切换，如图 2-83 所示。

按住 Ctrl 键的同时，双击其中一个边角构件，弹出"边角"对话框，如图 2-84 所示，可以在其中设置边角样式、边角半径和圆角类型。

图 2-83

图 2-84

将边角构件拖曳至最大值时，圆角呈红色显示，为不可编辑状态。

2.2.3 绘制椭圆形和圆形

1. 拖曳鼠标绘制椭圆形

选择椭圆工具 ◯，在页面中按住鼠标左键，拖曳鼠标到需要的位置，释放鼠标左键，可绘制出一个椭圆形，如图 2-85 所示。

选择椭圆工具 ◯，按住 Shift 键，在页面中按住鼠标左键，拖曳鼠标到需要的位置，释放鼠标左键，可绘制出一个圆形，效果如图 2-86 所示。

选择椭圆工具 ◯，按住 ~ 键，在页面中按住鼠标左键，拖曳鼠标到需要的位置，释放鼠标左键，可以绘制多个椭圆形，效果如图 2-87 所示。

图 2-85

图 2-86

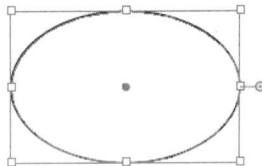

图 2-87

2. 精确绘制椭圆形

选择椭圆工具 ◯，在页面中单击，弹出"椭圆"对话框，如图 2-88 所示。在对话框中，"宽度"选项用于设置椭圆形的宽度，"高度"选项用于设置椭圆形的高度。设置完成后，单击"确定"按钮，得到图 2-89 所示的椭圆形。

图 2-88

图 2-89

3. 使用"变换"面板制作饼图

选择选择工具 ▶，选取绘制好的椭圆形。选择"窗口 > 变换"命令（或按 Shift+F8 组合键），弹出"变换"面板，如图 2-90 所示。在"椭圆属性"选项组中，"饼图起点角度"选项 0° 用于设置饼图的起点角度；"饼图终点角度"选项 0° 用于设置饼图的终点角度；单击 按钮可以链接饼图的起点角度和终点角度，并同时设置饼图的起点角度和终点角度；单击 按钮可以取消链接饼图的起点角度和终点角度，并分别设置饼图的起点角度和终点角度；单击"反转饼图"按钮 可以交换饼图起点角度和饼图终点角度。

将"饼图起点角度"选项 0° ∨ 设置为 45°，效果如图 2-91 所示；将此选项设置为 180°，效果如图 2-92 所示。

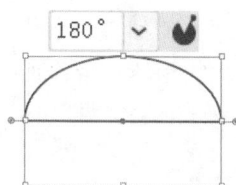

图 2-90   图 2-91   图 2-92

将"饼图终点角度"选项 0° ∨ 设置为 45°，效果如图 2-93 所示；将此选项设置为 180°，效果如图 2-94 所示。

图 2-93   图 2-94

将"饼图起点角度"选项 0° ∨ 设置为 60°，"饼图终点角度"选项 0° ∨ 设置为 30°，效果如图 2-95 所示。单击"反转饼图"按钮 ⇄，将饼图的起点角度和终点角度交换，效果如图 2-96 所示。

图 2-95   图 2-96

4. 拖曳鼠标制作饼图

选择选择工具 ▶，选取绘制好的椭圆形。将鼠标指针放置在饼图边角构件上，鼠标指针变为 ▶ 形状，如图 2-97 所示，向上拖曳饼图边角构件，可以改变饼图的起点角度，如图 2-98 所示。向下拖曳饼图边角构件，可以改变饼图的终点角度，如图 2-99 所示。

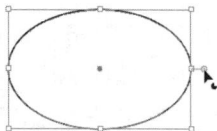

图 2-97   图 2-98   图 2-99

5. 使用直接选择工具调整饼图转角

选择直接选择工具 ，选取绘制好的饼图，边角构件处于可编辑状态，如图 2-100 所示。向内拖曳其中任意一个边角构件，如图 2-101 所示，对饼图转角进行变形操作，释放鼠标，效果如图 2-102 所示。

当鼠标指针移动到任意一个实心边角构件上时，鼠标指针变为 形状，如图 2-103 所示；单击实心边角构件可将其变为空心边角构件，鼠标指针变为 形状，如图 2-104 所示；拖曳边角构件可对选取的饼图角单独进行变形，释放鼠标后，效果如图 2-105 所示。

| 图 2-100 | 图 2-101 | 图 2-102 | 图 2-103 |

按住 Alt 键的同时，单击任意一个边角构件，或在拖曳边角构件的同时，按↑键或↓键，可在 3 种边角之间切换，如图 2-106 所示。

| 图 2-104 | 图 2-105 | 图 2-106 |

> **提示**　双击任意一个边角构件，弹出"边角"对话框，可以在其中设置边角样式、边角半径和圆角类型。

2.2.4　绘制多边形

1. 拖曳鼠标绘制多边形

选择多边形工具 ，在页面中按住鼠标左键，拖曳鼠标到需要的位置，释放鼠标左键，可绘制出一个多边形，如图 2-107 所示。

选择多边形工具 ，按住 Shift 键，在页面中按住鼠标左键，拖曳鼠标到需要的位置，释放鼠标左键，可绘制出一个正多边形，效果如图 2-108 所示。

选择多边形工具 ，按住 ~ 键，在页面中按住鼠标左键，拖曳鼠标到需要的位置，释放鼠标左键，可绘制出多个多边形，效果如图 2-109 所示。

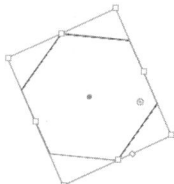
图 2-107

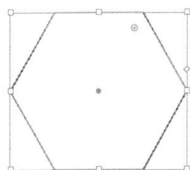
图 2-108

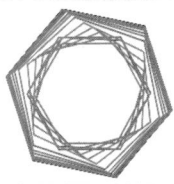
图 2-109

2. 精确绘制多边形

选择多边形工具 ，在页面中单击，弹出"多边形"对话框，如图 2-110 所示。在对话框中，

"半径"选项用于设置多边形的半径，半径指的是从多边形中心点到多边形顶点的距离，而中心点一般为多边形的重心；"边数"选项用于设置多边形的边数。设置完成后，单击"确定"按钮，得到图 2-111 所示的多边形。

图 2-110

图 2-111

3. 拖曳鼠标增加或减少多边形边数

选择选择工具，选取绘制好的多边形，将鼠标指针放置在多边形构件（◇）上，鼠标指针变为 形状，如图 2-112 所示。向上拖曳多边形构件，可以减少多边形的边数，如图 2-113 所示。向下拖曳多边形构件，可以增加多边形的边数，如图 2-114 所示。

图 2-112

图 2-113

图 2-114

> **提示**
> 多边形边数的取值范围为 3~11。

4. 使用"变换"面板制作实时转角

选择选择工具，选取绘制好的正六边形，选择"窗口 > 变换"命令（或按 Shift+F8 组合键），弹出"变换"面板，如图 2-115 所示。在"多边形属性"选项组中，"多边形边数计算"选项 用于设置多边形的边数，"边角类型"选项 用于设置任意角的转角类型，"圆角半径"选项 用于设置多边形各个圆角的半径，"多边形半径"选项 用于设置多边形的半径，"多边形边长度"选项 用于设置多边形每一条边的长度。

"多边形边数计算"选项的取值范围为 3~20，当该选项的值为 3 时，效果如图 2-116 所示；当该选项的值为 20 时，效果如图 2-117 所示。

图 2-115

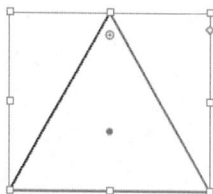

图 2-116

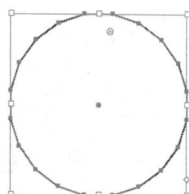

图 2-117

边角类型包括"圆角""反向圆角""倒角",效果如图 2-118 所示。

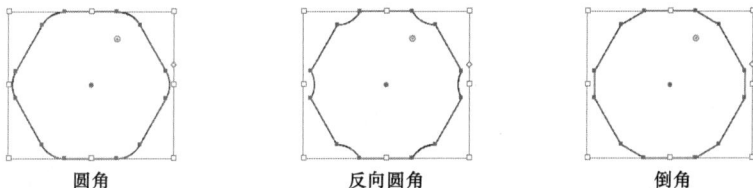

圆角   反向圆角   倒角

图 2-118

2.2.5 绘制星形

1. 拖曳鼠标绘制星形

选择星形工具 ☆,在页面中按住鼠标左键,拖曳鼠标到需要的位置,释放鼠标左键,可绘制出一个星形,效果如图 2-119 所示。

选择星形工具 ☆,按住 Shift 键,在页面中按住鼠标左键,拖曳鼠标到需要的位置,释放鼠标左键,可绘制出一个正星形,效果如图 2-120 所示。

选择星形工具 ☆,按住 ~ 键,在页面中按住鼠标左键,拖曳鼠标到需要的位置,释放鼠标左键,可绘制出多个星形,效果如图 2-121 所示。

图 2-119   图 2-120   图 2-121

2. 精确绘制星形

选择星形工具 ☆,在页面中单击,弹出"星形"对话框,如图 2-122 所示。在对话框中,"半径 1"选项用于设置从星形中心点到各外部角的顶点的距离,"半径 2"选项用于设置从星形中心点到各内部角的端点的距离,"角点数"选项用于设置星形中的边角数量。设置完成后,单击"确定"按钮,得到图 2-123 所示的星形。

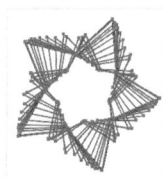

图 2-122   图 2-123

提示

使用直接选择工具调整多边形和星形的实时转角的方法与使用椭圆工具的方法相同,这里不赘述。

2.2.6　绘制光晕形状

使用光晕工具可以绘制出类似镜头光晕的效果，绘制出的图形包括一个明亮的发光点，以及光晕、光线和光环等对象。调节中心控制点和末端控制柄的位置，可以改变光线的方向。光晕形状如图 2-124 所示。

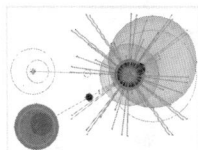

图 2-124

1. 拖曳鼠标绘制光晕形状

选择光晕工具 ，在页面中按住鼠标左键，拖曳鼠标到需要的位置，如图 2-125 所示，释放鼠标左键，然后在其他位置再次按住鼠标左键并拖动，如图 2-126 所示，释放鼠标左键，可绘制出光晕形状，如图 2-127 所示。取消选取光晕形状，效果如图 2-128 所示。

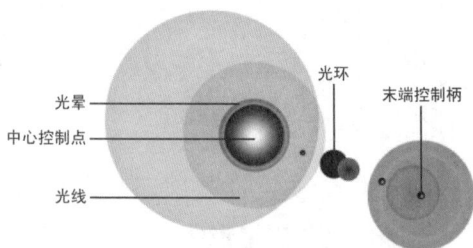

图 2-125　　　　图 2-126　　　　图 2-127　　　　图 2-128

> **技巧**
>
> 在光晕保持不变时，不释放鼠标左键，按住 Shift 键再次拖动鼠标，中心控制点、光线和光晕随鼠标指针按比例缩放；按住 Ctrl 键再次拖曳鼠标，中心控制点的大小保持不变，而光线和光晕随鼠标指针按比例缩放；同时按住↑键，可以逐渐增加光线的数量；按住↓键，可以逐渐减少光线的数量。

下面介绍如何调整中心控制点和末端控制柄之间的距离，以及光环的大小和位置。

在绘制出的光晕形状保持不变时，如图 2-128 所示，把鼠标指针移动到末端控制柄上，当鼠标指针变成 形状时，拖曳鼠标即可调整中心控制点和末端控制柄之间的距离，如图 2-129 和图 2-130 所示。

在绘制出的光晕形状保持不变时，如图 2-128 所示，把鼠标指针移动到末端控制柄上，当鼠标指针变成 形状时拖曳鼠标，按住 Ctrl 键再次拖曳鼠标，可以单独更改终止位置光环的大小，如图 2-131 和图 2-132 所示。

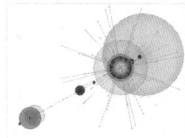

图 2-129　　　　图 2-130　　　　图 2-131　　　　图 2-132

在绘制出的光晕形状保持不变时，如图 2-128 所示，把鼠标指针移动到末端控制柄上，当鼠标指针变成 形状时拖曳鼠标，按住～键，可以重新随机地排列光环的位置，如图 2-133 和图 2-134 所示。

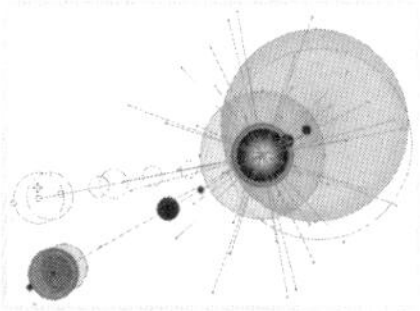

图 2-133 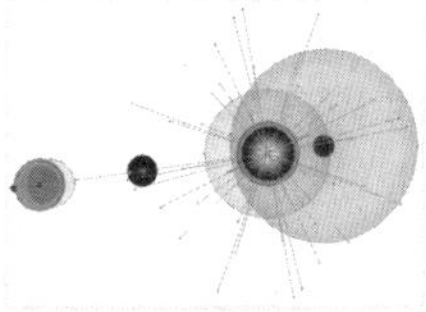　　　　　　　　　　　　图 2-134

2. **精确绘制光晕形状**

选择光晕工具 ，在页面中单击，或双击光晕工具 ，将弹出"光晕工具选项"对话框，如图 2-135 所示。

在对话框的"居中"选项组中，"直径"选项用于设置中心控制点的直径，"不透明度"选项用于设置中心控制点的不透明度，"亮度"选项用于设置中心控制点的亮度。在"光晕"选项组中，"增大"选项用于设置光晕围绕中心控制点的辐射程度，"模糊度"选项用于设置光晕的模糊程度。在"射线"选项组中，"数量"选项用于设置光线的数量，"最长"选项用于设置光线的长度，"模糊度"选项用于设置光线的模糊程度。在"环形"选项组中，"路径"选项用于设置光环所在路径的长度，"数量"选项用于设置光环的数量，"最大"选项用于设置光环的大小比例，"方向"选项用于设置光环的旋转角度，还可以通过左边的角度控制按钮调节光环的旋转角度。设置完成后，单击"确定"按钮，得到图 2-136 所示的光晕形状。

图 2-135

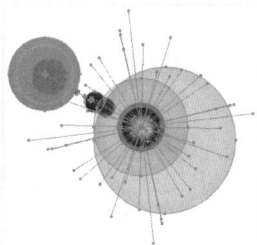

图 2-136

2.3　手绘图形

Illustrator 2022 提供了铅笔工具、平滑工具和路径橡皮擦工具，用户可以使用这些工具绘制图形、平滑路径和擦除路径等。Illustrator 2022 还提供了画笔工具，使用画笔工具可以绘制出多种图形。

2.3.1　课堂案例——绘制端午节龙舟插图

案例学习目标

学习使用画笔工具、铅笔工具和"画笔"面板绘制端午节龙舟插图。

微课

绘制端午节龙舟
插图

案例知识要点

使用椭圆工具、"路径查找器"命令、"画笔"面板、直线工具和"剪切蒙版"命令绘制龙鳞，使用铅笔工具、"画笔库"命令绘制龙须，端午节龙舟插图效果如图 2-137 所示。

图 2-137

效果所在位置

云盘\Ch02\效果\绘制端午节龙舟插图.ai。

（1）按 Ctrl+O 组合键，弹出"打开"对话框。选择云盘中的"Ch02 > 素材 > 绘制端午节龙舟插图 > 01"文件，单击"打开"按钮，打开文件，如图 2-138 所示。

（2）选择钢笔工具 ，在页面中绘制一个不规则图形，设置填充色为橘黄色（RGB 的值分别为 253、142、34），填充图形，并设置描边色为无，效果如图 2-139 所示。用相同的方法分别绘制其他不规则图形，并填充相应的颜色，效果如图 2-140 所示。

图 2-138   图 2-139   图 2-140

（3）选择椭圆工具 ，按住 Shift 键的同时，在页面外绘制 3 个圆形。选择选择工具 ，分别选取需要的图形，设置描边色为红色（RGB 的值分别为 255、0、0）、黄色（RGB 的值分别为 232、114、25），填充描边，效果如图 2-141 所示。

（4）选择选择工具 ，用框选的方法将圆形同时选取。选择"窗口 > 路径查找器"命令，弹出"路径查找器"面板。单击"减去顶层"按钮 ，如图 2-142 所示，生成新的对象，效果如图 2-143 所示。

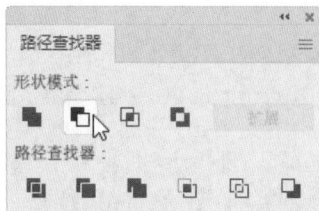

图 2-141   图 2-142   图 2-143

（5）选择"窗口 > 画笔"命令，弹出"画笔"面板，如图 2-144 所示。单击"画笔"面板下方的"新建画笔"按钮 ，弹出"新建画笔"对话框，选中"散点画笔"单选项，如图 2-145 所示。单击"确定"按钮，弹出"散点画笔选项"对话框，各选项的设置如图 2-146 所示。单击"确定"按钮，选取的图形被定义为画笔，如图 2-147 所示。

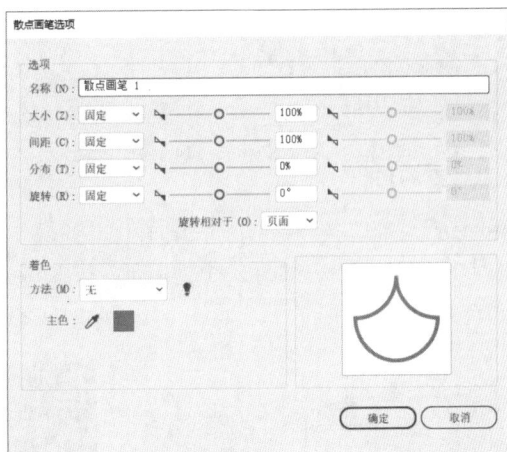

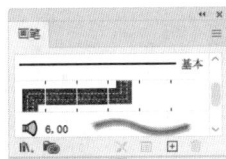

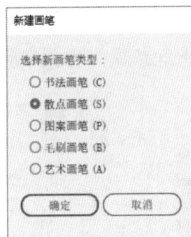

图 2-144	图 2-145	图 2-146

（6）选择直线工具 ，按住 Shift 键的同时，在页面外分别绘制直线。选择选择工具 ，用框选的方法将直线同时选取，设置描边色为黄色（RGB 的值分别为 232、114、26），填充描边。在工具属性栏中将"描边粗细"选项设置为 1 pt，按 Enter 键确定操作，效果如图 2-148 所示。在"画笔"面板中选择需要的画笔，如图 2-149 所示，单击需要的画笔，效果如图 2-150 所示。按 Ctrl+G 组合键编组图形，效果如图 2-151 所示。

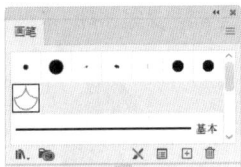

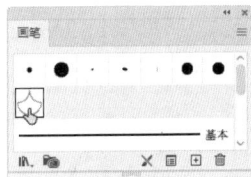

图 2-147	图 2-148	图 2-149

图 2-150	图 2-151

（7）选择选择工具 ，拖曳图形到页面中适当的位置，如图 2-152 所示。连续按 Ctrl+[组合键，将图形后移到适当的位置，效果如图 2-153 所示。选取需要的图形，按 Ctrl+C 组合键，复制图形，按 Ctrl+F 组合键，将复制的图形粘贴在前面，如图 2-154 所示。按住 Shift 键的同时，单击需要的图形，如图 2-155 所示。按 Ctrl+7 组合键，建立剪切蒙版，效果如图 2-156 所示。

图 2-152	图 2-153

（8）用相同的方法制作画笔，并绘制图形，效果如图 2-157 所示。选择矩形 工具，在页面外绘制一个矩形，设置填充色为深红色（RGB 的值分别为 81、18、13），填充图形，并设置描边色为无，效果如图 2-158 所示。

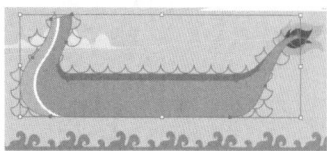

图 2-154　　　　　　　　图 2-155　　　　　　　　图 2-156

（9）选择"窗口 > 变换"命令，弹出"变换"面板，在"矩形属性"选项组中将"圆角半径"选项设为 0 px 和 2 px，如图 2-159 所示。按 Enter 键确定操作，效果如图 2-160 所示。

图 2-157　　　　　　图 2-158　　　　　　图 2-159　　　　　　图 2-160

（10）选择多边形工具 ⬡，在页面中单击，弹出"多边形"对话框，各选项的设置如图 2-161 所示，单击"确定"按钮，得到一个三角形。选择选择工具 ▶，拖曳三角形到适当的位置，如图 2-162 所示。向下拖曳三角形上方中间的控制手柄到适当的位置，调整其形状，效果如图 2-163 所示。

图 2-161　　　　　　　　　图 2-162　　　　　　　　　图 2-163

（11）选择直线段工具 ∕，按住 Shift 键的同时，在适当的位置绘制一条直线，设置描边色为深红色（RGB 的值分别为 81、18、13），填充描边。选择"窗口 > 描边"命令，弹出"描边"面板，单击"端点"选项中的"圆头端点"按钮 ⊂，其他选项的设置如图 2-164 所示。按 Enter 键确定操作，效果如图 2-165 所示。

（12）选择选择工具 ▶，用框选的方法将需要的图形同时选取，按 Ctrl+G 组合键，将其编组，效果如图 2-166 所示。在"变换"面板中将"旋转"选项设为 30，如图 2-167 所示。按 Enter 键确定操作，效果如图 2-168 所示。

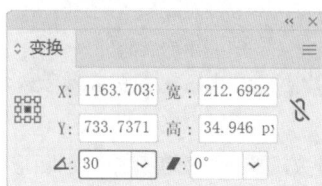

图 2-164　　　　图 2-165　　图 2-166　　　　　图 2-167　　　　　图 2-168

（13）选择选择工具 ▶，拖曳编组图形到页面中适当的位置，如图 2-169 所示。按住 Alt+Shift 组合键的同时，水平向右拖曳编组图形到适当的位置，以复制图形，效果如图 2-170 所示。连续按 Ctrl+D 组合键，按需要复制多个图形，效果如图 2-171 所示。

（14）按 Ctrl+O 组合键，弹出"打开"对话框。选择云盘中的"Ch02 > 素材 > 绘制端午节龙舟插图 > 02"文件，单击"打开"按钮，打开文件。选择选择工具 ▶，选取需要的图形，按 Ctrl+C 组合键，复制图形。选择正在编辑的页面，按 Ctrl+V 组合键，将复制的图形粘贴到页面中，并拖曳到适当的位置，效果如图 2-172 所示。

图 2-169　　　　　图 2-170　　　　　图 2-171　　　　　图 2-172

（15）选择铅笔工具 ✎，在适当的位置绘制曲线路径。选择选择工具 ▶，选取图形，设置描边色为红色（RGB 的值分别为 242、51、44），填充描边，效果如图 2-173 所示。

（16）选择"窗口 > 画笔库 > 装饰 > 典雅的卷曲和花形画笔组"命令，在弹出的面板中选中需要的画笔，如图 2-174 所示。在工具属性栏中将"描边粗细"选项设置为 3 pt，按 Enter 键确定操作，效果如图 2-175 所示。按 Ctrl+[组合键，将曲线路径后移到适当的位置，效果如图 2-176 所示。端午节龙舟插图绘制完成，效果如图 2-177 所示。

图 2-173　　　　图 2-174　　　　图 2-175　　　　图 2-176　　　　图 2-177

2.3.2　使用 Shaper 工具

使用 Shaper 工具 ✐ 可以将徒手绘制的几何形状自动转换为矢量形状，并且可以直接进行组合、删除或移动等编辑操作。

1. 使用 Shaper 工具绘制形状

选择 Shaper 工具 ✐，在页面中按住鼠标左键，绘制一个粗略的矩形，如图 2-178 所示。释放鼠标左键，矩形自动转换为一个明晰且具有灰色填充的矩形，如图 2-179 所示。

选择 Shaper 工具 ✐，在矩形的填色上拖曳鼠标，如图 2-180 所示，可以删除填色，如图 2-181 所示；同时在填色与描边上拖曳鼠标，如图 2-182 所示，可以删除整个图形。

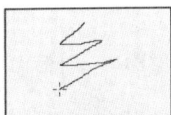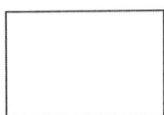

图 2-178　　　　图 2-179　　　　图 2-180　　　　图 2-181　　　　图 2-182

2. 使用 Shaper 工具编辑形状

（1）绘制重叠的形状，如图 2-183 所示。选择 Shaper 工具 ✐，在形状区域内拖曳鼠标，如图 2-184 所示，该区域被删除，如图 2-185 所示。

（2）在形状相交区域拖曳鼠标，如图 2-186 所示，相交区域被删除，如图 2-187 所示。

图 2-183　　　　　图 2-184　　　　　图 2-185　　　　　图 2-186　　　　　图 2-187

（3）从非重叠区域向重叠区域拖曳鼠标，如图 2-188 所示，形状被合并，合并区域的颜色为涂抹起点的颜色，如图 2-189 所示。从重叠区域向非重叠区域拖曳鼠标，将合并区域，效果如图 2-190所示。

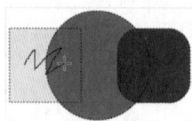

图 2-188　　　　　　　　　图 2-189　　　　　　　　　图 2-190

3. Shaper 工具的应用

（1）选择 Shaper 工具 ，单击绘制的形状，将显示定界框和箭头构件 ，如图 2-191 所示。再次单击形状，使形状处于表面选择模式，如图 2-192 所示。此时可以更改形状的填充颜色，如图 2-193 所示。

图 2-191　　　　　　　　　图 2-192　　　　　　　　　图 2-193

（2）单击箭头构件 ，使其指示方向朝上，如图 2-194 所示。此时可以选择任意一个形状，并更改该形状的填充颜色，如图 2-195 所示。

（3）向外拖曳选中的形状，如图 2-196 所示，可以移除该形状，如图 2-197 所示。

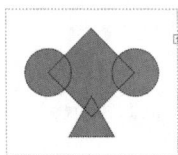
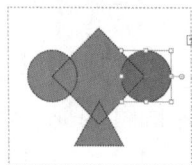
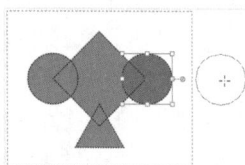
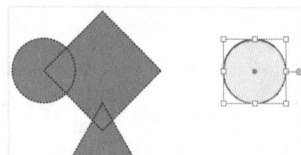

图 2-194　　　　　图 2-195　　　　　图 2-196　　　　　图 2-197

2.3.3　使用铅笔工具

使用铅笔工具 可以绘制出自由的曲线路径，在绘制过程中 Illustrator 2022 会自动根据鼠标指针移动的轨迹来设定节点并生成路径。使用铅笔工具既可以绘制闭合路径，又可以绘制开放路径，还可以将已有曲线上的节点作为起点，绘制出新的曲线，从而达到修改曲线的目的。

选择铅笔工具 ，在页面中按住鼠标左键，拖曳鼠标到需要的位置，可以绘制出一条路径，如图 2-198 所示。释放鼠标左键，绘制的路径如图 2-199 所示。

选择铅笔工具 ，在页面中按住鼠标左键，拖曳鼠标到需要的位置，按住 Alt 键，如图 2-200所示，释放鼠标左键，可以绘制出一条闭合的曲线，如图 2-201 所示。

图 2-198

图 2-199

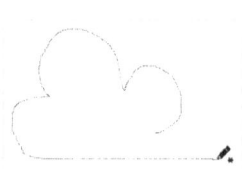
图 2-200

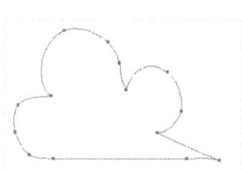
图 2-201

绘制一个闭合的图形并选中这个图形，再选择铅笔工具 ✏️，在闭合图形上的任意两个节点之间拖曳，如图 2-202 所示，可以修改图形的形状。释放鼠标左键，得到的图形效果如图 2-203 所示。

双击铅笔工具 ✏️，弹出"铅笔工具选项"对话框，如图 2-204 所示。在对话框的"保真度"选项组中，"精确"选项用于绘制最精确的路径，"平滑"选项用于创建最平滑的路径。在"选项"选项组中，勾选"填充新铅笔描边"复选框后，如果当前设置了填充颜色，则绘制出的路径将填充该颜色；勾选"保持选定"复选框，绘制出的曲线处于选取状态；勾选"Alt 键切换到平滑工具"复选框，可以在按住 Alt 键的同时，将铅笔工具切换为平滑工具；勾选"当终端在此范围内时闭合路径"复选框，可以在设置的预定义像素数内自动闭合绘制的路径。勾选"编辑所选路径"复选框，可以使用铅笔工具对选中的路径进行编辑。

图 2-202

图 2-203

图 2-204

2.3.4 使用平滑工具

使用平滑工具 ✏️可以将尖锐的曲线变得较为光滑。

绘制曲线并选中绘制的曲线，选择平滑工具 ✏️，将鼠标指针移到需要平滑的路径旁，按住鼠标左键并在路径上拖曳，如图 2-205 所示。路径平滑后的效果如图 2-206 所示。

双击平滑工具 ✏️，弹出"平滑工具选项"对话框，如图 2-207 所示。在"保真度"选项组中，"精确"选项用于增加锚点数量，使路径更尖锐，"平滑"选项用于减少锚点数量，使路径更平滑。

图 2-205

图 2-206

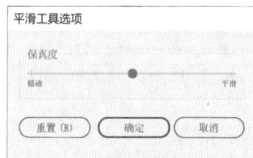
图 2-207

2.3.5 使用路径橡皮擦工具

使用路径橡皮擦工具 ✏️可以擦除已有路径的全部或者一部分，但是路径橡皮擦工具 ✏️不能应用于文本对象和包含渐变网格的对象。

选中想要擦除的路径，选择路径橡皮擦工具 ✐，将鼠标指针移到需要清除的路径旁，按住鼠标左键并在路径上拖曳，如图 2-208 所示，擦除路径后的效果如图 2-209 所示。

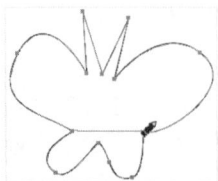 

图 2-208 图 2-209

2.3.6 使用连接工具

使用连接工具 ✐可以将交叉、重叠或两端开放的路径连接为闭合路径。

选中要连接的开放路径，选择连接工具 ✐，将鼠标指针移到左侧端点处，按住鼠标左键并向右侧端点拖曳，如图 2-210 所示。释放鼠标后，效果如图 2-211 所示。

选中要连接的交叉路径，选择连接工具 ✐，将鼠标指针移到左侧端点处，按住鼠标左键并向右侧端点拖曳，如图 2-212 所示。释放鼠标后，效果如图 2-213 所示。

图 2-210 图 2-211 图 2-212 图 2-213

2.3.7 使用画笔工具

使用画笔工具 ✐既可以绘制出样式繁多的精美线条和图形，又可以使用不同的刷头以实现不同的绘制效果。利用不同的画笔样式可以绘制出不同风格的图形。

选择画笔工具 ✐，选择"窗口 > 画笔"命令，弹出"画笔"面板，如图 2-214 所示。在面板中选择任意一种画笔样式，在页面中按住鼠标左键，向右拖曳鼠标进行线条的绘制，释放鼠标左键，线条绘制完成，如图 2-215 所示。

图 2-214 图 2-215

选取绘制的线条，如图 2-216 所示。选择"窗口 > 描边"命令，弹出"描边"面板。在面板的"粗细"下拉列表中选择需要的描边大小，如图 2-217 所示，线条的效果如图 2-218 所示。

图 2-216　　　　　　　　　　　　图 2-217　　　　　　　　　　　　图 2-218

双击画笔工具 ，弹出"画笔工具选项"对话框，如图 2-219 所示。在对话框的"保真度"选项组中，"精确"选项用于调节曲线上点的精确度，"平滑度"选项用于调节曲线的平滑度。在"选项"选项组中，勾选"填充新画笔描边"复选框，则每次使用画笔工具绘制图形时，系统都会用默认颜色来填充图形的边；勾选"保持选定"复选框，绘制的曲线处于选取状态；勾选"编辑所选路径"复选框，可以使用画笔工具对选中的路径进行编辑。

图 2-219

2.3.8　使用"画笔"面板

选择"窗口 > 画笔"命令，弹出"画笔"面板。"画笔"面板中包含许多内容，下面进行详细讲解。

1. 画笔类型

Illustrator 2022 提供了 5 种类型的画笔，即书法画笔、散点画笔、图案画笔、艺术画笔和毛刷画笔。

（1）散点画笔

单击"画笔"面板右上角的 图标，将弹出一个菜单。在系统默认状态下，"显示散点画笔"命令为灰色，选择"打开画笔库"命令，弹出子菜单，如图 2-220 所示。在弹出的子菜单中选择任意一种散点画笔，弹出相应的面板，如图 2-221 所示。在面板中单击某个画笔，该画笔被加载到"画笔"面板中，如图 2-222 所示。选择画笔工具 ，在页面中连续单击或拖曳鼠标，可以绘制出需要的图形，效果如图 2-223 所示。

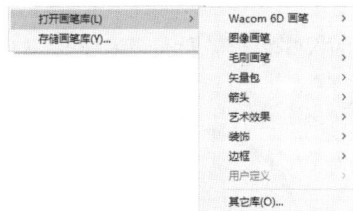
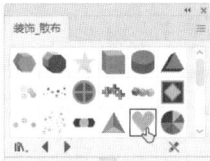
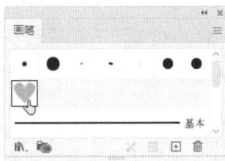

图 2-220　　　　　　　　图 2-221　　　　　　　　图 2-222　　　　　　　　图 2-223

（2）书法画笔

在系统默认状态下，书法画笔处于显示状态，"画笔"面板的第一排为书法画笔，如图 2-224 所示。选择任意一种书法画笔，选择画笔工具 ，在页面中按住鼠标左键，拖曳鼠标进行线条的绘制，
释放鼠标左键，线条绘制完成，效果如图 2-225 所示。

图 2-224　　　　　　　　　　　　　图 2-225

（3）图案画笔

在系统默认状态下，图案画笔处于显示状态，"画笔"面板的第三排为图案画笔，如图 2-226
所示。选择画笔工具 ，在页面中连续单击或拖曳鼠标，可以绘制出需要的图形，效果如图 2-227
所示。

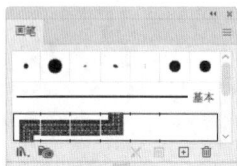　　　　　

图 2-226　　　　　　　　　　　　　图 2-227

（4）毛刷画笔

在系统默认状态下，毛刷画笔处于显示状态，"画笔"面板的第四排为毛刷画笔，如图 2-228
所示。选择画笔工具 ，在页面中按住鼠标左键，拖曳鼠标进行线条的绘制，释放鼠标左键，线条
绘制完成，效果如图 2-229 所示。

（5）艺术画笔

在系统默认状态下，艺术画笔处于显示状态，"画笔"面板的最后一排为艺术画笔，如图 2-230
所示。选择画笔工具 ，在页面中按住鼠标左键，拖曳鼠标进行线条的绘制，释放鼠标左键，线条
绘制完成，效果如图 2-231 所示。

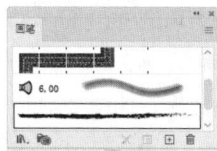

图 2-228　　　　　　　图 2-229　　　　　　　图 2-230　　　　　　　图 2-231

2. **更改画笔样式**

选中想要更改画笔样式的图形，如图 2-232 所示，在"画笔"面板中单击需要的画笔样式，如
图 2-233 所示，更改画笔样式后的图形效果如图 2-234 所示。

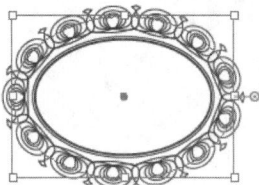　　　　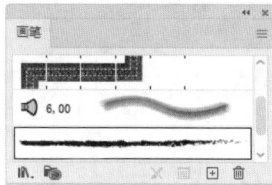　　　　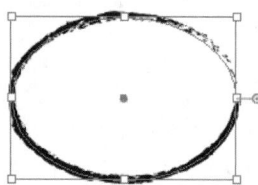

图 2-232　　　　　　　　　图 2-233　　　　　　　　　图 2-234

3. "画笔"面板中的按钮

"画笔"面板下方有 4 个按钮，从左到右依次是"移去画笔描边"按钮 ✕ 、"所选对象的选项"按钮 ▦ 、"新建画笔"按钮 ⊞ 和"删除画笔"按钮 🗑 。

"移去画笔描边"按钮 ✕ ：用于将当前选中的图形的描边删除，只留下原始路径。

"所选对象的选项"按钮 ▦ ：用于打开应用到选中图形上的画笔的选项对话框，在该对话框中可以编辑画笔。

"新建画笔"按钮 ⊞ ：用于创建新的画笔。

"删除画笔"按钮 🗑 ：用于删除选定的画笔样式。

4. "画笔"面板的菜单

单击"画笔"面板右上角的 ☰ 图标，弹出的菜单如图 2-235 所示。

"新建画笔"命令、"删除画笔"命令、"移去画笔描边"命令和"所选对象的选项"命令与"画笔"面板下方相应按钮的功能是一样的。"复制画笔"命令用于复制选定的画笔。"选择所有未使用的画笔"命令用于选中在当前文档中还没有使用过的所有画笔。"列表视图"命令用于将所有的画笔类型以列表的方式按照名称顺序排列，在显示小图标的同时还可以显示画笔的种类，如图 2-236 所示。"画笔选项"命令用于打开相关的选项对话框，以便对画笔进行编辑。

图 2-235   图 2-236

5. 编辑画笔

Illustrator 2022 提供了对画笔进行编辑的功能，如改变画笔的外观、大小、颜色、角度，以及箭头方向等。对于不同的画笔类型，可编辑的参数也有所不同。

在"画笔"面板中选中需要编辑的画笔，如图 2-237 所示。单击面板右上角的 ☰ 图标，在弹出的菜单中选择"画笔选项"命令，弹出"散点画笔选项"对话框，如图 2-238 所示。在对话框中，"名称"选项用于设定画笔的名称，"大小"选项用于设定画笔图案的比例大小，"间距"选项用于设定绘图时沿路径分布的图案之间的距离，"分布"选项用于设定路径两侧分布的图案之间的距离，"旋转"选项用于设定各个画笔图案的旋转角度，"旋转相对于"选项用于设定画笔图案是相对于"页面"还是相对于"路径"旋转。"着色"选项组中的"方法"选项用于设置着色的方法，"主色"选项后的吸管工具用于选择颜色，其后的色块即是所选择的颜色。单击"提示"按钮 🔊 ，弹出"着色提示"对话框，如图 2-239 所示。设置完成后，单击"确定"按钮，即可完成画笔的编辑。

图 2-237　　　　　　图 2-238　　　　　　图 2-239

6. 自定义画笔

在 Illustrator 2022 中，除了可以利用系统预设的画笔类型和编辑已有的画笔，还可以使用自定义的画笔。不同类型的画笔，定义的方法类似。如果要新建散点画笔，那么作为散点画笔的图形对象中不能包含图案、渐变填充等属性。如果想新建书法画笔和艺术画笔，不需要事先制作好图案，在相应的画笔选项对话框中进行设定即可。

选中想要定义为画笔的对象，如图 2-240 所示。单击"画笔"面板下方的"新建画笔"按钮 ⊞，或单击面板右上角的 ☰ 图标，在弹出的菜单中选择"新建画笔"命令，弹出"新建画笔"对话框，选中"散点画笔"单选项，如图 2-241 所示。

图 2-240　　　　　　图 2-241

单击"确定"按钮，弹出"散点画笔选项"对话框，如图 2-242 所示。单击"确定"按钮，制作的画笔将自动添加到"画笔"面板中，如图 2-243 所示。使用新定义的画笔在页面中绘制图形，如图 2-244 所示。

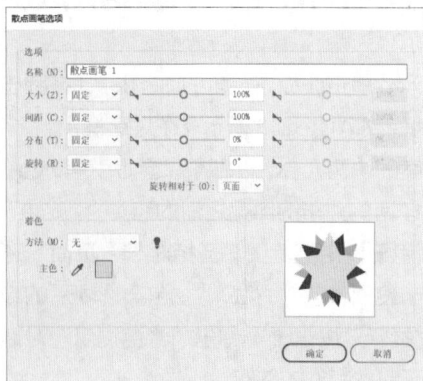

图 2-242　　　　　　图 2-243　　　　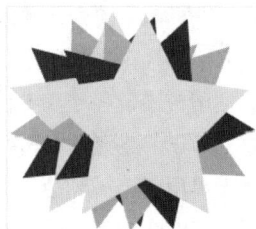　图 2-244

2.3.9　使用画笔库

Illustrator 2022 不仅提供了功能强大的画笔工具，还提供了多种画笔库，其中包含箭头、艺术效果、装饰、边框、默认画笔等。

选择"窗口 > 画笔库"命令，弹出的子菜单中包含一系列画笔库命令。分别选择各个命令，可以打开相应的面板，如图 2-245 所示。

Illustrator 2022 还允许调用其他画笔库。选择"窗口 > 画笔库 > 其他库"命令，弹出"选择要打开的库"对话框，如图 2-246 所示，在其中可以选择其他合适的库。

图 2-245　　　　　　　　　　　　　　　　图 2-246

2.4　对象的编辑

Illustrator 2022 提供了强大的对象编辑功能，本节将介绍编辑对象的方法，包括对象的多种选取方式和对象的比例缩放、移动、镜像、旋转、倾斜、扭曲变形、复制、删除等。

2.4.1　课堂案例——绘制祁州漏芦花卉插图

案例学习目标

学习使用绘图工具、比例缩放工具、旋转工具和镜像工具绘制祁州漏芦花卉插图。

案例知识要点

使用椭圆工具、比例缩放工具、"变换"面板和"描边"面板绘制花托，使用直线段工具、椭圆工具、旋转工具和镜像工具绘制花蕊，使用直线段工具、矩形工具、删除锚点工具、镜像工具绘制茎和叶，祁州漏芦花卉插图效果如图 2-247 所示。

效果所在位置

云盘\Ch02\效果\绘制祁州漏芦花卉插图.ai。

微课

绘制祁州漏芦
花卉插图

图 2-247

（1）按 Ctrl+N 组合键，弹出"新建文档"对话框。设置文档的宽度为 300 px，高度为 400 px，方向为纵向，颜色模式为 RGB 颜色，单击"创建"按钮，新建一个文档。

（2）选择矩形工具 ▣，绘制一个与页面大小相等的矩形，设置填充色（RGB 的值分别为 242、249、244），填充图形，并设置描边色为无，效果如图 2-248 所示。按 Ctrl+2 组合键锁定矩形。

（3）选择椭圆工具 ◯，按住 Shift 键的同时，在适当的位置绘制一个圆形，设置填充色（RGB 的值分别为 255、108、126），填充图形，并设置描边色为无，效果如图 2-249 所示。

（4）双击比例缩放工具 ⊡，弹出"比例缩放"对话框，各选项的设置如图 2-250 所示。单击"复制"按钮，缩放并复制圆形，效果如图 2-251 所示。

  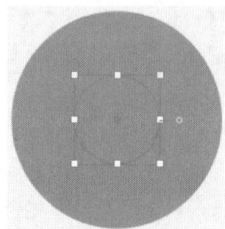

图 2-248　　　　图 2-249　　　　　　图 2-250　　　　　　　图 2-251

（5）保持图形处于选取状态。设置描边色（RGB 的值分别为 255、209、119），填充描边，效果如图 2-252 所示。选择"窗口 > 描边"命令，弹出"描边"面板，单击"对齐描边"选项中的"使描边外侧对齐"按钮 ▣，其他选项的设置如图 2-253 所示。按 Enter 键，效果如图 2-254 所示。

（6）选择选择工具 ▶，选取下方的洋红色圆形，如图 2-255 所示。选择"窗口 > 变换"命令，弹出"变换"面板，在"椭圆属性"选项组中将"饼图起点角度"选项设为 180°，如图 2-256 所示。按 Enter 键确定操作，效果如图 2-257 所示。

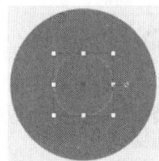  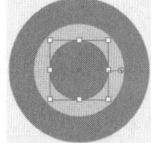 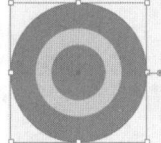  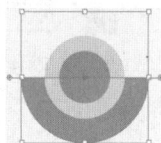

图 2-252　　　图 2-253　　　图 2-254　　　图 2-255　　　图 2-256　　　图 2-257

（7）选择直线段工具 ╱，按住 Shift 键的同时，在适当的位置绘制一条直线，设置描边色（RGB 的值分别为 0、175、175），填充描边。在工具属性栏中将"描边粗细"选项设为 3 pt。按 Enter 键确定操作，效果如图 2-258 所示。

（8）选择椭圆工具 ◯，按住 Shift 键的同时，在适当的位置绘制一个圆形，设置填充色（RGB 的值分别为 71、212、208），填充图形，并设置描边色为无，效果如图 2-259 所示。

（9）选择选择工具 ▶，按住 Shift 键的同时单击下方的直线段，将图形和直线段同时选取，按 Ctrl+G 组合键，编组图形，如图 2-260 所示。选择旋转工具 ↻，按住 Alt 键的同时，在直线段末端单击，如图 2-261 所示，弹出"旋转"对话框，各选项的设置如图 2-262 所示。单击"复制"按钮，旋转并复制图形，效果如图 2-263 所示。

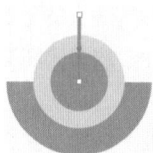

图 2-258   图 2-259   图 2-260   图 2-261

（10）连续按 Ctrl+D 组合键，复制出多个编组图形，效果如图 2-264 所示。选择选择工具 ▶，按住 Shift 键的同时，依次单击需要的图形将其同时选取，如图 2-265 所示。

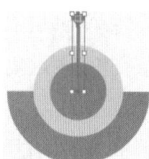

图 2-262   图 2-263   图 2-264   图 2-265

（11）选择镜像工具 ▷◁，按住 Alt 键的同时，在直线段末端单击，如图 2-266 所示，弹出"镜像"对话框，各选项的设置如图 2-267 所示。单击"复制"按钮，镜像并复制图形，效果如图 2-268 所示。

（12）选择选择工具 ▶，按住 Shift 键的同时，依次单击需要的图形将其同时选取，如图 2-269 所示。按 Ctrl+ [组合键，将图形后移一层，效果如图 2-270 所示。

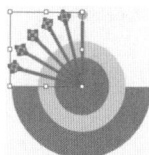

图 2-266   图 2-267   图 2-268   图 2-269   图 2-270

（13）选择直线段工具 ／，按住 Shift 键的同时，在适当的位置绘制一条竖线，设置描边色（RGB 的值分别为 48、172、106），填充描边，效果如图 2-271 所示。在工具属性栏中将"描边粗细"选项设为 5 pt，按 Enter 键确定操作，效果如图 2-272 所示。连续按 Ctrl+ [组合键，将竖线向后移至适当的位置，效果如图 2-273 所示。

图 2-271   图 2-272   图 2-273

（14）使用矩形工具 ▭ 在适当的位置绘制一个矩形，设置填充色（RGB 的值分别为 48、172、106），填充图形，并设置描边色为无，效果如图 2-274 所示。选择删除锚点工具 ✎，在矩形右上角单击，删除锚点，如图 2-275 所示。

（15）选择选择工具 ，按住 Alt+Shift 组合键的同时，垂直向下拖曳三角形到适当的位置，复制三角形，效果如图 2-276 所示。连续按 Ctrl+D 组合键，按需要复制出多个三角形，效果如图 2-277 所示。

（16）选择选择工具 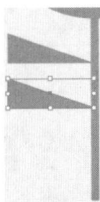，用框选的方法将绘制的三角形同时选取，如图 2-278 所示。选择镜像工具，按住 Alt 键的同时，在竖线上单击，如图 2-279 所示，弹出"镜像"对话框，各选项的设置如图 2-280 所示。单击"复制"按钮，镜像并复制图形，效果如图 2-281 所示。祁州漏芦花卉插图绘制完成，效果如图 2-282 所示。

图 2-274　　图 2-275　　图 2-276　　图 2-277　　图 2-278　　图 2-279

图 2-280　　　　　　图 2-281　　　　　　图 2-282

2.4.2　对象的选取

Illustrator 2022 提供了 5 种选择工具，包括选择工具、直接选择工具、编组选择工具、魔棒工具和套索工具。它们都位于工具箱的上方，如图 2-283 所示。

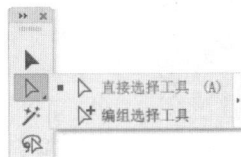

图 2-283

选择工具：通过单击路径上的一点或一部分来选择整条路径。

直接选择工具：用于选择路径上独立的节点或线段，并显示出路径上的所有方向线以便调整。

编组选择工具：用于单独选择组合对象中的个别对象。

魔棒工具：用于选择具有相同描边或填充属性的对象。

套索工具：用于选择路径上独立的节点或线段。在使用套索工具时，其经过轨迹上的所有路径将被同时选中。

编辑对象之前，要选中相应对象。对象刚建立时一般处于选取状态，对象的周围会出现矩形圈选框。矩形圈选框是由 8 个控制手柄组成的，对象的中心有一个形的标记，如图 2-284 所示。

当选取多个对象时，多个对象共用一个矩形圈选框，多个对象的选取状态如图 2-285 所示。要取消对象的选取状态，只要在页面上的其他位置单击即可。

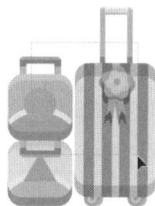

图 2-284

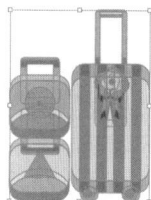

图 2-285

1. 使用选择工具选取对象

选择选择工具 ▶，当鼠标指针移动到对象或路径上时，鼠标指针变为 ▶ 形状，如图 2-286 所示；当鼠标指针移动到节点上时，鼠标指针变为 ▶ 形状，如图 2-287 所示；单击即可选取对象，鼠标指针变为 ▶ 形状，如图 2-288 所示。

> **提示**
>
> 按住 Shift 键，分别在要选取的对象上单击，可连续选取多个对象。

选择选择工具 ▶，在页面中要选取的对象外围拖曳鼠标，得到一个灰色的矩形圈选框，如图 2-289 所示。释放鼠标，这时，被圈选的对象处于选取状态，如图 2-290 所示。用圈选的方法可以同时选取一个或多个对象。

图 2-286　　　　图 2-287　　　　图 2-288　　　　图 2-289　　　　图 2-290

2. 使用直接选择工具选取对象

选择直接选择工具 ▷，单击对象可以选取整个对象，如图 2-291 所示。在对象的某个节点上单击，该节点将被选中，如图 2-292 所示。向右拖曳该节点，可改变对象的形状，如图 2-293 所示。

图 2-291

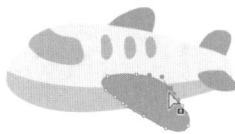

图 2-292

图 2-293

也可使用直接选择工具 ▷ 圈选对象。使用直接选择工具 ▷ 拖曳出一个矩形圈选框，在框中的所有对象将被同时选取。

> **提示**
>
> 在移动节点的时候按住 Shift 键，节点可以沿 45°角的整数倍方向移动；在移动节点的时候按住 Alt 键，可以复制节点，以得到一段新路径。

3. 使用魔棒工具选取对象

双击魔棒工具 ✧，弹出"魔棒"面板，如图 2-294 所示。

勾选"填充颜色"复选框，可以使填充了相同颜色的对象同时被选中；勾选"描边颜色"复选框，可以使填充了相同描边颜色的对象同时被选中；勾选"描边粗细"复选框，可以使描边粗细相同的对象同时被选中；勾选"不透明度"复选框，可以使透明度相同的对象同时被选中；勾选"混合模式"复选框，可以使混合模式相同的对象同时被选中。

图 2-294

打开文件，如图 2-295 所示，"魔棒"面板中的设置如图 2-296 所示。选择魔棒工具 ，单击最左边的对象，填充了相同颜色的对象会被选取，效果如图 2-297 所示。

图 2-295　　　　　　　图 2-296　　　　　　　图 2-297

打开文件，如图 2-298 所示，"魔棒"面板中的设置如图 2-299 所示。选择魔棒工具 ，单击左边的对象，填充了相同描边颜色的对象会被选取，如图 2-300 所示。

图 2-298　　　　　　　图 2-299　　　　　　　图 2-300

4. 使用套索工具选取对象

选择套索工具 ，在对象的外围按住鼠标左键，拖曳鼠标绘制一个套索圈，如图 2-301 所示。释放鼠标左键，对象被选取，效果如图 2-302 所示。

选择套索工具 ，在对象上绘制出一条套索线，如图 2-303 所示。套索线经过的对象将同时被选中，效果如图 2-304 所示。

图 2-301　　　　图 2-302　　　　图 2-303　　　　图 2-304

5. 使用选择命令

Illustrator 2022 除了提供 5 种选择工具，还提供了"选择"菜单，如图 2-305 所示。

"全部"命令：用于选取 Illustrator 2022 绘图页面上的所有对象，不包含隐藏对象和锁定的对象。

"现用画板上的全部对象"命令：用于选取当前画板上的所有对象，不包含隐藏对象和锁定的对象。

"取消选择"命令：用于取消所有对象的选取状态。

图 2-305

"重新选择"命令：用于重复上一次的选取操作。

"反向"命令：用于选取文档中除当前选中对象之外的所有对象。

"上方的下一个对象"命令：用于选取当前选中对象之上的对象。

"下方的下一个对象"命令：用于选取当前选中对象之下的对象。

"相同"子菜单中包含 21 个命令，即"形状和文本"命令、"外观"命令、"外观属性"命令、"混合模式"命令、"填色和描边"命令、"填充颜色"命令、"不透明度"命令、"描边颜色"命令、"描边粗细"命令、"图形样式"命令、"形状"命令、"符号实例"命令、"链接块系列"命令、"文本"命令、"字体系列"命令、"字体系列和样式"命令、"字体系列、样式和大小"命令、"字体大小"命令、"文本填充颜色"命令、"文本描边颜色"命令和"文本填充和描边颜色"命令。

"对象"子菜单中包含 9 个命令，即"同一图层上的所有对象"命令、"方向手柄"命令、"毛刷画笔描边"命令、"画笔描边"命令、"剪切蒙版"命令、"游离点"命令、"所有文本对象"命令、"点状文字对象"命令、"区域文字对象"命令。

"启动全局编辑"命令：用于选择所有类似对象进行全局编辑。

"存储所选对象"命令：用于将当前进行的选取操作保存。

"编辑所选对象"命令：用于对已经保存的选取操作进行编辑。

2.4.3　对象的比例缩放、移动和镜像

1. 对象的缩放

在 Illustrator 2022 中可以快速且精确地按比例缩放对象，使设计工作变得更轻松。下面介绍对象的按比例缩放方法。

（1）使用工具箱中的工具缩放对象

选取要缩放的对象，对象的周围出现控制手柄，如图 2-306 所示。拖曳控制手柄，如图 2-307 所示，可以缩放对象，效果如图 2-308 所示。

图 2-306　　　　　　　　图 2-307　　　　　　　　图 2-308

> **提示**
>
> 拖曳对角线上的控制手柄时，按住 Shift 键，对象会等比例缩放；按住 Shift+Alt 组合键，对象会从中心等比例缩放。

选取要缩放的对象，再选择比例缩放工具 ，对象的中心出现中心控制点，拖曳中心控制点可以移动中心控制点的位置，如图 2-309 所示。沿水平方向拖曳对象中心控制点可以缩放对象宽度，如图 2-310 所示。沿垂直方向拖曳对象中心控制点可以缩放对象高度，如图 2-311 所示。

图 2-309 　　　　　　　　图 2-310 　　　　　　　　图 2-311

（2）使用"变换"面板成比例缩放对象

选择"窗口 > 变换"命令（或按 Shift+F8 组合键），弹出"变换"面板，如图 2-312 所示。在面板中，"宽"选项用于设置对象的宽度，"高"选项用于设置对象的高度。改变对象的宽度和高度，可以缩放对象。勾选"缩放圆角"复选框，可以在缩放时等比例缩放圆角半径值。勾选"缩放描边和效果"复选框，可以在缩放时等比例缩放添加的描边和效果。

（3）使用菜单命令缩放对象

选择"对象 > 变换 > 缩放"命令，弹出"比例缩放"对话框，如图 2-313 所示。在对话框中，选中"等比"单选项，可以使对象等比例缩放；选中"不等比"单选项，可以使对象不等比例缩放，"水平"选项用于设置对象在水平方向上的缩放百分比，"垂直"选项用于设置对象在垂直方向上的缩放百分比。

图 2-312　　　　　　　　　　　　　　　图 2-313

（4）使用快捷菜单中的命令缩放对象

在选取的对象上单击鼠标右键，弹出快捷菜单，选择"变换 > 缩放"命令，也可以对对象进行缩放。

2. 对象的移动

在 Illustrator 2022 中，可以快速且精确地移动对象。要移动对象，首先要使被移动的对象处于选取状态。

（1）使用工具箱中的工具和键盘移动对象

选择"选择"工具，选取要移动的对象，效果如图 2-314 所示。在对象上按住鼠标左键，拖曳鼠标到需要放置对象的位置，如图 2-315 所示。释放鼠标左键，对象的移动操作完成，效果如图 2-316 所示。

选取要移动的对象，用键盘上的方向键可以微调对象的位置。

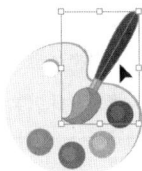

图 2-314 　　　　　　　　　图 2-315 　　　　　　　　　图 2-316

（2）使用"变换"面板移动对象

选择"窗口 > 变换"命令（或按 Shift+F8 组合键），弹出"变换"面板，如图 2-317 所示。在面板中，"X"选项用于设置对象在 x 轴上的位置，"Y"选项用于设置对象在 y 轴上的位置。改变"X"选项和"Y"选项的数值，可以移动对象。

（3）使用菜单命令移动对象

选择"对象 > 变换 > 移动"命令（或按 Shift+Ctrl+M 组合键），弹出"移动"对话框，如图 2-318 所示。在对话框中，"水平"选项用于设置对象在水平方向上移动的距离，"垂直"选项用于设置对象在垂直方向上移动的距离，"距离"选项用于设置对象移动的距离，"角度"选项用于设置对象移动或旋转的角度，单击"复制"按钮可复制移动对象。

图 2-317 　　　　　　　　　　　　　　　　图 2-318

3. 对象的镜像

在 Illustrator 2022 中可以快速且精确地进行镜像操作，以使设计和制作工作更加轻松。

（1）使用工具箱中的工具镜像对象

选取要镜像的对象，效果如图 2-319 所示。选择镜像工具 ，拖曳对象进行旋转，效果如图 2-320 所示，这样可以实现图形的旋转变换，即对象绕自身中心的镜像变换，镜像后的效果如图 2-321 所示。

在页面上的任意位置单击，以确定新的镜像轴标志 的位置，效果如图 2-322 所示。在页面上的任意位置再次单击，单击的点与镜像轴标志之间的连线就是镜像变换的镜像轴，在与镜像轴对称的地方生成对应的镜像对象，效果如图 2-323 所示。

图 2-319 　　　　图 2-320 　　　　图 2-321 　　　　图 2-322 　　　　图 2-323

> **提示**
> 在使用镜像工具 ▷◁ 生成镜像对象的过程中，只能使对象本身产生镜像。要在镜像的位置生成对象的复制品，可以在拖曳鼠标时按住 Alt 键。镜像工具 ▷◁ 也可以用于旋转对象。

（2）使用选择工具 ▶ 镜像对象

使用选择工具 ▶ 选取要生成镜像的对象，效果如图 2-324 所示。拖曳控制手柄到相对的边，如图 2-325 所示，释放鼠标左键后得到镜像对象，效果如图 2-326 所示。

| 图 2-324 | 图 2-325 | 图 2-326 |

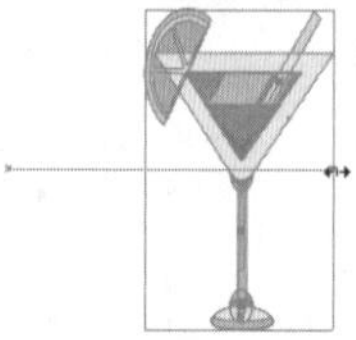

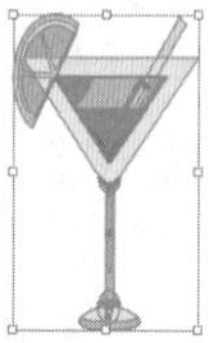

拖曳左边或右边中间的控制手柄到相对的边，释放鼠标左键后可以得到原对象的水平镜像结果。拖曳上边或下边中间的控制手柄到相对的边，释放鼠标左键后可以得到原对象的垂直镜像结果。

> **提示**
> 按住 Shift 键，拖曳边角上的控制手柄到相对的边，对象会成比例地沿对角线方向生成镜像图形。按住 Shift+Alt 组合键，拖曳边角上的控制手柄到相对的边，对象会成比例地从中心生成镜像图形。

（3）使用菜单命令镜像对象

选择"对象 > 变换 > 镜像"命令，弹出"镜像"对话框，如图 2-327 所示。在"轴"选项组中，选中"水平"单选项可以垂直镜像对象，选中"垂直"单选项可以水平镜像对象，选中"角度"单选项可以设置镜像角度。在"选项"选项组中，勾选"变换对象"复选框，图案不会被镜像；勾选"变换图案"复选框，图案会被镜像。单击"复制"按钮可以在原对象上复制一个镜像的对象。

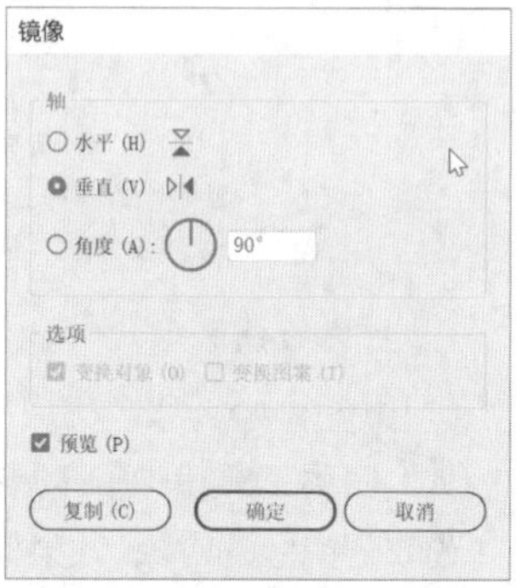

图 2-327

2.4.4　对象的旋转和倾斜

1．对象的旋转

（1）使用工具箱中的工具旋转对象

使用选择工具 ▶ 选取要旋转的对象，将鼠标指针移动到旋转控制手柄上，鼠标指针变为 ↰ 形状，如图 2-328 所示。按住鼠标左键，拖曳鼠标以旋转对象，旋转时对象旁会显示旋转方向和角度，效果如图 2-329 所示。旋转到需要的角度后释放鼠标左键，效果如图 2-330 所示。

选取要旋转的对象，选择自由变换工具 ⟇，对象的四周出现控制手柄。拖曳控制手柄可以旋转对象。此工具与选择工具 ▶ 的使用方法类似。

选取要旋转的对象，选择旋转工具 ↻，对象的四周出现控制手柄，拖曳控制手柄可以旋转对象。对象是围绕旋转中心 ✛ 旋转的，Illustrator 2022 中默认的旋转中心是对象的中心点。可以通过改变旋转中心来使对象旋转到新的位置。拖曳旋转中心到需要的位置，如图 2-331 所示，再拖曳图形进行旋转，如图 2-332 所示，改变旋转中心后旋转对象的效果如图 2-333 所示。

图 2-328　　　　　图 2-329　　　　　图 2-330　　　　　图 2-331　　　　　图 2-332　　　　　图 2-333

（2）使用"变换"面板旋转对象

选择"窗口 > 变换"命令，弹出"变换"面板。使用"变换"面板旋转对象的方法与移动对象的方法类似，这里不赘述。

（3）使用菜单命令旋转对象

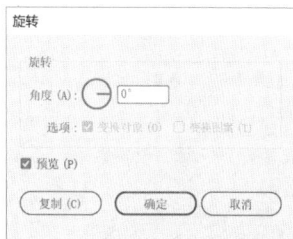

图 2-334

选择"对象 > 变换 > 旋转"命令或双击旋转工具 ，弹出"旋转"对话框，如图 2-334 所示。在对话框中，通过"角度"选项可以设置对象旋转的角度；勾选"变换对象"复选框，旋转的对象不是图案；勾选"变换图案"复选框，旋转的对象是图案；单击"复制"按钮可于在原对象上复制一个旋转对象。

2. 对象的倾斜

（1）使用工具箱中的工具倾斜对象

选取要倾斜的对象，效果如图 2-335 所示，选择倾斜工具 ，对象的四周将出现控制手柄，拖曳控制手柄或对象，倾斜时对象旁会显示倾斜变形的方向和角度，效果如图 2-336 所示。倾斜到需要的角度后释放鼠标左键，对象的倾斜效果如图 2-337 所示。

 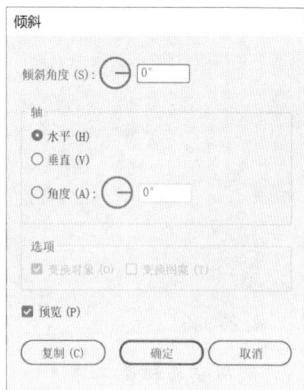

图 2-335　　　　　　　　　图 2-336　　　　　　　　　图 2-337

（2）使用"变换"面板倾斜对象

选择"窗口 > 变换"命令，弹出"变换"面板。使用"变换"面板倾斜对象的方法和移动对象的方法类似，这里不赘述。

（3）使用菜单命令倾斜对象

选择"对象 > 变换 > 倾斜"命令，弹出"倾斜"对话框，如图 2-338 所示。在对话框中，通过"倾斜角度"选项可以设置对象倾斜的角度。在"轴"选项组中，选中"水平"单选项可以使对象水平倾斜，选中"垂直"单选项可以使对象垂直倾斜，选中"角度"单选项可以调节倾斜的角度。单击"复制"按钮，用于在原对象上复制一个倾斜的对象。

图 2-338

> **提示** 　　对象的移动、旋转、镜像和倾斜操作也可以通过单击鼠标右键，在弹出的快捷菜单中选择相应命令来完成。

2.4.5 对象的扭曲变形

Illustrator 2022 中的宽度工具组如图 2-339 所示，使用这些工具可以对对象进行扭曲变形。

1. 使用宽度工具

选择宽度工具 ，将鼠标指针放到对象中适当的位置，如图 2-340 所示，在对象上拖曳鼠标，如图 2-341 所示，可以调整对象的宽度，效果如图 2-342 所示。

工具
宽度工具 (Shift+W)
变形工具 (Shift+R)
旋转扭曲工具
缩拢工具
膨胀工具
扇贝工具
晶格化工具
皱褶工具

图 2-339　　　　图 2-340　　　　图 2-341　　　　图 2-342

2. 使用变形工具

选择变形工具 ，将鼠标指针放到对象中适当的位置，如图 2-343 所示，在对象上拖曳鼠标，如图 2-344 所示，即可进行扭曲变形操作，效果如图 2-345 所示。

双击变形工具 ，弹出"变形工具选项"对话框，如图 2-346 所示。在对话框的"全局画笔尺寸"选项组中，"宽度"选项用于设置画笔的宽度，"高度"选项用于设置画笔的高度，"角度"选项用于设置画笔的角度，"强度"选项用于设置画笔的强度。在"变形选项"选项组中，勾选"细节"复选框可以控制变形的细节程度，勾选"简化"复选框可以控制变形的简化程度。勾选"显示画笔大小"复选框，在对对象进行变形操作时会显示画笔的大小。

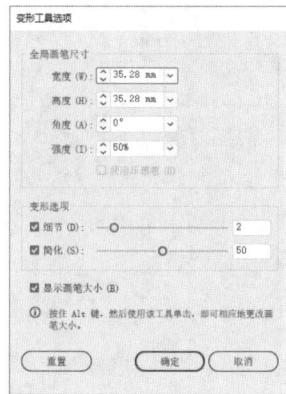

图 2-343　　　　图 2-344　　　　图 2-345　　　　图 2-346

3. 使用旋转扭曲工具

选择旋转扭曲工具 ，将鼠标指针放到对象中适当的位置，如图 2-347 所示，在对象上拖曳鼠标，如图 2-348 所示，可以进行扭转变形操作，效果如图 2-349 所示。

双击旋转扭曲工具 ，弹出"旋转扭曲工具选项"对话框，如图 2-350 所示。在"旋转扭曲选项"选项组中，"旋转扭曲速率"选项用于控制扭转变形的比例。对话框中其他选项的功能与"变形工具选项"对话框中的选项功能相同。

图 2-347　　　　图 2-348　　　　图 2-349　　　　图 2-350

4. 使用缩拢工具

选择缩拢工具 ，将鼠标指针放到对象中适当的位置，如图 2-351 所示，在对象上拖曳鼠标，如图 2-352 所示，即可进行缩拢变形操作，效果如图 2-353 所示。

双击缩拢工具 ，弹出"收缩工具选项"对话框，如图 2-354 所示。在"收缩选项"选项组中，勾选"细节"复选框可以控制变形的细节程度，勾选"简化"复选框可以控制变形的简化程度。对话框中其他选项的功能与"变形工具选项"对话框中的选项功能相同。

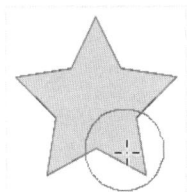

图 2-351　　　　图 2-352　　　　图 2-353　　　　图 2-354

5. 使用膨胀工具

选择膨胀工具 ，将鼠标指针放到对象中适当的位置，如图 2-355 所示，在对象上拖曳鼠标，如图 2-356 所示，可以进行膨胀变形操作，效果如图 2-357 所示。

双击膨胀工具 ，弹出"膨胀工具选项"对话框，如图 2-358 所示。在"膨胀选项"选项组中，勾选"细节"复选框可以控制变形的细节程度，勾选"简化"复选框可以控制变形的简化程度。对话框中其他选项的功能与"变形工具选项"对话框中的选项功能相同。

图 2-355 　　　　　图 2-356 　　　　　图 2-357 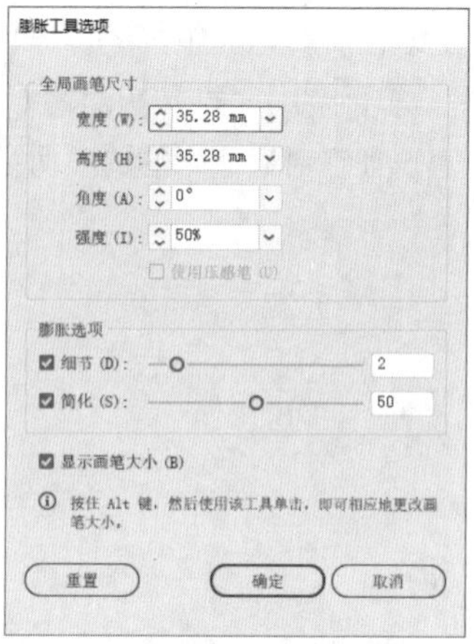　　　　　图 2-358

6. 使用扇贝工具

选择扇贝工具，将鼠标指针放到对象中适当的位置，如图 2-359 所示，在对象上拖曳鼠标，如图 2-360 所示，对对象进行变形操作，效果如图 2-361 所示。

双击扇贝工具，弹出"扇贝工具选项"对话框，如图 2-362 所示。在"扇贝选项"选项组中，"复杂性"选项用于控制变形的复杂性；勾选"细节"复选框可以控制变形的细节程度；勾选"画笔影响锚点"复选框，画笔的大小会影响锚点；勾选"画笔影响内切线手柄"复选框，画笔会影响对象的内切线；勾选"画笔影响外切线手柄"复选框，画笔会影响对象的外切线。对话框中其他选项的功能与"变形工具选项"对话框中的选项功能相同。

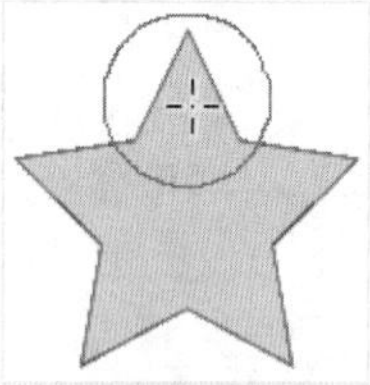

图 2-359 　　　　　图 2-360 　　　　　图 2-361 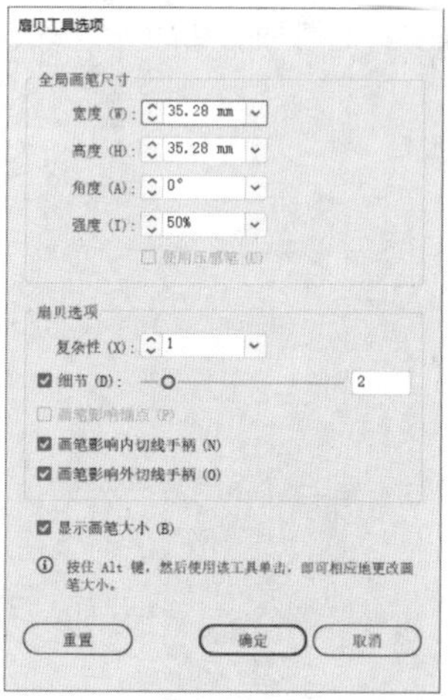　　　　　图 2-362

7. 使用晶格化工具

选择晶格化工具，将鼠标指针放到对象中适当的位置，如图 2-363 所示，在对象上拖曳鼠标，如图 2-364 所示，使对象变形，效果如图 2-365 所示。

双击晶格化工具，弹出"晶格化工具选项"对话框，如图 2-366 所示。对话框中选项的功能与"扇贝工具选项"对话框中的选项功能相同。

图 2-363 　　　　　图 2-364　　　　　图 2-365 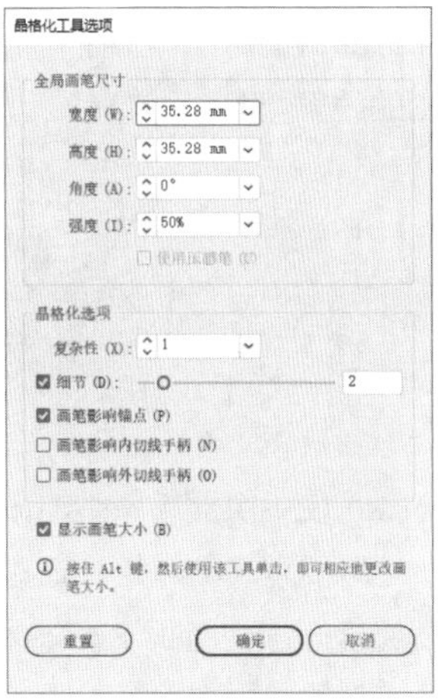　　　　　图 2-366

8. 使用皱褶工具

选择皱褶工具 ，将鼠标指针放到对象中适当的位置，如图 2-367 所示，在对象上拖曳鼠标，如图 2-368 所示，进行变形操作，效果如图 2-369 所示。

双击皱褶工具 ，弹出"皱褶工具选项"对话框，如图 2-370 所示。在"皱褶选项"选项组中，"水平"选项用于控制变形的水平比例，"垂直"选项用于控制变形的垂直比例。对话框中其他选项的功能与"扇贝工具选项"对话框中的选项功能相同。

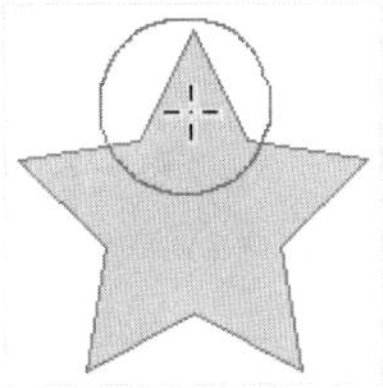

图 2-367 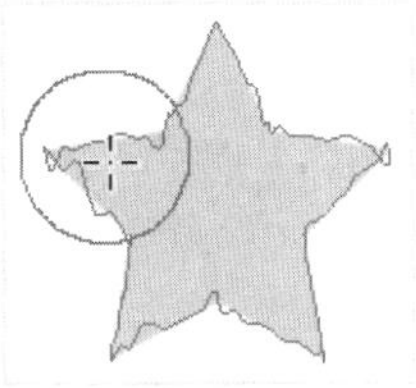　　　　　图 2-368　　　　　图 2-369 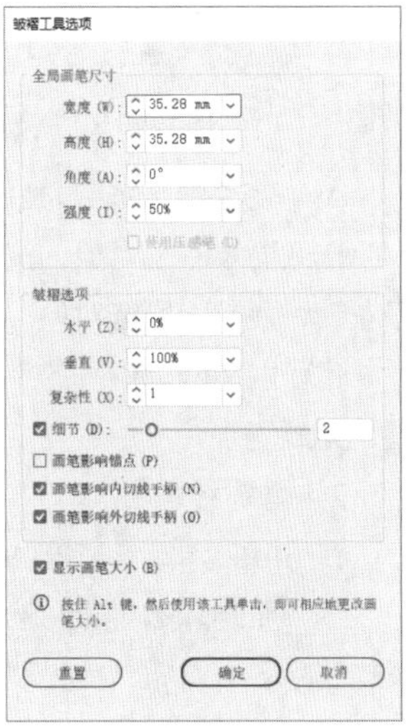　　　　　图 2-370

2.4.6　对象的复制和删除

1. 复制对象

在 Illustrator 2022 中可以采取多种方法复制对象。下面介绍复制对象的多种方法。

（1）使用"编辑"菜单命令复制对象

选取要复制的对象，效果如图 2-371 所示，选择"编辑 > 复制"命令（或按 Ctrl+C 组合键），对象的副本将被放置在剪贴板中。

选择"编辑 > 粘贴"命令（或按 Ctrl+V 组合键），对象的副本将被粘贴到要复制对象的旁边，复制的效果如图 2-372 所示。

图 2-371　　　　　　　　　图 2-372

（2）使用快捷菜单中的命令复制对象

选取要复制的对象，在对象上单击鼠标右键，弹出快捷菜单，选择"变换 > 移动"命令，弹出"移动"对话框，如图 2-373 所示。单击"复制"按钮，可以复制选中的对象，效果如图 2-374 所示。

在对象上再次单击鼠标右键，弹出快捷菜单，选择"变换 > 再次变换"命令（或按 Ctrl+D 组合键），按"移动"对话框中的设置再次进行复制，效果如图 2-375 所示。

图 2-373　　　　　　　　图 2-374　　　　　　　　图 2-375

（3）使用鼠标拖曳方式复制对象

选取要复制的对象，按住 Alt 键，拖曳对象，出现蓝色虚线，将对象移动到需要的位置，释放鼠标左键，复制出所选对象。

也可以在两个不同的页面中复制对象，拖曳其中一个页面中的对象到另一个页面中，释放鼠标左键，完成复制。

2. 删除对象

在 Illustrator 2022 中，删除对象的方法很简单，下面进行具体介绍。

选中要删除的对象，选择"编辑 > 清除"命令（或按 Delete 键），可以将选中的对象删除。如果想删除多个对象，首先要选取这些对象，再选择"清除"命令。

2.4.7　对象操作的撤销和恢复

在进行设计的过程中，可能会出现错误的操作，下面介绍如何撤销和恢复对对象的操作。

1. 撤销对对象的操作

选择"编辑 > 还原"命令（或按 Ctrl+Z 组合键），可以还原上一次操作。连续按 Ctrl+Z 组合键，可以连续还原操作。

2. 恢复对对象的操作

选择"编辑 > 重做"命令（或按 Shift+Ctrl+Z 组合键），可以恢复上一次操作。如果连续按两次 Shift+Ctrl+Z 组合键，可以恢复两步操作。

2.4.8　对象的剪切

选中要剪切的对象，选择"编辑 > 剪切"命令（或按 Ctrl+X 组合键），对象将从页面中被删除并放置在剪贴板中。

课堂练习——绘制校车插图

🔗　练习知识要点

使用圆角矩形工具、星形工具、椭圆工具绘制图形，使用镜像工具制作图形对称效果，校车插图效果如图 2-376 所示。

图 2-376

微课　　　　微课

绘制校车插图 1　　绘制校车插图 2

📍　效果所在位置

云盘\Ch02\效果\绘制校车插图.ai。

课后习题——绘制传统乐器大鼓插图

🔗　习题知识要点

使用椭圆工具、矩形工具、"变换"面板和旋转工具绘制鼓身，使用直线段工具、"描边"面板、宽度工具、矩形工具、"路径查找器"面板绘制鼓槌和鼓架，传统乐器大鼓插图效果如图 2-377 所示。

图 2-377

微课

绘制传统乐器大
鼓插图

📍　效果所在位置

云盘\Ch02\效果\绘制传统乐器大鼓插图.ai。

03

第 3 章
路径的绘制与编辑

本章介绍

  本章将介绍 Illustrator 2022 中路径的相关知识和钢笔工具的使用方法，以及绘制和编辑路径的各种方法。通过本章的学习，学生可以运用强大的路径工具绘制出各种曲线及图形。

学习目标

- ✔ 认识路径和锚点。
- ✔ 熟练掌握钢笔工具的使用方法。
- ✔ 掌握路径的编辑技巧。
- ✔ 掌握常用的路径命令的使用方法。

技能目标

- ✔ 掌握卡通文具 Banner 的制作方法。
- ✔ 掌握播放图标的绘制方法。

素养目标

- ✔ 培养细致的工作作风。
- ✔ 培养手眼协调能力。

3.1 认识路径和锚点

路径是指使用绘图工具创建的直线、曲线或几何形状，是组成图形的基本元素。Illustrator 2022 提供了多种绘制路径的工具，如钢笔工具、画笔工具、铅笔工具、矩形工具、多边形工具等。路径可以由一条或多条路径组成，即由锚点连接起来的一条或多条线段组成。路径本身没有宽度和颜色，当对路径添加了描边后，路径才跟随描边的宽度和颜色具有了相应的属性。可以在"图形样式"面板中修改路径的样式。

3.1.1 路径

1. 路径的类型

为了满足绘图的需要，Illustrator 2022 中的路径又分为开放路径、闭合路径和复合路径 3 种类型。

开放路径的两个端点没有连接在一起，如图 3-1 所示。在对开放路径进行填充时，Illustrator 2022 会假定路径两端已经连接起来并形成了闭合路径。

闭合路径没有起点和终点，是一条连续的路径。可对其进行内部填充或描边填充，如图 3-2 所示。

复合路径是将几个开放或闭合路径进行组合而形成的路径，如图 3-3 所示。

2. 路径的组成

路径由锚点和线段组成，可以通过调整路径上的锚点或线段来改变它的形状。在曲线路径上，除起始锚点外，其他锚点均有一条或两条控制线。控制线总是与曲线上锚点所在的圆相切，控制线的角度和长度决定了曲线的形状。控制线的端点称为控制点，可以通过调整控制点来对曲线进行调整，如图 3-4 所示。

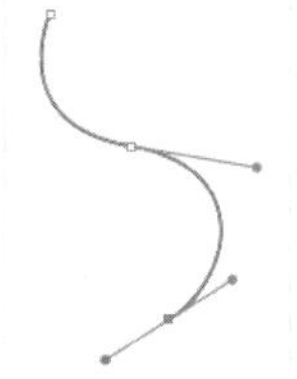

图 3-1 　　　　图 3-2 　　　　　　图 3-3 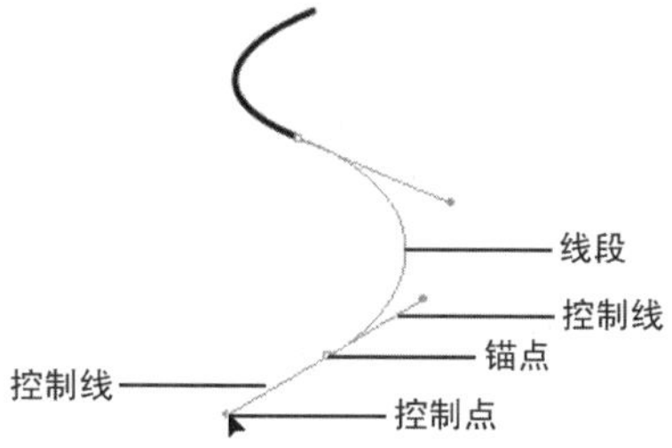　　　　　　图 3-4

3.1.2 锚点

1. 锚点的基本概念

锚点是构成直线或曲线的基本元素。在路径上可任意添加或删除锚点。通过调整锚点可以调整路径的形状，也可以通过锚点的转换来进行直线与曲线之间的转换。

2. 锚点的类型

Illustrator 2022 中的锚点分为平滑点和角点两种类型。

平滑点是两条平滑曲线连接处的锚点。平滑点可以使两条线段连接成一条平滑的曲线，平滑点使路径不会突然改变方向。每一个平滑点都有两条相对应的控制线，如图 3-5 所示。

在角点所处的位置，路径形状会急剧改变。角点可分为以下 3 种类型。

直线角点：两条直线以很明显的角度形成的交点，这种锚点没有控制线，如图 3-6 所示。

曲线角点：两条方向各异的曲线相交的点，这种锚点有两条控制线，如图 3-7 所示。

复合角点：一条直线和一条曲线的交点，这种锚点有一条控制线，如图 3-8 所示。

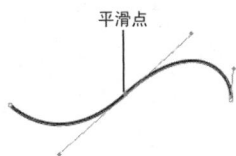
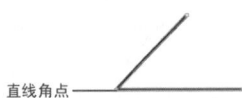
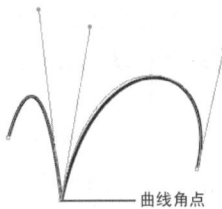

图 3-5　　　　　　　图 3-6　　　　　　　图 3-7　　　　　　　图 3-8

3.2　使用钢笔工具

Illustrator 2022 中的钢笔工具是一个非常重要的工具。使用钢笔工具可以绘制直线、曲线和任意形状的路径，还可以对线段进行精确的调整，使其更加完美。

3.2.1　课堂案例——绘制卡通文具 Banner

微课

绘制卡通文具
Banner

📌 案例学习目标

学习使用钢笔工具、填充工具绘制卡通文具 Banner。

🔒 案例知识要点

使用钢笔工具、渐变工具、直线段工具、整形工具、"描边"面板绘制卡通文具 Banner，卡通文具 Banner 效果如图 3-9 所示。

◎ 效果所在位置

云盘\Ch03\效果\绘制卡通文具 Banner.ai。

（1）按 Ctrl+O 组合键，弹出"打开"对话框。选择云盘中的"Ch03 > 素材 > 绘制卡通文具 Banner > 01"文件，单击"打开"按钮，打开文件，如图 3-10 所示。

图 3-9　　　　　　　　　　　　　　　　图 3-10

（2）选择钢笔工具 ✏️，在页面外绘制一个不规则的图形，如图 3-11 所示。双击渐变工具 ▥，弹出"渐变"面板，单击"线性渐变"按钮 ▥，在色带上设置两个渐变滑块，将渐变滑块的位置分别设为 0、100，并设置 RGB 的值分别为 0（43、36、125）、100（53、88、158），其他选项的设置如图 3-12 所示。图形被填充为渐变色，并设置描边色为无，效果如图 3-13 所示。

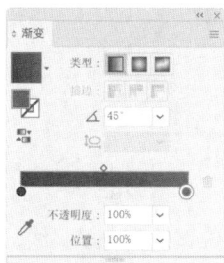

图 3-11　　　　　　　　　　图 3-12　　　　　　　　　　图 3-13

（3）选择选择工具 ▶，选取图形，按 Ctrl+C 组合键，复制图形，按 Ctrl+B 组合键，将复制的图形粘贴在后面。按↓和→键，微调复制的图形到适当的位置，效果如图 3-14 所示。设置填充色（RGB 的值分别为 43、36、125），填充图形，效果如图 3-15 所示。

（4）选择钢笔工具 ✐，在适当的位置绘制一个不规则的图形，设置填充色（RGB 的值分别为 245、222、197），填充图形，并设置描边色为无，效果如图 3-16 所示。使用钢笔工具 ✐ 再绘制一个不规则图形，设置填充色（RGB 的值分别为 26、63、122），填充图形，并设置描边色为无，效果如图 3-17 所示。

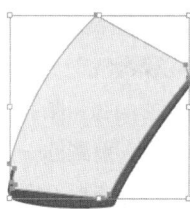

图 3-14　　　　　　图 3-15　　　　　　图 3-16　　　　　　图 3-17

（5）选择选择工具 ▶，选取图形，按 Ctrl+C 组合键，复制图形，按 Ctrl+F 组合键，将复制的图形粘贴在前面。按↑和←键，微调复制的图形到适当的位置，效果如图 3-18 所示。双击渐变工具 ▣，弹出"渐变"面板，单击"线性渐变"按钮 ▣，在色带上设置两个渐变滑块，将渐变滑块的位置分别设为 0、100，并设置 RGB 的值分别为 0（53、66、158）、100（46、111、186），其他选项的设置如图 3-19 所示。图形被填充为渐变色，效果如图 3-20 所示。

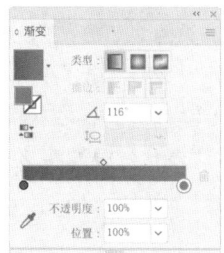

图 3-18　　　　　　　　　　图 3-19　　　　　　　　　　图 3-20

（6）选择钢笔工具 ✐，在适当的位置绘制一个不规则图形，如图 3-21 所示。双击渐变工具 ▣，弹出"渐变"面板，单击"线性渐变"按钮 ▣，在色带上设置两个渐变滑块，将渐变滑块的位置分别设为 0、100，并设置 RGB 的值分别为 0（234、246、249）、100（255、255、255），其他选项的设置如图 3-22 所示。图形被填充为渐变色，描边色为无，效果如图 3-23 所示。

图 3-21   图 3-22   图 3-23

（7）选择直线段工具 ✐，在适当的位置绘制一条斜线，设置描边色（RGB 的值分别为 39、71、138），效果如图 3-24 所示。选择"窗口 > 描边"命令，弹出"描边"面板，单击"端点"选项中的"圆头端点"按钮 ◪，其他选项的设置如图 3-25 所示。按 Enter 键确定操作，效果如图 3-26 所示。

图 3-24   图 3-25   图 3-26

（8）选择整形工具 ✱，将鼠标指针放置在斜线中间位置，向下拖曳鼠标到适当的位置，如图 3-27 所示。释放鼠标，调整斜线弧度，效果如图 3-28 所示。

（9）选择选择工具 ▶，按住 Alt 键的同时，向下拖曳弧线到适当的位置，复制弧线，效果如图 3-29 所示。按 Ctrl+D 组合键，复制出一条弧线，效果如图 3-30 所示。选取中间的弧线，按住 Alt 键的同时，向右拖曳右侧中间的控制手柄，调整其长度，效果如图 3-31 所示。

图 3-27   图 3-28   图 3-29   图 3-30   图 3-31

（10）选择钢笔工具 ✐，在适当的位置分别绘制不规则图形，如图 3-32 所示。选择选择工具 ▶，分别选取需要的图形，填充图形为橘黄色（RGB 的值分别 255、159、6）、紫色（RGB 的值分别为 152、94、209）、粉红色（RGB 的值分别为 248、74、79），并设置描边色为无，效果如图 3-33 所示。

（11）选择选择工具 ▶，按住 Shift 键的同时，依次单击需要的图形以将其同时选取，连续按 Ctrl+ [组合键，将图形向后移至适当的位置，效果如图 3-34 所示。用相同的方法绘制其他图形，并填充相应的颜色，效果如图 3-35 所示。

  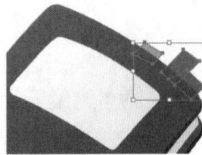 

图 3-32   图 3-33   图 3-34   图 3-35

（12）选择椭圆工具 ⬤，在适当的位置绘制一个椭圆形，设置填充色（RGB 的值分别为 195、

202、219），填充图形，并设置描边色为无，效果如图 3-36 所示。

（13）选择选择工具 ▶，按 Ctrl+C 组合键，复制图形，按 Ctrl+F 组合键，将复制的图形粘贴在前面。按住 Shift 键的同时，拖曳右上角的控制手柄，等比例缩小图形，设置填充色（RGB 的值分别为 34、53、59），填充图形，效果如图 3-37 所示。

（14）按住 Shift 键的同时，单击下方灰色的椭圆形将其同时选取，拖曳右上角的控制手柄将其旋转到适当的角度，效果如图 3-38 所示。

（15）选择钢笔工具 ✍，在适当的位置绘制一条路径，设置描边色（RGB 的值分别为 195、202、219），填充描边，效果如图 3-39 所示。

图 3-36　　　　　　　图 3-37　　　　　　　图 3-38　　　　　　　图 3-39

（16）在"描边"面板中单击"端点"选项中的"圆头端点"按钮 ▐，其他选项的设置如图 3-40 所示。按 Enter 键确定操作，效果如图 3-41 所示。选择选择工具 ▶，按住 Shift 键的同时，依次单击需要的图形以将其同时选取，按 Ctrl+G 组合键，将其编组，如图 3-42 所示。

（17）选择选择工具 ▶，按住 Alt 键的同时，向下拖曳编组图形到适当的位置，以复制编组图形，效果如图 3-43 所示。连续按 Ctrl+D 组合键，按需要复制出多个图形，效果如图 3-44 所示。

图 3-40　　　　　　　图 3-41　　　图 3-42　　　　　　图 3-43　　　　　　　图 3-44

（18）使用选择工具 ▶，用框选的方法将绘制的图形全部选取，按 Ctrl+G 组合键，将其编组，如图 3-45 所示。拖曳编组图形到页面中适当的位置，效果如图 3-46 所示。

 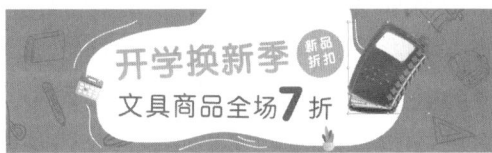

图 3-45　　　　　　　　　　　　　　　图 3-46

（19）用相同的方法绘制铅笔和橡皮擦图形，效果如图 3-47 所示。卡通文具 Banner 绘制完成，效果如图 3-48 所示。

图 3-47　　　　　　　　　　　　　　　图 3-48

3.2.2　绘制直线

选择钢笔工具 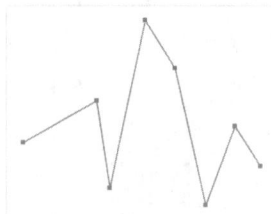，在页面中单击以确定直线段的起点，如图 3-49 所示。移动鼠标指针到需要的位置，再次单击以确定直线段的终点，如图 3-50 所示。

在需要的位置连续单击以确定其他的锚点，可以绘制出折线，如图 3-51 所示。如果双击折线上的锚点，那么该锚点会被删除，折线的另外两个锚点将自动连接，如图 3-52 所示。

图 3-49　　　　图 3-50　　　　　　　图 3-51　　　　　　　图 3-52

3.2.3　绘制曲线

选择钢笔工具 ，在页面中按住鼠标左键并拖曳鼠标以确定曲线的起点。起点的两端分别出现了一条控制线，释放鼠标，如图 3-53 所示。

移动鼠标指针到需要的位置，再次按住鼠标左键并拖曳鼠标，出现了一条曲线段。拖曳鼠标的同时，第二个锚点的两端也出现了控制线。按住鼠标左键，随着鼠标的移动，曲线段的形状也会发生变化，如图 3-54 所示。释放鼠标，移动鼠标指针到需要的位置继续绘制。

如果连续地单击并按住鼠标左键拖曳鼠标，则可以绘制出连续、平滑的曲线，如图 3-55 所示。

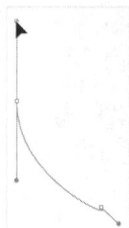

图 3-53　　　　　　　　图 3-54　　　　　　　　　　图 3-55

3.2.4　绘制复合路径

钢笔工具不但可以绘制直线或曲线，还可以绘制既包含直线又包含曲线的复合路径。

复合路径是由两条或两条以上的开放或封闭路径所组成的路径。在复合路径中，路径之间的重叠区域呈镂空状态，如图 3-56 和图 3-57 所示。

图 3-56　　　　图 3-57

1. 制作复合路径

（1）使用命令制作复合路径

绘制两个图形，并选中这两个图形对象，效果如图 3-58 所示。选择"对象 > 复合路径 > 建立"命令（或按 Ctrl+8 组合键），将两个对象组合为复合路径，如图 3-59 所示。

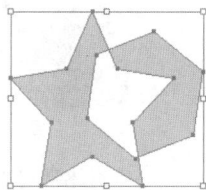

（2）使用快捷菜单制作复合路径

绘制两个图形，并选中这两个图形对象，用鼠标右键单击选中的对象，在弹出的快捷菜单中选择"建立复合路径"命令，两个对象成为复合路径。

2. 复合路径与编组对象的区别

虽然使用编组选择工具 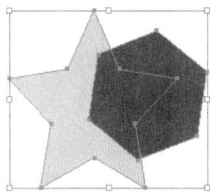 也能将组成复合路径的各个路径单独选中，但复合路径和编组对象是有区别的。编组对象是一组组合在一起的对象，其中的每个对象都是独立的，各个对象可以有不同的外观属性；而复合路径中的路径被认为是一条路径，整个复合路径只能有一种填充和描边属性。编组对象与复合路径分别如图 3-60 和图 3-61 所示。

图 3-58　　　　　　图 3-59

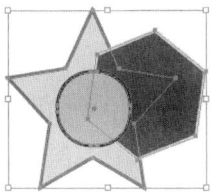
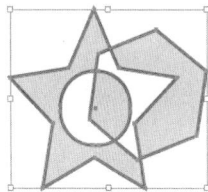

图 3-60　　　　　　图 3-61

3. 释放复合路径

（1）使用命令释放复合路径

选中复合路径，选择"对象 > 复合路径 > 释放"命令（或按 Alt+Shift+Ctrl+8 组合键），可以释放复合路径。

（2）使用快捷菜单释放复合路径

选中复合路径，单击鼠标右键，在弹出的快捷菜单中选择"释放复合路径"命令，可以释放复合路径。

3.3　编辑路径

Illustrator 2022 的工具箱中有很多路径编辑工具，可以应用这些工具对路径进行变形、转换、剪切等编辑操作。

3.3.1　增加、删除、转换锚点

在钢笔工具 ✎ 上按住鼠标左键，将展开钢笔工具组，如图 3-62 所示。

1. 添加锚点

绘制一段路径，如图 3-63 所示。选择添加锚点工具 ✎⁺，在路径的任意位置单击，路径上会增加一个新的锚点，如图 3-64 所示。

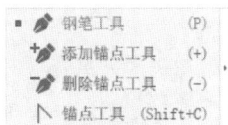

图 3-62　　　　　　图 3-63　　　　　　图 3-64

2. 删除锚点

绘制一段路径，如图 3-65 所示。选择删除锚点工具 ✎⁻，在路径的任意锚点上单击，该锚点会被删除，如图 3-66 所示。

图 3-65

图 3-66

3．**转换锚点**

绘制一段闭合路径，如图 3-67 所示。选择锚点工具，按住鼠标拖曳锚点，所选锚点会转换为平滑锚点，如图 3-68 所示。单击路径上的平滑锚点，锚点就会转换为角点，如图 3-69 所示。

图 3-67

图 3-68

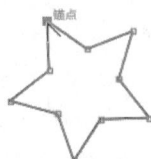
图 3-69

3.3.2 使用剪刀工具和美工刀工具

1．**剪刀工具**

绘制一段路径，如图 3-70 所示。选择剪刀工具，单击路径上的任意一点，路径会从单击的地方被剪切为两条路径，如图 3-71 所示。按↓键，移动剪切的锚点，剪切后的效果如图 3-72 所示。

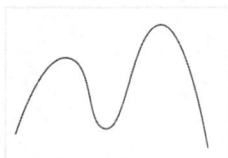
图 3-70　　图 3-71　　图 3-72

2．**美工刀工具**

绘制一段闭合路径，如图 3-73 所示。选择美工刀工具，在需要的位置按住鼠标左键从路径的上方至下方拖曳出一条线，如图 3-74 所示。释放鼠标左键，当前闭合路径被裁切为两个闭合路径，效果如图 3-75 所示。选中路径的右半部分，按→键移动路径，效果如图 3-76 所示。

图 3-73

图 3-74

图 3-75

图 3-76

3.3.3 "路径查找器"面板

在 Illustrator 2022 中编辑路径时，"路径查找器"面板是最常用的工具之一。它包含一组功能强大的路径编辑命令。使用"路径查找器"面板可以使简单的路径在经过特定的运算之后形成各种复杂的路径。

选择"窗口 > 路径查找器"命令（或按 Shift+Ctrl+F9 组合键），弹出"路径查找器"面板，如图 3-77 所示。

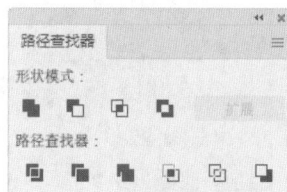
图 3-77

1．认识"路径查找器"面板

在"形状模式"选项中有 5 个按钮，从左至右分别是"联集"按钮 🔳、"减去顶层"按钮 🔳、"交集"按钮 🔳、"差集"按钮 🔳 和"扩展"按钮。前 4 个按钮可以通过不同的组合方式将多个图形转换为对应的复合图形，而"扩展"按钮则可以把复合图形转换为复合路径。

在"路径查找器"选项中有 6 个按钮，从左至右分别是"分割"按钮 🔳、"修边"按钮 🔳、"合并"按钮 🔳、"裁剪"按钮 🔳、"轮廓"按钮 🔳 和"减去后方对象"按钮 🔳。这组按钮的主要作用是把对象分解成独立的部分，或者删除对象中不需要的部分。

2．使用"路径查找器"面板

（1）"联集"按钮 🔳

选中两个对象，如图 3-78 所示。单击"联集"按钮 🔳，生成新的对象，效果如图 3-79 所示。新对象的填充和描边属性与位于顶部的对象的填充和描边属性相同。

（2）"减去顶层"按钮 🔳

选中两个对象，如图 3-80 所示。单击"减去顶层"按钮 🔳，生成新的对象，效果如图 3-81 所示。单击"减去顶层"按钮可以将下层对象被上层对象挡住的部分和上层对象同时删除，只保留下层对象的剩余部分。

图 3-78   图 3-79   图 3-80   图 3-81

（3）"交集"按钮 🔳

选中两个对象，如图 3-82 所示。单击"交集"按钮 🔳，生成新的对象，效果如图 3-83 所示。单击"交集"按钮可以将图形没有重叠的部分删除，仅保留重叠部分。生成的新对象的填充和描边属性与位于顶部的对象的填充和描边属性相同。

（4）"差集"按钮 🔳

选中两个对象，如图 3-84 所示。单击"差集"按钮 🔳，生成新的对象，效果如图 3-85 所示。单击"差集"按钮可以删除对象间重叠的部分，生成的新对象的填充和描边属性与位于顶部的对象的填充和描边属性相同。

图 3-82   图 3-83   图 3-84   图 3-85

（5）"分割"按钮 🔳

选中两个对象，如图 3-86 所示。单击"分割"按钮 🔳，生成新的对象，效果如图 3-87 所示。单击"分割"按钮可以分离重叠的图形，从而得到多个独立的对象。生成的新对象的填充和描边属性与位于顶部的对象的填充和描边属性相同。移动对象后的效果如图 3-88 所示。

图 3-86 图 3-87 图 3-88

（6）"修边"按钮

选中两个对象，如图 3-89 所示。单击"修边"按钮，生成新的对象，效果如图 3-90 所示。单击"修边"按钮可以删除所有对象的描边属性和被上层对象挡住的部分，新生成的对象保持原来的填充属性。移动对象后的效果如图 3-91 所示。

图 3-89

图 3-90

图 3-91

（7）"合并"按钮

选中两个对象，如图 3-92 所示。单击"合并"按钮，生成新的对象，效果如图 3-93 所示。如果填充属性相同，描边属性不同，或填充和描边属性相同，单击"合并"按钮可以删除所有对象的描边，并合并具有相同颜色的对象。如果描边属性相同，填充属性不同，单击"合并"按钮可以删除所有对象的描边和被上层对象挡住的部分，新对象保留原来的填充属性，此时"合并"按钮的功能相当于"修边"按钮。移动对象后的效果如图 3-94 所示。

图 3-92

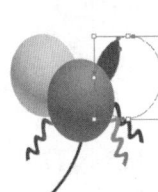
图 3-93

图 3-94

（8）"裁剪"按钮

选中两个对象，如图 3-95 所示。单击"裁剪"按钮，生成新的对象，效果如图 3-96 所示。"裁剪"按钮的工作原理和"剪切蒙版"命令相似，对重叠的图形来说，单击"裁剪"按钮可以把顶层对象之外的所有图形部分裁掉，同时顶层对象本身也将消失。取消选取状态后的效果如图 3-97 所示。

图 3-95 图 3-96 图 3-97

（9）"轮廓"按钮 ▣

选中两个对象，如图 3-98 所示。单击"轮廓"按钮 ▣，生成新的对象，效果如图 3-99 所示。单击"轮廓"按钮可勾勒出所有对象的轮廓。取消选取状态后的效果如图 3-100 所示。

图 3-98

图 3-99

图 3-100

（10）"减去后方对象"按钮 ▣

选中两个对象，如图 3-101 所示。单击"减去后方对象"按钮 ▣，生成新的对象，效果如图 3-102 所示。单击"减去后方对象"按钮可以从顶层对象中减去下层对象的形状。取消选取状态后的效果如图 3-103 所示。

图 3-101

图 3-102

图 3-103

3.4 使用路径命令

在 Illustrator 2022 中，除了能够使用工具箱中的各种工具对路径进行编辑，还可以使用"路径"菜单中的命令对路径进行编辑。选择"对象 > 路径"命令，打开子菜单，其中包括 11 个编辑命令："连接"命令、"平均"命令、"轮廓化描边"命令、"偏移路径"命令、"反转路径方向"命令、"简化"命令、"添加锚点"命令、"移去锚点"命令、"分割下方对象"命令、"分割为网格"命令、"清理"命令，如图 3-104 所示。

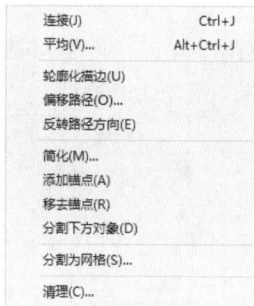

连接(J)	Ctrl+J
平均(V)...	Alt+Ctrl+J
轮廓化描边(U)	
偏移路径(O)...	
反转路径方向(E)	
简化(M)...	
添加锚点(A)	
移去锚点(R)	
分割下方对象(D)	
分割为网格(S)...	
清理(C)...	

图 3-104

3.4.1 课堂案例——绘制播放图标

✎ 案例学习目标

学习使用绘图工具、路径命令绘制播放图标。

🔒 案例知识要点

使用椭圆工具、"缩放"命令、"偏移路径"命令、多边形工具和"变换"面板等绘制播放图标，播放图标效果如图 3-105 所示。

微课

绘制播放图标

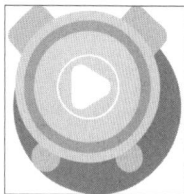
图 3-105

效果所在位置

云盘\Ch03\效果\绘制播放图标.ai。

（1）按 Ctrl+N 组合键，弹出"新建文档"对话框。设置文档的宽度为 1024 px，高度为 1024 px，方向为横向，颜色模式为 RGB 颜色，光栅效果为屏幕（72 ppi），单击"创建"按钮，新建一个文档。

（2）选择椭圆工具 ，按住 Shift 键的同时，在适当的位置绘制一个圆形，设置填充色为蓝色（RGB 的值分别为 102、117、253），填充图形，并设置描边色为无，效果如图 3-106 所示。

（3）选择"对象 > 变换 > 缩放"命令，在弹出的"比例缩放"对话框中进行设置，如图 3-107 所示。单击"复制"按钮，缩小并复制圆形，效果如图 3-108 所示。

| 图 3-106 | 图 3-107 | 图 3-108 |

（4）保持图形处于选取状态。设置填充色为草绿色（RGB 的值分别为 107、255、54），填充图形，效果如图 3-109 所示。选择选择工具 ，向左上角拖曳圆形到适当的位置，效果如图 3-110 所示。

（5）选择圆角矩形工具 ，在页面中单击，弹出"圆角矩形"对话框，各选项的设置如图 3-111 所示，单击"确定"按钮，得到一个圆角矩形。选择选择工具 ，拖曳圆角矩形到适当的位置，效果如图 3-112 所示。

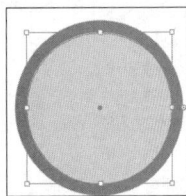

图 3-109　　　　图 3-110　　　　图 3-111　　　　图 3-112

（6）保持图形处于选取状态。设置填充色为浅绿色（RGB 的值分别为 73、234、56），填充图形，并设置描边色为无，效果如图 3-113 所示。选择"窗口 > 变换"命令，弹出"变换"面板，将"旋转"选项设为 48°，如图 3-114 所示。按 Enter 键确定操作，效果如图 3-115 所示。

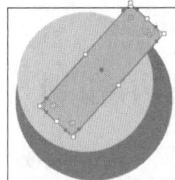

图 3-113　　　　　图 3-114　　　　　图 3-115

（7）选择镜像工具 ▷◁，按住 Alt 键的同时，在适当的位置单击，如图 3-116 所示，弹出"镜像"对话框，各选项的设置如图 3-117 所示。单击"复制"按钮，镜像并复制图形，效果如图 3-118 所示。

（8）选择椭圆工具 ⬭，按住 Shift 键的同时，在适当的位置绘制一个圆形，设置填充色为浅绿色（RGB 的值分别为 73、234、56），填充图形，并设置描边色为无，效果如图 3-119 所示。

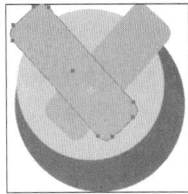

图 3-116　　　　　　图 3-117　　　　　　图 3-118　　　　　　图 3-119

（9）选择选择工具 ▶，按住 Alt+Shift 组合键的同时，水平向右拖曳圆形到适当的位置，复制圆形，效果如图 3-120 所示。

（10）选择选择工具 ▶，按住 Shift 键的同时，依次单击绘制的图形以将其同时选取，按 Ctrl+ [组合键，将图形后移一层，效果如图 3-121 所示。

（11）选取草绿色圆形，选择"对象 > 路径 > 偏移路径"命令，在弹出的对话框中进行设置，如图 3-122 所示。单击"确定"按钮，效果如图 3-123 所示。

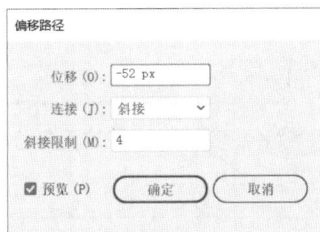
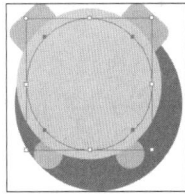

图 3-120　　　　　　图 3-121　　　　　　图 3-122　　　　　　图 3-123

（12）保持图形处于选取状态。设置填充色为深绿色（RGB 的值分别为 43、204、36），填充图形，并设置描边色为无，效果如图 3-124 所示。用相同的方法制作其他圆形，并填充相应的颜色，效果如图 3-125 所示。

（13）选择多边形工具 ⬡，在页面中单击，在弹出的"多边形"对话框中进行设置，如图 3-126 所示。单击"确定"按钮，得到一个三角形。选择选择工具 ▶，拖曳三角形到适当的位置，填充图形为白色，并设置描边色为无，效果如图 3-127 所示。

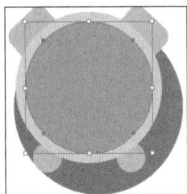
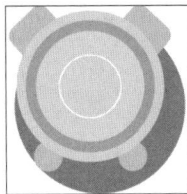
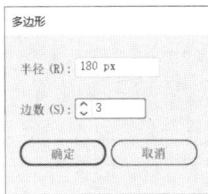
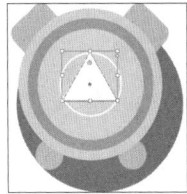

图 3-124　　　　　　图 3-125　　　　　　图 3-126　　　　　　图 3-127

（14）在"变换"面板的"多边形属性"选项组中将"圆角半径"选项设为 50px，其他选项的设置如图 3-128 所示。按 Enter 键确定操作，效果如图 3-129 所示。播放图标绘制完成，效果如图 3-130 所示。

图 3-128

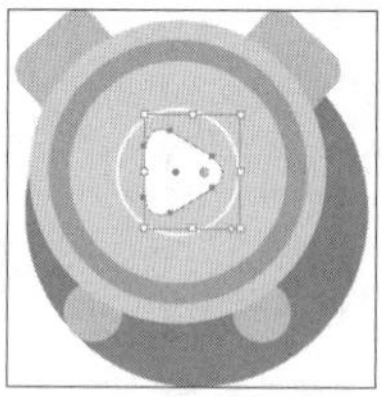

图 3-129

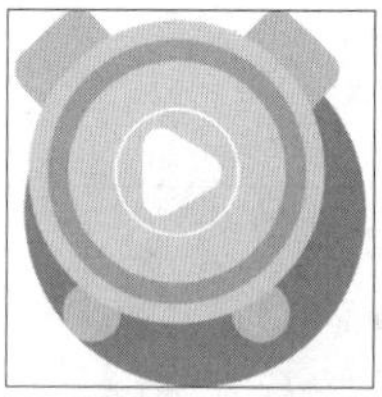

图 3-130

3.4.2 使用"连接"命令

"连接"命令可以将开放路径的两个端点用一条直线段连接起来，从而形成新的路径。如果连接的两个端点在同一条路径上，将形成一条新的闭合路径；如果连接的两个端点在不同的开放路径上，将形成一条新的开放路径。

选择直接选择工具，用圈选的方法选择要进行连接的两个端点，如图 3-131 所示。选择"对象 >
路径 > 连接"命令（或按 Ctrl+J 组合键），两个端点之间将出现一条直线段，把开放路径连接起来，效果如图 3-132 所示。

图 3-131

图 3-132

> **提示**
> 如果在两条路径间进行连接，这两条路径必须属于同一个组。文本路径中的终止点不能连接。

3.4.3 使用"平均"命令

"平均"命令可以将路径上的所有点按一定的方式平均分布，使用该命令可以制作对称的图案。

选择直接选择工具，选中要进行平均分布的锚点，如图 3-133 所示。选择"对象 > 路径 > 平均"命令（或按 Ctrl+Alt+J 组合键），弹出"平均"对话框，对话框中有 3 个单选项，如图 3-134 所示。选中"水平"单选项，可以将选中的锚点按水平方向进行平均分布处理，如图 3-135 所示；选中"垂直"单选项，可以将选中的锚点按垂直方向进行平均分布处理，如图 3-136 所示；选中"两者兼有"单选项，可以将选中的锚点按水平和垂直两种方向进行平均分布处理，如图 3-137 所示。

图 3-133

图 3-134

图 3-135

图 3-136

图 3-137

3.4.4　使用"轮廓化描边"命令

"轮廓化描边"命令可以在已有描边的两侧创建新的路径，可以理解为新路径由两条路径组成，这两条路径分别是原来对象描边两侧的边缘。不论对开放路径还是对闭合路径，使用"轮廓化描边"命令后，得到的都是闭合路径。

使用铅笔工具 ✏️ 绘制出一条路径，选中路径对象，如图 3-138 所示。选择"对象 > 路径 > 轮廓化描边"命令，创建对象的描边轮廓，效果如图 3-139 所示。

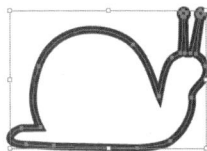
图 3-138　　　　　　　图 3-139

3.4.5　使用"偏移路径"命令

"偏移路径"命令可以围绕已有路径的外部或内部创建一条新的路径，新路径与原路径之间偏移的距离可以按需要设置。

选中要偏移的对象，如图 3-140 所示。选择"对象 > 路径 > 偏移路径"命令，弹出"偏移路径"对话框，如图 3-141 所示。"位移"选项用来设置偏移的距离，设置的数值为正，新路径在原始路径的外部；设置的数值为负，新路径在原始路径的内部。"连接"选项用于设置新路径拐角处的连接方式。"斜接限制"选项会影响连接区域的大小。

设置"位移"选项的值为正时，偏移效果如图 3-142 所示。设置"位移"选项的值为负时，偏移效果如图 3-143 所示。

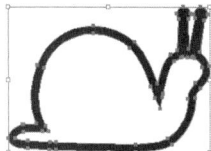
图 3-140　　　　　图 3-141　　　　　图 3-142　　　　　图 3-143

3.4.6　使用"反转路径方向"命令

使用"反转路径方向"命令可以将复合路径的终点转换为起点。

选中要反转的路径，如图 3-144 所示。选择"对象 > 路径 > 反转路径方向"命令，反转路径，将终点转换为起点，如图 3-145 所示。

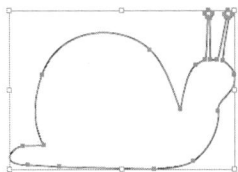
图 3-144　　　　　　　　　　　图 3-145

3.4.7　使用"简化"命令

"简化"命令可以在尽量不改变图形原始形状的基础上通过删去多余的锚点来简化路径，为修改和编辑路径提供了便利。

打开并选中一张存在大量锚点的图像，选择"对象 > 路径 > 简化"命令，弹出相应的面板，如图 3-146 所示。

"最少锚点数"选项 ⌒：当滑块接近或等于最少锚点数时，锚点较少，修改后的路径与原始路径会有一些细微偏差。

"最大锚点数"选项 ⌒⌒：当滑块接近或等于最大锚点数时，修改后的路径曲线具有更多的锚点，并且更接近原始曲线。

"自动简化"按钮 ⌒⌒：默认情况下处于选中状态，系统将自动删除多余的锚点，并计算出一条简化的路径。

"更多选项"按钮 ⋯：单击此按钮，弹出"简化"对话框，如图 3-147 所示。在对话框中，"简化曲线"选项用于设置路径简化的精度，"角点角度阈值"选项用于处理尖锐的角点。勾选"转换为直线"复选框，将在每对锚点间绘制一条直线。勾选"显示原始路径"复选框，在预览简化后的效果时，将显示原始路径以进行对比。单击"确定"按钮，简化后的路径与原始路径相比更加平滑，路径上的锚点数目也减少了，效果如图 3-148 所示。

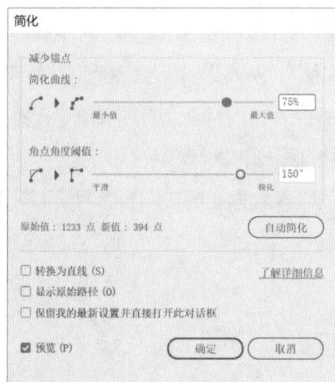
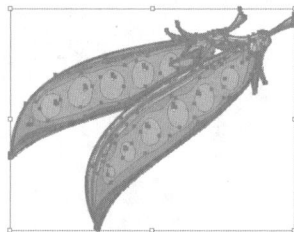

图 3-146   图 3-147   图 3-148

3.4.8 使用"添加锚点"命令

"添加锚点"命令可以给选定的路径增加锚点，执行一次该命令可以在两个相邻的锚点中间添加一个锚点。重复执行该命令，可以添加更多的锚点。

选中要添加锚点的对象，如图 3-149 所示。选择"对象 > 路径 > 添加锚点"命令，添加锚点后的效果如图 3-150 所示。选择多次"添加锚点"命令，得到的效果如图 3-151 所示。

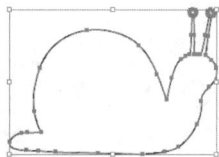
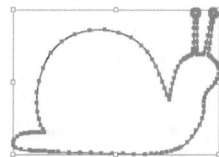

图 3-149   图 3-150   图 3-151

3.4.9 使用"分割下方对象"命令

"分割下方对象"命令可以使用已有的路径切割位于它下方的封闭路径。

（1）用开放路径切割对象

选择一个对象作为被切割的对象，如图 3-152 所示。绘制一条开放路径作为切割对象，将其放在被切割对象之上，如图 3-153 所示。选择"对象 > 路径 > 分割下方对象"命令，移动对象，得到切割后的对象，效果如图 3-154 所示。

图 3-152

图 3-153

图 3-154

（2）用闭合路径切割对象

选择一个对象作为被切割的对象，如图 3-155 所示。绘制一条闭合路径作为切割对象，将其放在被切割对象之上，如图 3-156 所示。选择"对象 > 路径 > 分割下方对象"命令，移动对象，得到切割后的对象，效果如图 3-157 所示。

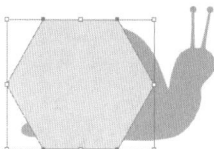

图 3-155

图 3-156

图 3-157

3.4.10 使用"分割为网格"命令

"分割为网格"命令可以将一个或多个对象分割为按行和列排列的网格对象。

选择一个对象，如图 3-158 所示。选择"对象 > 路径 > 分割为网格"命令，弹出"分割为网格"对话框，如图 3-159 所示。在对话框的"行"选项组中，"数量"选项用于设置网格对象的行数；"列"选项组中，"数量"选项用于设置网格对象的列数。单击"确定"按钮，效果如图 3-160所示。

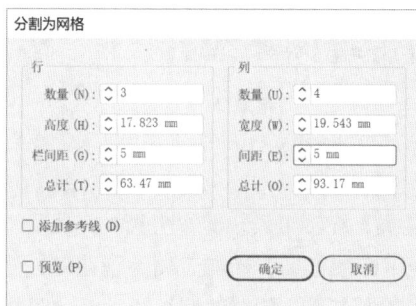

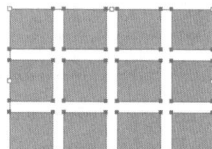

图 3-158

图 3-159

图 3-160

3.4.11 使用"清理"命令

使用"清理"命令可以从当前的文档中删除 3 种多余的对象：游离点、未上色对象和空文本路径。

选择"对象 > 路径 > 清理"命令，弹出"清理"对话框，如图 3-161 所示。在对话框中，勾选"游离点"复选框，可以删除所有的游离点。游离点是有路径属性但不能打印的点，使用钢笔工具有时会导致游离点的产生。勾选"未上色对象"复选框，可以删除所有没有填充色和描边色的对象，但不能删除蒙版对象。勾选"空文本路径"复选框，可以删除所有没有字符的文本路径。设置完成后，单击"确定"按钮，系统将自动清理当前文档。如果文档中没有上述类型的对象，会弹出一个提示框，提示当前文档无须清理，如图 3-162 所示。

图 3-161

图 3-162

课堂练习——绘制可口冰淇淋插图

练习知识要点

使用椭圆工具、"路径查找器"命令和钢笔工具绘制冰淇淋球，使用矩形工具、"变换"面板、镜像工具、直接选择工具和直线段工具绘制冰淇淋筒，可口冰淇淋插画效果如图 3-163 所示。

效果所在位置

云盘\Ch03\效果\绘制可口冰淇淋插图.ai。

课后习题——绘制传统图案纹样

习题知识要点

使用星形工具、直接选择工具、旋转工具、椭圆工具、直线段工具和"偏移路径"命令绘制花托，使用椭圆工具、锚点工具绘制花瓣，使用椭圆工具、直线段工具、旋转工具绘制花蕊，传统图案纹样效果如图 3-164所示。

效果所在位置

云盘\Ch03\效果\绘制传统图案纹样.ai。

微课
微课

绘制可口冰淇淋
插图 1

绘制可口冰淇淋
插图 2

图 3-163

微课

绘制传统图案纹样

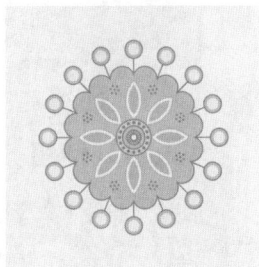

图 3-164

04

第 4 章
对象的组织

本章介绍

    Illustrator 2022 具有编组、锁定与隐藏对象，以及调整对象的前后顺序、对齐与分布方式等功能。这些功能对组织对象而言是非常有用的。本章将主要介绍对象的排列、编组以及控制对象等内容。通过本章的学习，学生可以高效、快速地对齐、分布、组合和控制多个对象，使对象在页面中的排列更加有序，使工作更加得心应手。

学习目标

- ✔ 掌握调整对象顺序的方法和技巧。
- ✔ 掌握对象的编组方法。
- ✔ 熟练掌握控制对象的技巧。

技能目标

- ✔ 掌握美食宣传海报的制作方法。
- ✔ 掌握博物院陶瓷宣传海报的制作方法。

素养目标

- ✔ 培养良好的组织能力。
- ✔ 培养细致的观察能力。

4.1　对象的对齐和分布

　　选择"窗口 > 对齐"命令，弹出"对齐"面板，如图 4-1 所示。单击面板右上方的 ≡ 图标，在弹出的菜单中选择"显示选项"命令，显示"分布间距"选项组，如图 4-2 所示。"对齐"选项组中有 3 种对齐方式按钮："对齐画板"按钮 🖿、"对齐所选对象"按钮 ⊞、"对齐关键对象"按钮 ▨。

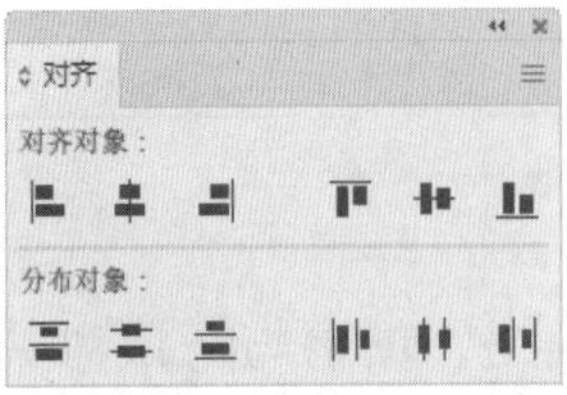

图 4-1 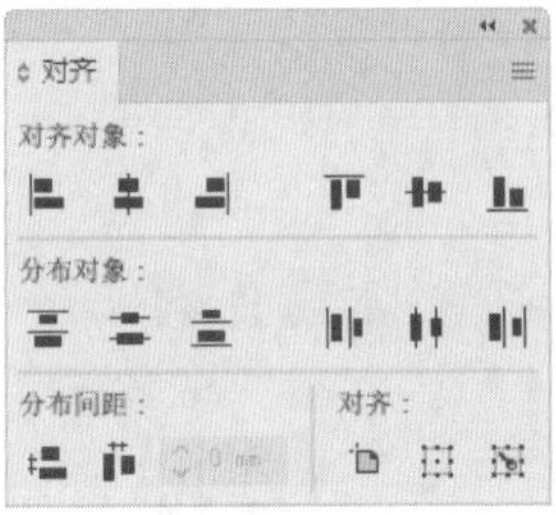　　　　　　　　　　　　　　　　　　　　图 4-2　　　　　　　　微课

4.1.1　课堂案例——制作美食宣传海报

✎ 案例学习目标

制作美食宣传海报

学习使用"置入"命令、"对齐"面板、"锁定"命令制作美食宣传海报。

🔒 案例知识要点

　　使用矩形工具、添加锚点工具、锚点工具和"剪切蒙版"命令等制作海报背景，使用"置入"命令、"对齐"面板将图片水平居中对齐，使用文字工具和"字符"面板添加宣传性文字，美食宣传海报的效果如图 4-3 所示。

⊙ 效果所在位置

　　云盘\Ch04\效果\制作美食宣传海报.ai。

图 4-3

　　（1）按 Ctrl+N 组合键，弹出"新建文档"对话框。设置文档的宽度为 150 mm，高度为 200 mm，方向为竖向，颜色模式为 CMYK 颜色，光栅效果为高（300 ppi），单击"创建"按钮，新建一个文档。

　　（2）选择矩形工具 ▢，绘制一个与页面大小相等的矩形，设置填充色（CMYK 的值分别为 13、22、38、0），填充图形，并设置描边色为无，效果如图 4-4 所示。按 Ctrl+C 组合键，复制图形，按 Ctrl+F 组合键，将复制的图形粘贴在前面。选择选择工具 ▶，向下拖曳矩形上边中间的控制手柄到适当的位置，调整其大小，效果如图 4-5 所示。

　　（3）选择添加锚点工具 ✒️，在矩形上边中间位置单击，添加一个锚点，如图 4-6 所示。选择直接选择工具 ▷，选取并向上拖曳添加的锚点到适当的位置，如图 4-7 所示。选择锚点工具 ⌃，拖曳锚点的控制手柄，将所选锚点转换为平滑点，效果如图 4-8 所示。

图 4-4　　　　　图 4-5 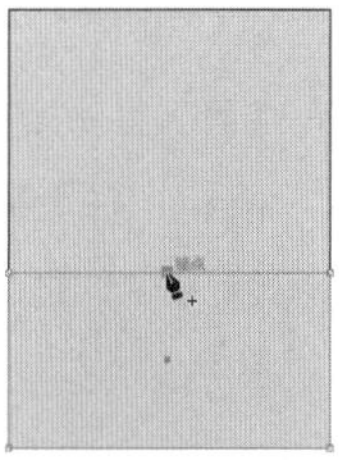　　　　　图 4-6 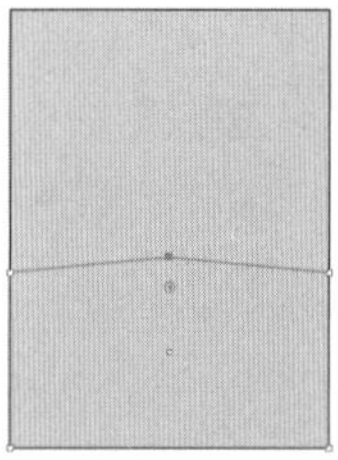　　　　　图 4-7 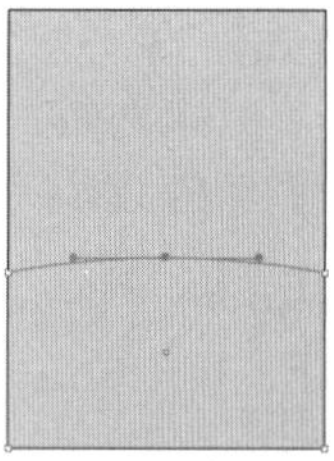　　　　　图 4-8

（4）选择"文件 > 置入"命令，弹出"置入"对话框。选择云盘中的"Ch04 > 素材 > 制作美食宣传海报 > 01"文件，单击"置入"按钮，在页面中置入图片，单击工具属性栏中的"嵌入"按钮，嵌入图片。选择选择工具 ▶，拖曳图片到适当的位置并调整其大小，效果如图 4-9 所示。按 Ctrl+ [组合键，将图片后移一层，效果如图 4-10 所示。

（5）选择选择工具 ▶，按住 Shift 键的同时，单击需要的图形以将其同时选取，如图 4-11 所示。按 Ctrl+7 组合键，建立剪切蒙版，效果如图 4-12 所示。

图 4-9　　　　　图 4-10 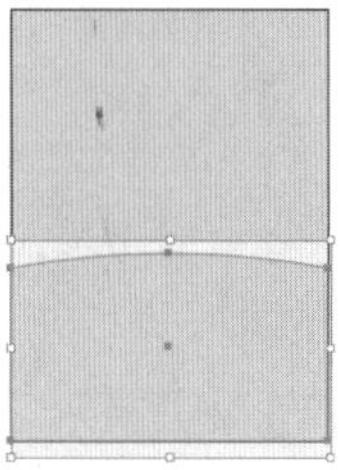　　　　　图 4-11 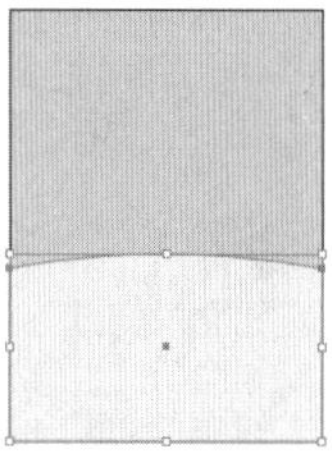　　　　　图 4-12

（6）选择"文件 > 置入"命令，弹出"置入"对话框。选择云盘中的"Ch04 > 素材 > 制作美食宣传海报 > 02"文件，单击"置入"按钮，在页面中置入图片，单击工具属性栏中的"嵌入"按钮，嵌入图片。选择选择工具 ▶，拖曳图片到适当的位置并调整其大小，效果如图 4-13 所示。

（7）选择"窗口 > 透明度"命令，弹出"透明度"面板，将混合模式设为"正片叠底"，其他选项的设置如图 4-14 所示。按 Enter 键确定操作，效果如图 4-15 所示。

（8）选择"文件 > 置入"命令，弹出"置入"对话框。选择云盘中的"Ch04 > 素材 > 制作美食宣传海报 > 03、04"文件，单击"置入"按钮，在页面中置入图片，单击工具属性栏中的"嵌入"按钮，嵌入图片。选择选择工具 ▶，分别拖曳图片到适当的位置，并调整其大小，效果如图 4-16 所示。

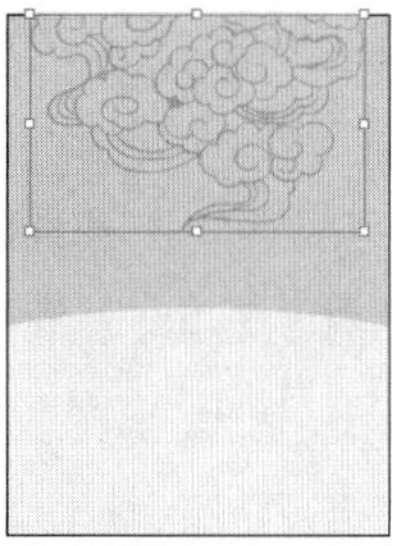

图 4-13 　　　　　图 4-14 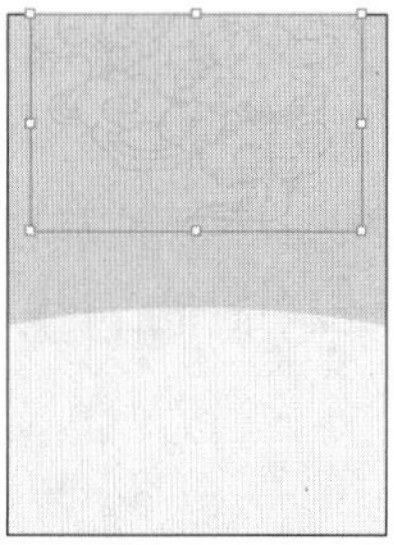　　　　　图 4-15 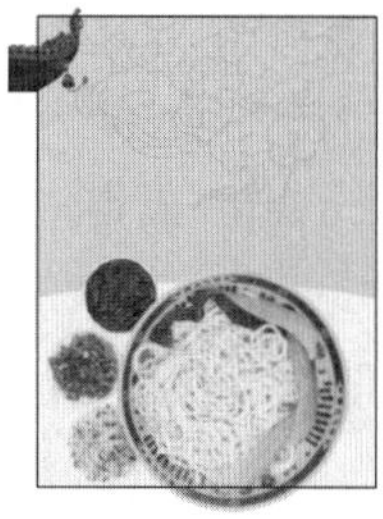　　　　　图 4-16

（9）选取下方的背景矩形，按 Ctrl+C 组合键，复制图形，按 Shift+Ctrl+V 组合键，就地粘贴图形，如图 4-17 所示。按住 Shift 键的同时，依次单击置入的图片以将其同时选取，如图 4-18 所示，按 Ctrl+7 组合键，建立剪切蒙版，效果如图 4-19 所示。按 Ctrl+A 组合键，全选图形，按 Ctrl+2

组合键，锁定所选对象。

（10）选择"文件 > 置入"命令，弹出"置入"对话框。选择云盘中的"Ch04 > 素材 > 制作美食宣传海报 > 05~07"文件，单击"置入"按钮，在页面中置入图片，单击工具属性栏中的"嵌入"按钮，嵌入图片。选择选择工具 ▶，分别拖曳图片到适当的位置，并调整其大小，效果如图 4-20所示。按住 Shift 键的同时，依次单击置入的图片以将其同时选取，如图 4-21 所示。

图 4-17　　　　图 4-18　　　　图 4-19　　　　图 4-20

（11）选择"窗口 > 对齐"命令，弹出"对齐"面板，单击"水平居中对齐"按钮 ▣，如图 4-22所示，对齐效果如图 4-23 所示。

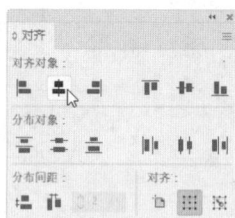

图 4-21　　　　图 4-22　　　　图 4-23

（12）单击第一张图片将其作为参照对象，如图 4-24 所示。在"对齐"面板左下方的数值框中将间距设为 5 mm，再单击"垂直分布间距"按钮 ▣，如图 4-25 所示，使图片等距离垂直分布，效果如图 4-26 所示。

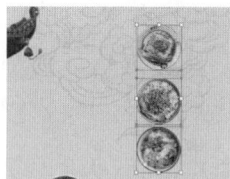

图 4-24　　　　图 4-25　　　　图 4-26

（13）用相同的方法置入其他图片并对齐图片，效果如图 4-27 所示。选择文字工具 T，在页面中分别输入需要的文字，选择选择工具 ▶，在工具属性栏中选择合适的字体并设置文字大小，效果如图 4-28 所示。

图 4-27　　　　图 4-28

（14）选取文字"美味中国"，设置填充色（CMYK 的值分别为 67、96、97、66），填充文字，效果如图 4-29 所示。按 Ctrl+T 组合键，弹出"字符"面板，将"设置所选字符的字距调整"选项 VA 设为-200，其他选项的设置如图 4-30 所示。按 Enter 键确定操作，效果如图 4-31 所示。

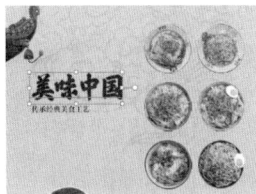

图 4-29　　　　　　　　　　图 4-30　　　　　　　　　　图 4-31

（15）选取文字"传承……工艺"，设置填充色（CMYK 的值分别为 10、95、96、0），填充文字，效果如图 4-32 所示。在"字符"面板中将"设置所选字符的字距调整"选项 VA 设为 660，其他选项的设置如图 4-33 所示。按 Enter 键确定操作，效果如图 4-34 所示。

图 4-32　　　　　　　　　　图 4-33　　　　　　　　　　图 4-34

（16）按 Ctrl+O 组合键，弹出"打开"对话框。选择云盘中的"Ch04 > 素材 > 制作美食宣传海报 > 11"文件，单击"打开"按钮，打开文件，选择选择工具 ▶，选取需要的图形，按 Ctrl+C 组合键，复制图形。选择正在编辑的页面，按 Ctrl+V 组合键，将复制的图形粘贴到页面中，并拖曳到适当的位置，效果如图 4-35 所示。美食宣传海报制作完成，效果如图 4-36 所示。

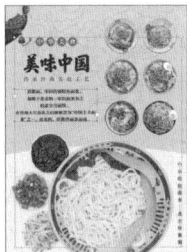

图 4-35　　　　　　图 4-36

4.1.2　对齐对象

"对齐"面板的"对齐对象"选项组中有 6 种对齐命令按钮："水平左对齐"按钮 ▐、"水平居中对齐"按钮 ▐、"水平右对齐"按钮 ▐、"垂直顶对齐"按钮 ▐、"垂直居中对齐"按钮 ▐、"垂直底对齐"按钮 ▐。

1. 水平左对齐

水平左对齐是指以最左边对象的左边线为基准线，被选中对象的左边缘和这条线对齐（最左边对象的位置不变）。

选取要对齐的对象，如图 4-37 所示。单击"对齐"面板中的"水平左对齐"按钮 ▐，所有选取的对象将向左对齐，如图 4-38 所示。

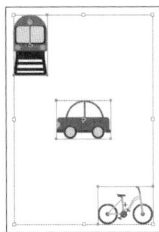

图 4-37　　　　　图 4-38

2. 水平居中对齐

水平居中对齐是指以选定对象的中点为基准点进行对齐，所有对象在垂直方向上的位置保持不变（多个对象进行水平居中对齐时，以中间对象的中点为基准点进行对齐，中间对象的位置不变）。

选取要对齐的对象，如图 4-39 所示。单击"对齐"面板中的"水平居中对齐"按钮 ，所有选取的对象将水平居中对齐，如图 4-40 所示。

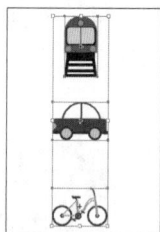

图 4-39 　　　　图 4-40

3. 水平右对齐

水平右对齐是指以最右边对象的右边线为基准线，被选中对象的右边缘和这条线对齐（最右边对象的位置不变）。

选取要对齐的对象，如图 4-41 所示。单击"对齐"面板中的"水平右对齐"按钮 ，所有选取的对象将水平向右对齐，如图 4-42 所示。

4. 垂直顶对齐

垂直顶对齐是指以多个要对齐对象中最上面对象的上边线为基准线，选定对象的上边线和这条线对齐（最上面对象的位置不变）。

选取要对齐的对象，如图 4-43 所示。单击"对齐"面板中的"垂直顶对齐"按钮 ，所有选取的对象将向上对齐，如图 4-44 所示。

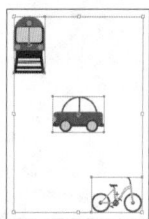
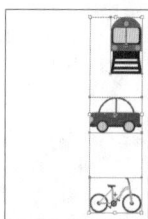

图 4-41 　　　　　图 4-42 　　　　　图 4-43 　　　　　图 4-44

5. 垂直居中对齐

垂直居中对齐是指以多个要对齐对象的中点为基准点进行对齐，所有对象垂直移动，水平方向上的位置不变（多个对象进行垂直居中对齐时，以中间对象的中点为基准点进行对齐，中间对象的位置不变）。

选取要对齐的对象，如图 4-45 所示。单击"对齐"面板中的"垂直居中对齐"按钮 ，所有选取的对象将垂直居中对齐，如图 4-46所示。

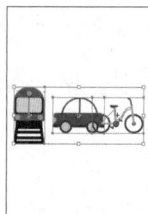

图 4-45 　　　图 4-46

6. 垂直底对齐

垂直底对齐是指以多个要对齐对象中最下面对象的下边线为基准线，选定对象的下边线和这条线对齐（最下面对象的位置不变）。

选取要对齐的对象，如图 4-47 所示。单击"对齐"面板中的"垂直底对齐"按钮 ，所有选取的对象将垂直向底对齐，如图 4-48所示。

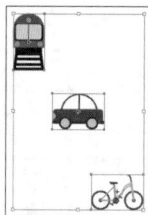
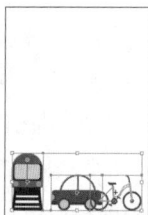

图 4-47 　　　图 4-48

4.1.3 分布对象

"对齐"面板的"分布对象"选项组中有 6 种分布命令按钮："垂直顶分布"按钮 ▉、"垂直居中分布"按钮 ▉、"垂直底分布"按钮 ▉、"水平左分布"按钮 ▉、"水平居中分布"按钮 ▉、"水平右分布"按钮 ▉。

1. 垂直顶分布

垂直顶分布是指以每个选取对象的上边线为基准线，使对象按相等的间距垂直分布。

选取要分布的对象，如图 4-49 所示。单击"对齐"面板中的"垂直顶分布"按钮 ▉，所有选取的对象将按各自的上边线等距离垂直分布，如图 4-50 所示。

2. 垂直居中分布

垂直居中分布是指以每个选取对象的中线为基准线，使对象按相等的间距垂直分布。

选取要分布的对象，如图 4-51 所示。单击"对齐"面板中的"垂直居中分布"按钮 ▉，所有选取的对象将按各自的中线等距离垂直分布，如图 4-52 所示。

| 图 4-49 | 图 4-50 | 图 4-51 | 图 4-52 |

3. 垂直底分布

垂直底分布是指以每个选取对象的下边线为基准线，使对象按相等的间距垂直分布。

选取要分布的对象，如图 4-53 所示。单击"对齐"面板中的"垂直底分布"按钮 ▉，所有选取的对象将按各自的下边线等距离垂直分布，如图 4-54 所示。

4. 水平左分布

水平左分布是指以每个选取对象的左边线为基准线，使对象按相等的间距水平分布。

选取要分布的对象，如图 4-55 所示。单击"对齐"面板中的"水平左分布"按钮 ▉，所有选取的对象将按各自的左边线等距离水平分布，如图 4-56 所示。

| 图 4-53 | 图 4-54 | 图 4-55 | 图 4-56 |

5. 水平居中分布

水平居中分布是指以每个选取对象的中线为基准线，使对象按相等的间距水平分布。

选取要分布的对象，如图 4-57 所示。单击"对齐"面板中的"水平居中分布"按钮 ▉，所有选取的对象将按各自的中线等距离水平分布，如图 4-58 所示。

6. 水平右分布

水平右分布是指以每个选取对象的右边线为基准线，使对象按相等的间距水平分布。

选取要分布的对象，如图 4-59 所示。单击"对齐"面板中的"水平右分布"按钮 ⅰ，所有选取的对象将按各自的右边线等距离水平分布，如图 4-60 所示。

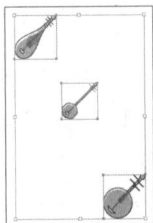

图 4-57　　　　图 4-58　　　　图 4-59　　　　图 4-60

4.1.4　分布间距

要精确指定对象间的距离，可在"对齐"面板的"分布间距"选项组中进行设置，其中包括"垂直分布间距"按钮 ⅰ 和"水平分布间距"按钮 ⅰ。

1. 垂直分布间距

选取要对齐的多个对象，如图 4-61 所示。单击被选取对象中的任意对象，该对象将作为其他对象进行分布时的参照，如图 4-62 所示。在"对齐"面板左下方的数值框中将间距设为 10mm，如图 4-63 所示。

单击"对齐"面板中的"垂直分布间距"按钮 ⅰ，所有被选取的对象将以梅花琴图像为参照，按设置的间距等距离垂直分布，效果如图 4-64 所示。

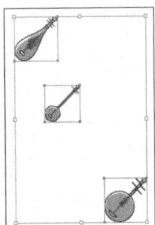
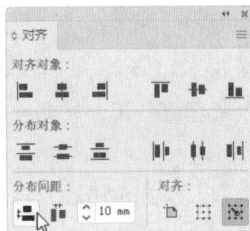
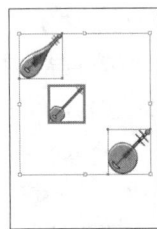

图 4-61　　　　图 4-62　　　　图 4-63　　　　图 4-64

2. 水平分布间距

选取要对齐的对象，如图 4-65 所示。单击被选取对象中的任意对象，该对象将作为其他对象进行分布时的参照，如图 4-66 所示。在"对齐"面板左下方的数值框中将间距设为 3mm，如图 4-67 所示。

单击"对齐"面板中的"水平分布间距"按钮 ⅰ，所有被选取的对象将以月琴图像为参照，按设置的间距等距离水平分布，效果如图 4-68 所示。

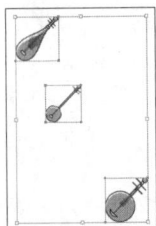
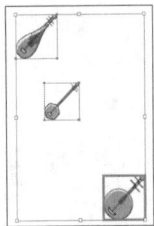
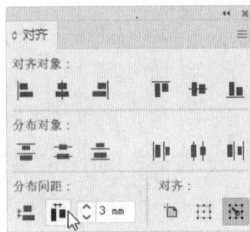
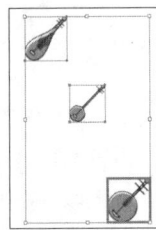

图 4-65　　　　图 4-66　　　　图 4-67　　　　图 4-68

4.1.5　用网格对齐对象

选择"视图 > 显示网格"命令（或按 Ctrl+ " 组合键），页面上显示出网格，如图 4-69 所示。

单击蓝色书本图像并向左拖曳，使蓝色书本图像的左边线和上方绿色书本图像的左边线垂直对齐，如图 4-70 所示。单击下方红色书本图像并向左拖曳，使红色书本图像的左边线和上方蓝色书本图像的右边线垂直对齐，如图 4-71 所示。释放鼠标后，效果如图 4-72 所示。

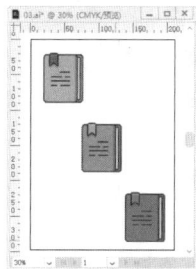 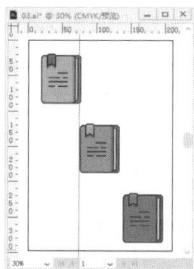 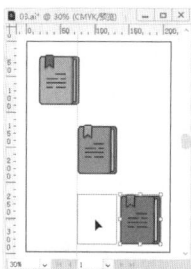 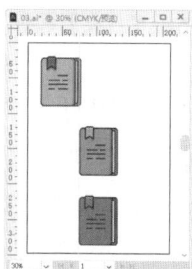

图 4-69　　　　　　图 4-70　　　　　　图 4-71　　　　　　图 4-72

4.1.6　用辅助线对齐对象

选择"视图 > 标尺 > 显示标尺"命令（或按 Ctrl+R 组合键），页面上显示出标尺，如图 4-73 所示。

选择选择工具 ▶，在页面左侧的标尺上按住鼠标左键并向右拖曳，拖曳出一条垂直的辅助线，将辅助线放在要对齐对象的左边线上，如图 4-74 所示。

单击最下方的图像并向左拖曳，使图像的左边线和其上方图像的左边线垂直对齐，如图 4-75 所示。释放鼠标，对齐后的效果如图 4-76 所示。

图 4-73　　　　　　图 4-74　　　　　　图 4-75　　　　　　图 4-76

4.2　对象和图层的顺序

对象之间存在堆叠的关系，后绘制的对象一般显示在先绘制的对象之上，在实际操作中，可以根据需要改变对象之间的堆叠顺序。通过改变图层的排列顺序也可以改变对象的堆叠顺序。

4.2.1　对象的排列

选择"对象 > 排列"命令，"排列"子菜单中包括 5 个命令："置于顶层""前移一层""后移一层""置于底层""发送至当前图层"。使用这些命令可以改变图形对象的排列顺序，对象间的堆叠效果如图 4-77 所示。

图 4-77

也可以选中要排序的对象，用鼠标右键单击页面，在弹出的快捷菜单中选择"排列"命令，还可以应用快捷键命令来对对象进行排序。

1. **置于顶层**

选择"置于顶层"命令可将选取的图像移到所有图像之上。选取要移动的图像，如图 4-78 所示。用鼠标右键单击页面，在弹出的快捷菜单中选择"排列>置于顶层"命令，当前图像被移到顶层，效果如图 4-79 所示。

2. **前移一层**

选择"前移一层"命令可将选取的图像向前移过一个图像。选取要移动的图像，如图 4-80 所示。用鼠标右键单击页面，在弹出的快捷菜单中选择"排列>前移一层"命令，当前图像将向前移一层，效果如图 4-81 所示。

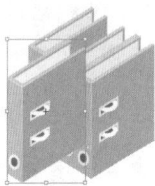 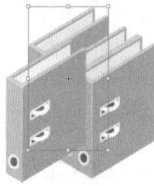 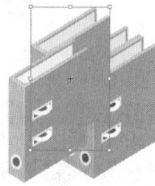

图 4-78　　　　　　图 4-79　　　　　　图 4-80　　　　　　图 4-81

3. **后移一层**

选择"后移一层"命令可将选取的图像向后移过一个图像。选取要移动的图像，如图 4-82 所示。用鼠标右键单击页面，在弹出的快捷菜单中选择"排列>后移一层"命令，当前图像将向后移一层，效果如图 4-83 所示。

4. **置于底层**

选择"置于底层"命令可将选取的图像移到所有图像的底层。选取要移动的图像，如图 4-84 所示。用鼠标右键单击页面，在弹出的快捷菜单中选择"排列>置于底层"命令，当前图像将排到最后面，效果如图 4-85 所示。

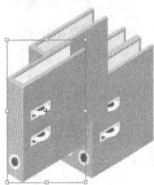 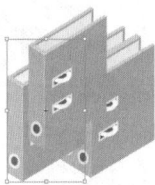 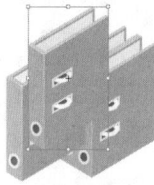 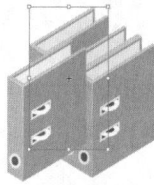

图 4-82　　　　　　图 4-83　　　　　　图 4-84　　　　　　图 4-85

5. **发送至当前图层**

打开"图层"面板，在"图层 1"上方新建"图层 2"，如图 4-86 所示。选取要发送到当前图层的图像，如图 4-87 所示，这时"图层 1"变为当前图层，如图 4-88 所示。

图 4-86　　　　　　　　图 4-87　　　　　　　　图 4-88

单击"图层 2"，使"图层 2"成为当前图层，如图 4-89 所示。用鼠标右键单击页面，在弹出的快捷菜单中选择"排列>发送至当前图层"命令，选中的图像被发送到当前图层（即"图层 2"），页面效果如图 4-90 所示，"图层"面板如图 4-91 所示。

图 4-89　　　　　　　　　　图 4-90　　　　　　　　　　图 4-91

4.2.2　使用图层排列对象

1．通过改变图层的排列顺序来改变图像的排列顺序

页面中图像的排列顺序如图 4-92 所示，"图层"面板中的排列顺序如图 4-93 所示。绿色单层文件夹在"图层 1"中，橙色文件夹在"图层 2"中，绿色双层文件夹在"图层 3"中。

> **提示**
>
> "图层"面板中图层的位置越靠上，图层包含的图像在页面中的排列顺序就越靠前。

如果想使橙色文件夹排列在绿色双层文件夹之上，可将"图层 3"向下拖曳至"图层 2"的下方，如图 4-94 所示。释放鼠标后，橙色文件夹位于绿色双层文件夹之上，效果如图 4-95 所示。

图 4-92　　　　　　　　　图 4-93　　　　　　　　　图 4-94　　　　　　　　　图 4-95

2．在图层之间移动图像

选取要移动的绿色双层文件夹，如图 4-96 所示。在"图层 3"的右侧出现一个绿色小方块，如图 4-97 所示。单击小方块，将小方块拖曳到"图层 2"上，如图 4-98 所示。

图 4-96　　　　　　　　　图 4-97　　　　　　　　　图 4-98

释放鼠标后，"图层 3"包含的对象也移动到"图层 2"包含的对象的上方。移动后，"图层"面板如图 4-99 所示，图像的效果如图 4-100 所示。

图 4-99

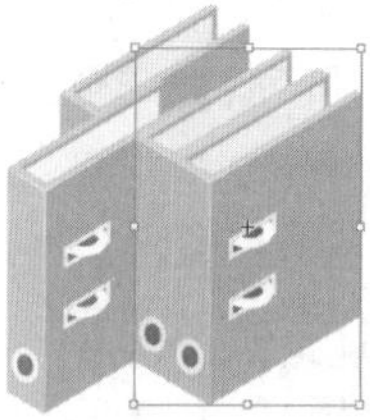

图 4-100

4.3 对象的编组

微课

制作博物院陶瓷
宣传海报

在绘制图形的过程中，可以将多个图形进行编组，从而组合成一个图形组，还可以将多个编组组合成一个新的编组。

4.3.1 课堂案例——制作博物院陶瓷宣传海报

案例学习目标

学习使用"编组"命令、编组选择工具、"锁定"命令和"对齐"面板制作博物院陶瓷宣传海报。

案例知识要点

使用"置入"命令、钢笔工具、编组选择工具和"锁定所选对象"命令添加背景，使用"对齐"面板、"透明度"面板制作纹理效果，博物院陶瓷宣传海报效果如图 4-101 所示。

图 4-101

效果所在位置

云盘\Ch04\效果\制作博物院陶瓷宣传海报.ai。

（1）按 Ctrl+N 组合键，弹出"新建文档"对话框。设置文档的宽度为 210 mm，高度为 285 mm，方向为竖向，颜色模式为 CMYK 颜色，光栅效果为高（300 ppi），单击"创建"按钮，新建一个文档。

（2）选择矩形工具，绘制一个与页面大小相等的矩形，设置填充色为蓝色（CMYK 的值分别为 61、17、33、0），填充图形，并设置描边色为无，效果如图 4-102 所示。

（3）选择"文件 > 置入"命令，弹出"置入"对话框。选择云盘中的"Ch04 > 素材 > 制作博物院陶瓷宣传海报 > 01"文件，单击"置入"按钮，在页面中置入图片，单击工具属性栏中的"嵌入"按钮，嵌入图片。选择选择工具，拖曳图片到适当的位置，并调整其大小，效果如图 4-103 所示。

（4）选择钢笔工具，沿着瓷器轮廓绘制一条闭合路径，填充图形为白色，并设置描边色为无，效果如图 4-104 所示。

（5）选择选择工具，选取闭合路径，按 Ctrl+[组合键，将图形后移一层，如图 4-105 所示。

按↑和→键微调图形到适当的位置，效果如图 4-106 所示。

图 4-102　　　　图 4-103　　　　图 4-104　　　　图 4-105　　　　图 4-106

（6）按 Ctrl+C 组合键，复制图形，按 Shift+Ctrl+V 组合键，就地粘贴图形。设置填充色为灰绿色（CMYK 的值分别为 35、20、26、0），填充图形，效果如图 4-107 所示。

（7）选择选择工具▶，拖曳图形到适当的位置，并调整其大小，如图 4-108 所示。按住 Alt+Shift 组合键的同时，水平向右拖曳图形到适当的位置，复制图形，效果如图 4-109 所示。连续按 Ctrl+D 组合键，按需要复制多个图形，效果如图 4-110 所示。

图 4-107　　　　图 4-108　　　　图 4-109　　　　图 4-110

（8）选择选择工具▶，按住 Shift 键的同时，依次单击需要的图形以将其同时选取，按 Ctrl+G 组合键，将其编组，如图 4-111 所示。按住 Alt+Shift 组合键的同时，垂直向下拖曳编组图形到适当的位置，复制编组图形，效果如图 4-112 所示。

（9）选择编组选择工具▷，选取需要的图形，按住 Alt+Shift 组合键的同时，水平向右拖曳图形到适当的位置，复制图形，效果如图 4-113 所示。

（10）选择选择工具▶，选取图形，按住 Shift 键的同时单击上方图形，将其同时选取，如图 4-114 所示。再次单击上方图形将其作为参照对象，如图 4-115 所示。

图 4-111　　　　图 4-112　　　　图 4-113　　　　图 4-114　　　　图 4-115

（11）选择"窗口 > 对齐"命令，弹出"对齐"面板。单击"对齐所选对象"按钮▦，如图 4-116 所示，再单击"水平居中对齐"按钮▮，图形居中对齐，效果如图 4-117 所示。按住 Alt+Shift 组合键的同时，垂直向下拖曳图形到适当的位置，复制图形，效果如图 4-118 所示。按住 Shift 键的同时，选取需要的图形，按 Ctrl+G 组合键，编组图形，效果如图 4-119 所示。

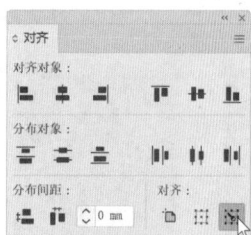

图 4-116

图 4-117

图 4-118

图 4-119

（12）选取下方的背景矩形，按 Ctrl+C 组合键，复制图形，按 Shift+Ctrl+V 组合键，就地粘贴图形，如图 4-120 所示。按住 Shift 键的同时单击编组图形，如图 4-121 所示，按 Ctrl+7 组合键，建立剪切蒙版，效果如图 4-122 所示。连续按 Ctrl+[组合键，将编组图形后移到适当的位置，效果如图 4-123 所示。按 Ctrl+2 组合键，锁定所选对象。

图 4-120

图 4-121

图 4-122

图 4-123

（13）选择矩形工具 ▢，在适当的位置绘制一个矩形，填充图形为白色，并设置描边颜色为无，效果如图 4-124 所示。

（14）选择圆角矩形工具 ▢，在适当的位置绘制一个圆角矩形，设置填充色为红色（CMYK 的值分别为 35、98、98、2），填充图形，效果如图 4-125 所示。

（15）按 Ctrl+O 组合键，弹出"打开"对话框。选择云盘中的"Ch04 > 素材 > 制作博物院陶瓷宣传海报 > 02"文件，单击"打开"按钮，打开文件。选择选择工具 ▶，选取需要的文字，按 Ctrl+C 组合键，复制文字。选择正在编辑的页面，按 Ctrl+V 组合键，将复制的文字粘贴到页面中，并拖曳到适当的位置，效果如图 4-126 所示。

图 4-124

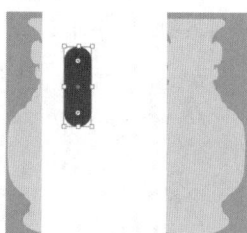

图 4-125

图 4-126

（16）选择"文件 > 置入"命令，弹出"置入"对话框。选择云盘中的"Ch04 > 素材 > 制作博物院陶瓷宣传海报 >03"文件，单击"置入"按钮，在页面中置入图片。单击工具属性栏中的"嵌入"按钮，嵌入图片。选择选择工具 ▶，拖曳图片到适当的位置，效果如图 4-127 所示。

（17）选择"窗口 > 透明度"命令，弹出"透明度"面板，将混合模式设为"正片叠底"，其他选项的设置如图 4-128 所示。按 Enter 键确定操作，效果如图 4-129 所示。

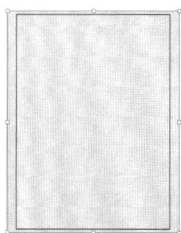

图 4-127

图 4-128

图 4-129

（18）选择矩形工具 ▣，绘制一个与页面大小相等的矩形，如图 4-130 所示。选择选择工具 ▶，按住 Shift 键的同时，单击图片将其同时选取，如图 4-131 所示，按 Ctrl+7 组合键，建立剪切蒙版，效果如图 4-132 所示。博物院陶瓷宣传海报制作完成，效果如图 4-133 所示。

图 4-130

图 4-131

图 4-132

图 4-133

4.3.2 编组对象

使用"编组"命令可以将多个对象组合在一起，使它们成为一个对象。使用选择工具 ▶ 选取要编组的对象，编组之后，单击任意对象，其他对象都会被一起选取。

选取要编组的对象，选择"对象 > 编组"命令（或按 Ctrl+G 组合键），将选取的对象编组。编组后，选择其中的任何一个对象，其他对象也会同时被选取，如图 4-134 所示。

将多个对象编组后，其外观并不会发生变化，但当对其中任何一个对象进行编辑时，其他对象会产生相应的变化。如果需要单独编辑组合中的个别对象，而不改变其他对象的状态，可以使用编组选择工具 ▷ 进行选取。选择编组选择工具 ▷，单击要移动的对象并拖曳对象到合适的位置，效果如图 4-135 所示，其他的对象并不会发生变化。

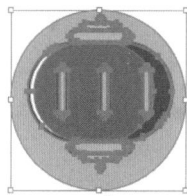

图 4-134　　　　图 4-135

> **提示**
>
> "编组"命令还可以对编组后的对象进行组合，或在组合与对象之间进行进一步组合。在几个组之间进行组合时，原来的组合并没有消失，它与新得到的组合是嵌套关系。若组合不同图层上的对象，则组合后所有的对象将自动移动到最上层对象的图层中，并形成组合。

选取要取消编组的对象，如图 4-136 所示。选择"对象 > 取消编组"命令（或按 Shift+Ctrl+G 组合键），取消编组对象。取消编组后，可以通过单击选取任意对象，如图 4-137 所示。

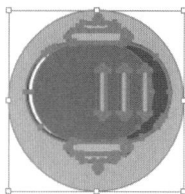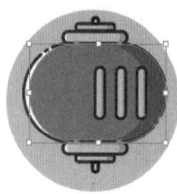

图 4-136　　　　图 4-137

执行一次"取消编组"命令只能取消一层组合。例如，对两个组合使用"编组"命令后会得到一个新的组合，选择"取消编组"命令取消这个新组合后，会得到两个原始的组合。

4.4　对象的控制

在 Illustrator 2022 中，控制对象的方法非常灵活、有效，包括锁定和解锁对象、隐藏和显示对象等。

4.4.1　锁定和解锁对象

锁定对象可以防止操作时误选对象，也可以防止当多个对象重叠在一起而只选择其中一个对象时，其他对象连带被选取。"锁定"子菜单中包括 3 个命令：所选对象、上方所有图稿、其他图层。

1. 锁定所选对象

选取要锁定的绿色对象，如图 4-138 所示。选择"对象 > 锁定 > 所选对象"命令（或按 Ctrl+2 组合键），将所选对象锁定。锁定后，移动其他对象时，锁定对象不会随之移动，如图 4-139 所示。

2. 锁定上方所有图稿

选取蓝色对象，如图 4-140 所示。选择"对象 > 锁定 > 上方所有图稿"命令，所选蓝色对象之上的绿色对象和紫色对象被锁定。当移动蓝色对象时，绿色对象和紫色对象不会随之移动，如图 4-141 所示。

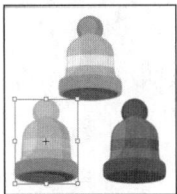
图 4-138

图 4-139

图 4-140

图 4-141

3. 锁定其他图层

蓝色对象、绿色对象、紫色对象分别在不同的图层上，如图 4-142 所示。选取紫色对象，如图 4-143 所示。选择"对象 > 锁定 > 其他图层"命令，在"图层"面板中，除了紫色对象所在的图层外，其他图层都被锁定。被锁定图层的左边会出现锁头图标🔒，如图 4-144 所示。锁定图层中的图像在页面中也被锁定。

图 4-142

图 4-143

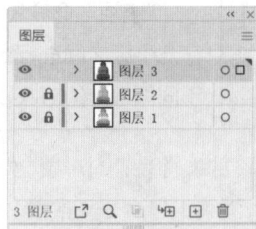
图 4-144

4. 解除锁定

选择"对象 > 全部解锁"命令（或按 Alt+Ctrl+2 组合键），可取消锁定对象。

4.4.2 隐藏和显示对象

可以将当前不重要或已经制作好的对象隐藏起来，以免妨碍其他对象的编辑。

"隐藏"子菜单包括 3 个命令：所选对象、上方所有图稿、其他图层。

1. 隐藏所选对象

选取要隐藏的绿色对象，如图 4-145 所示。选择"对象 > 隐藏 > 所选对象"命令（或按 Ctrl+3 组合键），将所选对象隐藏起来，效果如图 4-146 所示。

2. 隐藏上方所有图稿

选取蓝色对象，如图 4-147 所示。选择"对象 > 隐藏 > 上方所有图稿"命令，所选蓝色对象之上的所有对象都被隐藏，如图 4-148 所示。

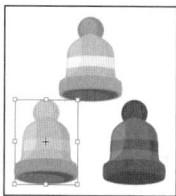

图 4-145　　　　　　图 4-146　　　　　　图 4-147　　　　　　图 4-148

3. 隐藏其他图层

选取紫色对象，如图 4-149 所示。选择"对象 > 隐藏 > 其他图层"命令，在"图层"面板中，除了紫色对象所在的图层，其他图层都被隐藏，图层左侧的眼睛图标 ◉ 消失，如图 4-150 所示。其他图层中的图像在页面中都被隐藏，效果如图 4-151 所示。

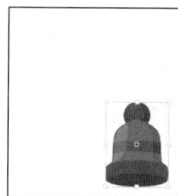

图 4-149　　　　　　　　图 4-150　　　　　　　　图 4-151

4. 显示所有对象

当对象被隐藏后，选择"对象 > 显示全部"命令（或按 Alt+Ctrl+3 组合键），可显示所有对象。

课堂练习——制作现代家居画册内页

🔗 练习知识要点

使用矩形工具绘制背景底图，使用"锁定"命令锁定所选对象，使用"置入"命令和"对齐"面板对齐素材图片，使用文字工具、"字符"面板添加内容文字，使用"编组"命令编组需要的图形，现代家居画册效果如图 4-152 所示。

微课

制作现代家居画册内页

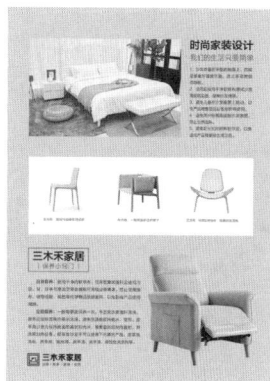

图 4-152

效果所在位置

云盘\Ch04\效果\制作现代家居画册内页.ai。

课后习题——制作民间传统艺术剪纸海报

习题知识要点

使用矩形工具、"变换"面板、"打开"命令和"对齐"面板制作海报背景，使用文字工具和"字符"面板添加内容文字，民间传统艺术剪纸海报效果如图 4-153 所示。

图 4-153

微课

制作民间传统艺术
剪纸海报

效果所在位置

云盘\Ch04\效果\制作民间传统艺术剪纸海报.ai。

05

第 5 章
颜色填充与描边

本章介绍

  使用填充命令可以填充图形的颜色和描边。使用"描边"面板可以对描边进行编辑。使用"渐变"面板可以对图形进行线性渐变和径向渐变的填充。使用工具箱中的网格工具可以对图形进行网格渐变填充。利用"符号"面板可以对图形添加符号。通过本章的学习，学生可以利用颜色填充和描边功能绘制出漂亮的图形，还可将需要重复应用的图形制作成符号，以提高工作效率。

学习目标

- ✔ 了解填充工具和"色板"面板的使用方法。
- ✔ 掌握渐变填充的类型与填充渐变的方法。
- ✔ 掌握图案的填充与图案库的使用。
- ✔ 掌握填充渐变网格的方法。
- ✔ 掌握"描边"面板的功能和使用方法。
- ✔ 掌握"符号"面板以及符号的使用方法。

技能目标

- ✔ 掌握围棋插图的绘制方法。
- ✔ 掌握航天科技插图的绘制方法。

素养目标

- ✔ 培养对色彩的感知能力。
- ✔ 培养对科技的兴趣。

5.1　颜色模式

Illustrator 2022 中提供了 RGB、CMYK、Web 安全 RGB、HSB 和灰度这 5 种颜色模式，最常用的是 CMYK 模式和 RGB 模式，其中 CMYK 是默认的颜色模式。不同的颜色模式调配颜色的基本色不同。

5.1.1　RGB 模式

RGB 模式源于有色光的三原色原理。它是一种加色模式，通过红、绿、蓝 3 种颜色的叠加产生更多的颜色。RGB 也是色光的彩色模式。在编辑图像时，RGB 模式是最佳的选择。因为它可以提供全屏幕的多达 24 位的色彩范围。RGB 模式的"颜色"面板如图 5-1 所示，可以在该面板中设置 RGB 颜色。

图 5-1

5.1.2　CMYK 模式

CMYK 模式主要应用在印刷领域。它通过反射某些颜色的光并吸收另外一些颜色的光来产生不同的颜色，是一种减色模式。CMYK 代表印刷使用的 4 种油墨颜色：C 代表青色，M 代表洋红色，Y 代表黄色，K 代表黑色。CMYK 模式的"颜色"面板如图 5-2 所示，可以在该面板中设置 CMYK 颜色。

CMYK 模式是图片、插图等作品最常用的印刷方式。这是因为在印刷中通常都要进行四色分色，出四色胶片，然后进行印刷。

图 5-2

5.1.3　灰度模式

灰度模式又叫 8 位深度图，每个像素用 8 位二进制码表示，能产生 2^8（即 256）级灰色调。当彩色文件转换为灰度模式文件时，所有的颜色信息都会丢失。

灰度模式的图像中存在 256 种灰度级。灰度模式只有一个亮度调节滑块，0 代表白色，100 代表黑色。灰度模式经常应用在成本相对较低的黑白印刷中。另外，将彩色模式的文件转换为双色调模式或位图模式时，必须先将其转换为灰度模式，然后从灰度模式转换为双色调模式或位图模式。灰度模式的"颜色"面板如图 5-3 所示，可以在其中设置灰度值。

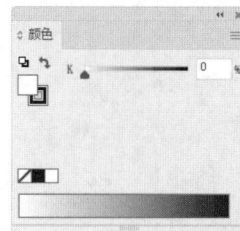

图 5-3

5.2　颜色填充

Illustrator 2022 中用于填充的内容包括"色板"面板中的单色对象、图案对象和渐变对象，以及"颜色"面板中的自定义颜色。另外，色板库提供了多种色谱、渐变对象和图案对象。

5.2.1　填充工具

应用工具箱中的填色和描边工具，可以指定所选对象的填充颜色和描边颜色。按 X 键时，可以切换填色显示框和描边显示框的前后位置。当单击 ↻ 按钮或按 Shift+X 组合键时，可使选定对象的颜色在填充和描边之间切换。

在填色和描边按钮 ▣ 下方有 3 个按钮 □ ▣ ☑，分别是"颜色"按钮、"渐变"按钮和"无"按钮。

5.2.2　"颜色"面板

Illustrator 通过"颜色"面板设置对象的填充颜色。单击"颜色"面板右上方的 ☰ 图标，在弹出的菜单中选择当前取色使用的颜色模式。选择颜色模式后，面板中将显示相应的颜色内容，如图 5-4 所示。

选择"窗口 > 颜色"命令，弹出"颜色"面板。"颜色"面板中的 ▣ 按钮用来交换填充颜色和描边颜色，使用方法与工具箱中的 ▣ 按钮相同。

将鼠标指针移动到取色区域，鼠标指针变为吸管形状，单击即可选取颜色。拖曳各个颜色滑块或在各个数值框中输入有效的数值，可以更精确地设置颜色，如图 5-5 所示。

更改或设定对象的描边颜色时，首先选取已有的对象，在"颜色"面板中切换到描边颜色 ▣，选取或调配出新颜色，相应的颜色被应用到当前选定对象的描边中，如图 5-6 所示。

图 5-4

图 5-5　　　　　　　　图 5-6

5.2.3　"色板"面板

选择"窗口 > 色板"命令，弹出"色板"面板，在"色板"面板中单击需要的颜色或样本，可以将其选中，如图 5-7 所示。

"色板"面板提供了多种颜色和图案，并且允许添加和存储自定义的颜色与图案。单击"显示'色板类型'菜单"按钮 ▦.，可以使所有的样本显示出来；单击"色板选项"按钮 ▤，可以打开"色板选项"对话框；单击"新建颜色组"按钮 ▤，可以新建颜色组；"新建色板"按钮 ⊞ 用于定义和新建样本；单击"删除色板"按钮 🗑 可以将选定的样本从"色板"面板中删除。

绘制一个图形，单击填色按钮，如图 5-8 所示。选择"窗口 > 色板"命令，弹出"色板"面板，在"色板"面板中单击需要的颜色或图案，对图形内部进行填充，效果如图 5-9 所示。

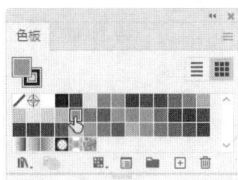

图 5-7

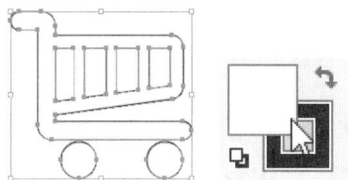

图 5-8

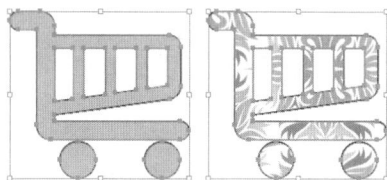

图 5-9

若"色板"面板左上角的方块标有红色斜杠 ☑，则表示无颜色填充。双击"色板"面板中的颜色缩略图■会弹出"色板选项"对话框，可以在其中设置颜色属性，如图 5-10 所示。

单击"色板"面板右上方的 ☰ 图标，将弹出菜单，选择其中的"新建色板"命令，可以将选中的颜色或样本添加到"色板"面板中，如图 5-11 所示；单击"新建色板"按钮 ⊞，也可以添加新的颜色或样本到"色板"面板中，如图 5-12 所示。

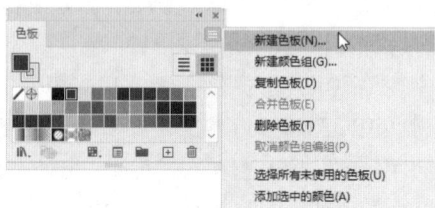

图 5-10　　　　　　　　　图 5-11　　　　　　　　　图 5-12

除了"色板"面板中默认的样本，Illustrator 2022 的色板库还提供了多种色板。选择"窗口 > 色板库"命令，或单击"色板"面板左下角的"'色板库'菜单"按钮 ⅠⅡ.，可引入外部色板库，添加的色板库将显示在同一个"色板"面板中。

选择"窗口 > 色板库 > 其他库"命令，弹出对话框，可以将其他文件中的色板样本、渐变样本和图案样本导入"色板"面板。

5.3　渐变填充

渐变填充是指两种以上颜色之间或同一颜色的不同色调之间的逐渐混和。建立渐变填充有多种方法，可以使用渐变工具 ■，也可以使用"渐变"面板和"颜色"面板，还可以使用"色板"面板中的渐变样本。"渐变"面板中有线性渐变、径向渐变和任意形状渐变 3 种渐变类型。

5.3.1　课堂案例——绘制围棋插图

案例学习目标

学习使用渐变工具、"符号库"命令和"描边"命令绘制围棋插图。

案例知识要点

使用钢笔工具、渐变工具、"高斯模糊"命令、"点状图案矢量包"命令绘制插画背景，使用圆角矩形工具、"描边"面板、直线段工具和椭圆工具绘制棋盘和棋子，使用圆角矩形工具、添加锚点工具、直接选择工具和"投影"命令绘制装饰框，围棋插图效果如图 5-13 所示。

微课

绘制围棋插图

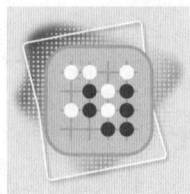

图 5-13

效果所在位置

云盘\Ch05\效果\绘制围棋插图.ai。

（1）按 Ctrl+N 组合键，弹出"新建文档"对话框。设置文档的宽度为 1024 px，高度为 1024 px，方向为纵向，颜色模式为 RGB 颜色，光栅效果为屏幕（72 ppi），单击"创建"按钮，新建一个文档。

（2）选择钢笔工具 ，在页面中绘制一个不规则图形，如图 5-14 所示。双击渐变工具 ，弹出"渐变"面板，单击"线性渐变"按钮 ，在色带上设置 4 个渐变滑块；分别将渐变滑块的位置设为 0、30、65、100，并设置 RGB 的值分别为 0（3、93、165）、30（0、158、218）、65（233、237、247）、100（229、115、155），其他选项的设置如图 5-15 所示。图形被填充为渐变色，设置描边色为无，效果如图 5-16 所示。

（3）选择选择工具 ，选取图形。选择"效果 ＞ 模糊 ＞ 高斯模糊"命令，在弹出的"高斯模糊"对话框中进行设置，如图 5-17 所示。单击"确定"按钮，图像效果如图 5-18 所示。

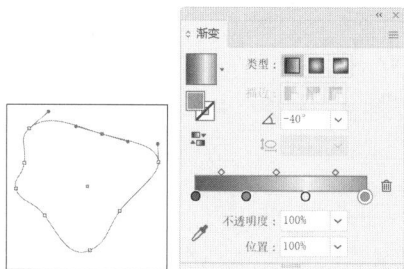 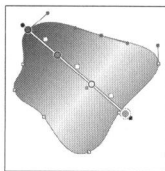 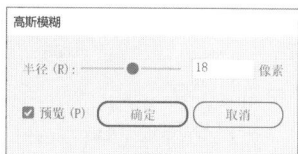 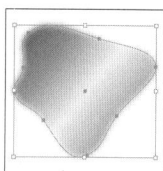

图 5-14　　　　　　图 5-15　　　　　　图 5-16　　　　　　图 5-17　　　　　　图 5-18

（4）选择"窗口 ＞ 符号库 ＞ 点状图案矢量包"命令，弹出"点状图案矢量包"面板，选取需要的符号"点状图案矢量包 15"，如图 5-19 所示。拖曳符号到页面外，效果如图 5-20 所示。

（5）在工具属性栏中单击"断开链接"按钮，断开符号链接，如图 5-21 所示。选择"对象 ＞ 复合路径 ＞ 建立"命令，效果如图 5-22 所示。

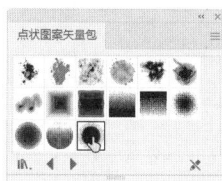 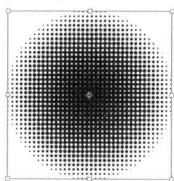 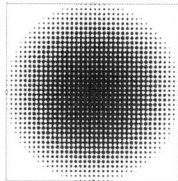 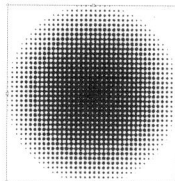

图 5-19　　　　　　图 5-20　　　　　　图 5-21　　　　　　图 5-22

（6）在"渐变"面板中单击"径向渐变"按钮 ，在色带上设置两个渐变滑块，分别将渐变滑块的位置设为 65、100，并设置 RGB 的值分别为 65（255、206、0）、100（255、255、0），其他选项的设置如图 5-23 所示。图形被填充为渐变色，设置描边色为无，效果如图 5-24 所示。选择选择工具 ，拖曳渐变图形到页面中适当的位置，并调整其大小，效果如图 5-25 所示。

（7）选择圆角矩形工具 ，在页面中单击，弹出"圆角矩形"对话框，各选项的设置如图 5-26 所示。单击"确定"按钮，得到一个圆角矩形。选择选择工具 ，拖曳圆角矩形到适当的位置，效果如图 5-27 所示。设置填充色为黄色（RGB 的值分别为 255、206、0），填充图形，设置描边色为橘色（RGB 的值分别为 255、154、0），填充描边，效果如图 5-28 所示。

图 5-23　　　图 5-24　　　图 5-25　　　图 5-26　　　图 5-27　　　图 5-28

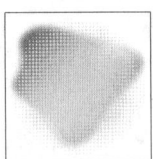

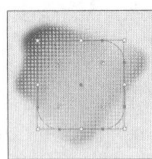

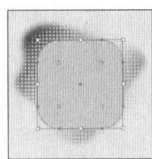

（8）选择"窗口 > 描边"命令，弹出"描边"面板。单击"对齐描边"选项中的"使描边内侧对齐"按钮，其他选项的设置如图 5-29 所示。按 Enter 键确定操作，效果如图 5-30 所示。

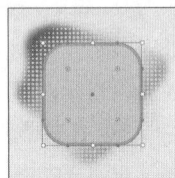
图 5-29　　　图 5-30

（9）选择直线段工具，按住 Shift 键的同时，在页面外绘制一条直线，设置描边色为橘色（RGB 的值分别为 255、154、0），效果如图 5-31 所示。在"描边"面板中单击"端点"选项中的"圆头端点"按钮，其他选项的设置如图 5-32 所示。按 Enter 键确定操作，效果如图 5-33 所示。

图 5-31　　　　　　　　　図 5-32　　　　　　　　　図 5-33

（10）选择选择工具，按住 Alt+Shift 组合键的同时，垂直向下拖曳直线到适当的位置，复制直线，效果如图 5-34 所示。连续按 Ctrl+D 组合键，按需要复制出多条直线，效果如图 5-35 所示。

（11）用框选的方法将绘制的直线同时选取，按 Ctrl+C 组合键，复制直线，按 Shift+Ctrl+V 组合键，就地粘贴直线。选择"窗口 > 变换"命令，弹出"变换"面板，将"旋转"选项设为 90°，如图 5-36 所示。按 Enter 键确定操作，效果如图 5-37 所示。

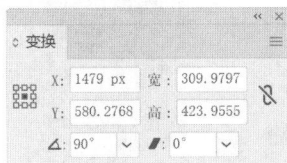

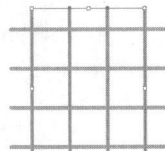

图 5-34　　　　　图 5-35　　　　　图 5-36　　　　　図 5-37

（12）用框选的方法将绘制的直线同时选取，按 Ctrl+G 组合键，编组直线，并将其拖曳到页面中适当的位置，效果如图 5-38 所示。

（13）选择椭圆工具，按住 Shift 键的同时，在适当的位置绘制一个圆形，设置填充色为白色，并设置描边色为无，效果如图 5-39 所示。选择选择工具，按住 Alt+Shift 组合键的同时，垂直向下拖曳圆形到适当的位置，复制圆形。设置填充色为深蓝色（RGB 的值分别为 53、53、87），填充图形，效果如图 5-40 所示。用相同的方法分别复制其他圆形，并将它们拖曳到适当的位置，效果如图 5-41 所示。

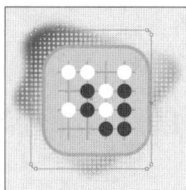

图 5-38   图 5-39   图 5-40   图 5-41

（14）选择圆角矩形工具 ▢，在页面中单击，弹出"圆角矩形"对话框，各选项的设置如图 5-42 所示。单击"确定"按钮，得到一个圆角矩形。选择选择工具 ▶，拖曳圆角矩形到页面中适当的位置，效果如图 5-43 所示。

（15）选择添加锚点工具 ✏，在圆角矩形左右两侧分别单击，添加两个锚点，如图 5-44 所示。选择直接选择工具 ▷，选取左侧的锚点，向右拖曳锚点到适当的位置，如图 5-45 所示。选取右侧的锚点，向左拖曳锚点到适当的位置，效果如图 5-46 所示。

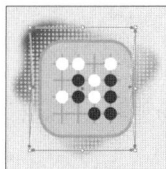

图 5-42   图 5-43   图 5-44   图 5-45   图 5-46

（16）选择选择工具 ▶，选取图形，设置描边色为白色，在工具属性栏中将"描边粗细"选项设为 10 pt，按 Enter 键确定操作，效果如图 5-47 所示。在"变换"面板中将"旋转"选项设为 10.7°，如图 5-48 所示。按 Enter 键确定操作，效果如图 5-49 所示。

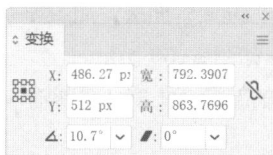

图 5-47   图 5-48   图 5-49

（17）选择"效果 > 风格化 > 投影"命令，弹出"投影"对话框，设置投影色为蓝色（RGB 的值分别为 0、158、218），其他选项的设置如图 5-50 所示。单击"确定"按钮，效果如图 5-51 所示。

（18）连续按 Ctrl+[组合键，将图形后移到适当的位置，效果如图 5-52 所示。围棋插图绘制完成，效果如图 5-53 所示。

图 5-50   图 5-51   图 5-52   图 5-53

5.3.2 创建渐变填充

绘制一个图形，如图 5-54 所示。单击工具箱下方的"渐变"按钮，对图形进行渐变填充，效果如图 5-55 所示。选择渐变工具，在图形中需要的位置单击以设定渐变的起点，按住鼠标左键并拖曳，松开鼠标以确定渐变的终点，如图 5-56 所示，渐变填充的效果如图 5-57 所示。

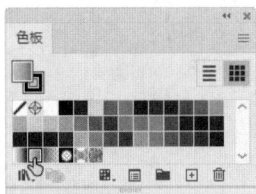

图 5-54　　　　　　　　图 5-55　　　　　　　　图 5-56　　　　　　　　图 5-57

在"色板"面板中单击需要的渐变样本，对图形进行渐变填充，效果如图 5-58 所示。

图 5-58

5.3.3 "渐变"面板

在"渐变"面板中可以设置渐变参数，可选择线性渐变、径向渐变或任意形状渐变，设置渐变的起始、中间和终止颜色，还可以设置渐变的位置和角度。

选择"窗口 > 渐变"命令，弹出"渐变"面板，如图 5-59 所示。在"类型"选项中可以选择线性渐变、径向渐变或任意形状渐变，如图 5-60 所示。

"角度"选项的数值框中显示了当前的渐变角度，重新输入数值后按 Enter 键，可以改变渐变的角度，如图 5-61 所示。

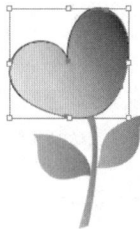

图 5-59　　　　　　　　　图 5-60　　　　　　　　　　　图 5-61

单击"渐变"面板中的颜色滑块，在"位置"选项的数值框中显示出该滑块在渐变颜色中颜色位置的百分比，如图 5-62 所示。拖动滑块，改变该颜色滑块的位置，将改变颜色的渐变梯度，如图 5-63 所示。

在渐变色谱条底边单击，可以添加颜色滑块，如图 5-64 所示。在"颜色"面板中设置颜色，如图 5-65 所示，可以改变添加的颜色滑块的颜色，如图 5-66 所示。将颜色滑块拖曳到"渐变"面板外，可以删除颜色滑块。

图 5-62　　　　　图 5-63　　　　　图 5-64　　　　　图 5-65　　　　　图 5-66

双击渐变色谱条上的颜色滑块，弹出"颜色"面板，可以快速地选取所需的颜色。

5.3.4　渐变填充的类型

1. 线性渐变填充

线性渐变填充是一种比较常用的渐变填充类型，使用"渐变"面板可以精确地指定线性渐变的起始和终止颜色，还可以调整渐变方向。调整中心点的位置，可以生成不同的颜色渐变效果。当需要对图形进行线性渐变填充时，可按以下步骤操作。

选择绘制好的图形，如图 5-67 所示。双击渐变工具 ，或选择"窗口 > 渐变"命令（或按 Ctrl+F9 组合键），弹出"渐变"面板。"渐变"面板中的渐变色谱条为默认的从白色到黑色的线性渐变，如图 5-68 所示。在"渐变"面板的"类型"选项中单击"线性渐变"按钮 ，如图 5-69 所示，对图形进行线性渐变填充，效果如图 5-70 所示。

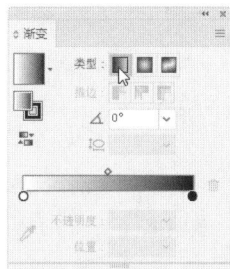

图 5-67　　　　　图 5-68　　　　　　　　　　图 5-69　　　　　图 5-70

单击"渐变"面板中的起始颜色滑块 ，如图 5-71 所示，然后在"颜色"面板中设置渐变的起始颜色。再单击终止颜色滑块 ，如图 5-72 所示，设置渐变的终止颜色，效果如图 5-73 所示。图形的线性渐变填充效果如图 5-74 所示。

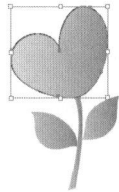

图 5-71　　　　　图 5-72　　　　　图 5-73　　　　　图 5-74

拖动渐变色谱条上方的控制滑块，可以改变颜色的渐变位置，如图 5-75 所示。"位置"数值框中的数值也会随之发生变化，设置"位置"数值框中的数值也可以改变颜色的渐变位置，图形的线性渐变填充效果也将改变，如图 5-76 所示。

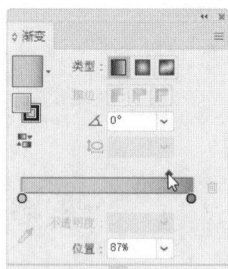

图 5-75　　　　　　图 5-76

如果要改变颜色渐变的方向，选择渐变工具 ■ 后直接在图形中拖曳鼠标即可。当需要精确地改变渐变方向时，可在"渐变"面板的"角度"选项中进行设置。

2．径向渐变填充

径向渐变填充是 Illustrator 2022 中的一种渐变填充类型，与线性渐变填充不同，它从中心点开始以圆的形式向外发散，逐渐从起始颜色过渡到终止颜色。它的起始颜色和终止颜色，以及渐变填充中心点的位置都是可以改变的。使用径向渐变填充可以生成多种渐变填充效果。

选择绘制好的图形，如图 5-77 所示。双击渐变工具 ■ 或选择"窗口 > 渐变"命令（或按 Ctrl+F9 组合键），弹出"渐变"面板。"渐变"面板中的渐变色谱条为默认的从白色到黑色的线性渐变，如图 5-78 所示。在"渐变"面板的"类型"选项中单击"径向渐变"按钮 ■，如图 5-79 所示，对图形进行径向渐变填充，效果如图 5-80 所示。

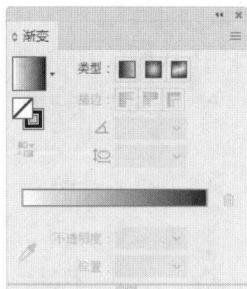
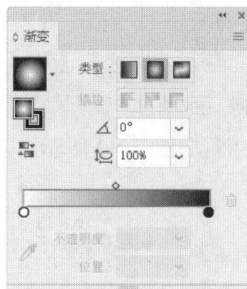

图 5-77　　　　　　图 5-78　　　　　　图 5-79　　　　　　图 5-80

单击"渐变"面板中的起始颜色滑块 ○ 或终止颜色滑块 ●，然后在"颜色"面板中设置颜色，即可改变图形的渐变颜色，效果如图 5-81 所示。拖动渐变色谱条上方的控制滑块，可以改变颜色的中心渐变位置，效果如图 5-82 所示。选择渐变工具 ■ 后在图形中拖曳鼠标，可改变径向渐变的中心位置，效果如图 5-83 所示。

图 5-81　　　　　　图 5-82　　　　　　图 5-83

3．任意形状渐变填充

任意形状渐变可以在图形内使色标中的颜色形成逐渐过渡的混合，可以是有序混合，也可以是随意混合。

选择绘制好的图形，如图 5-84 所示。双击渐变工具 ■ 或选择"窗口 > 渐变"命令（或按 Ctrl+F9 组合键），弹出"渐变"面板。"渐变"面板中的渐变色谱条为默认的从白色到黑色的线性渐变，如

图 5-85 所示。在"渐变"面板的"类型"选项中单击"任意形状渐变"按钮 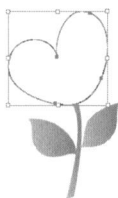，如图 5-86 所示，对图形进行径向渐变填充，效果如图 5-87 所示。

图 5-84　　　　　　　图 5-85　　　　　　　图 5-86　　　　　　　图 5-87

在"绘制"选项中选中"点"单选项，可以在图形中创建点形式的色标，如图 5-88 所示。选中"线"单选项，可以在图形中创建线段形式的色标，如图 5-89 所示。

将鼠标指针放置在线段上，鼠标指针变为 形状，如图 5-90 所示，单击可以添加色标，如图 5-91 所示。在"颜色"面板中设置颜色，以改变图形的渐变颜色，如图 5-92 所示。

图 5-88　　　　　　图 5-89　　　　　　图 5-90　　　　　　图 5-91　　　　　　图 5-92

拖曳色标可以改变色标的位置，如图 5-93 所示。在"渐变"面板的"色标"选项中单击"删除色标"按钮 ，可以删除选中的色标，如图 5-94 所示。

"扩展"选项：在"点"模式下，"扩展"选项被激活，用于设置色标周围的环形区域，色标的扩展幅度默认为 0～100%。

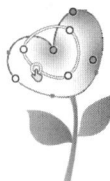

图 5-93　　　　图 5-94

5.3.5　使用渐变库

除了"色板"面板中提供的渐变样式，Illustrator 2022 还提供了一些渐变库。选择"窗口 > 色板库 > 其他库"命令，弹出"打开"对话框，"色板 > 渐变"文件夹内包含系统提供的渐变库，如图 5-95 所示。在文件夹中可以选择不同的渐变库，选择后单击"打开"按钮，部分渐变库如图 5-96 所示。

图 5-95

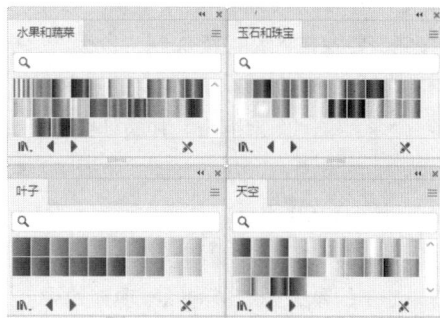

图 5-96

5.4 图案填充

图案填充是绘制图形的重要手段，使用合适的图案填充图形可以使绘制的图形更加生动、形象。

5.4.1 使用图案填充

选择"窗口 > 色板库 > 图案"命令，可以选择自然、装饰等多种图案填充图形，如图 5-97 所示。

绘制一个图形，如图 5-98 所示。在工具箱下方单击描边按钮，再在"Vonster 图案"面板中选择需要的图案，如图 5-99 所示。用该图案填充图形的描边，效果如图 5-100 所示。

图 5-97　　　　图 5-98　　　　图 5-99　　　　图 5-100

在工具箱下方单击填充按钮，在"Vonster 图案"面板中选择需要的图案，如图 5-101 所示。将该图案填充到图形的内部，效果如图 5-102 所示。

图 5-101　　　　　　　　　图 5-102

5.4.2 创建图案填充

在 Illustrator 2022 中可以将基本图形定义为图案，作为图案的图形不能包含渐变、渐变网格、图案和位图。

使用星形工具  绘制 3 个星形，并将其同时选取，如图 5-103 所示。选择"对象 > 图案 > 建立"命令，弹出提示框和"图案选项"面板，如图 5-104 所示，同时进入图案编辑模式。单击提示框中的"确定"按钮，在面板中设置图案的名称、大小和重叠方式等，设置完成后，单击页面左上方的"完成"按钮，定义的图案被添加到"色板"面板中，效果如图 5-105 所示。

在"色板"面板中单击新定义的图案并将其拖曳到页面中，如图 5-106 所示。选择"对象 > 取消编组"命令，取消图案组合，并重新编辑图案，效果如图 5-107 所示。选择"对象 > 编组"命令，将编辑后的图案组合，并拖曳到"色板"面板中，如图 5-108 所示。新定义的图案出现在"色板"面板中，如图 5-109 所示。

使用多边形工具  绘制一个多边形，如图 5-110 所示。在"色板"面板中单击新定义的图案，如图 5-111 所示，多边形的图案填充效果如图 5-112 所示。

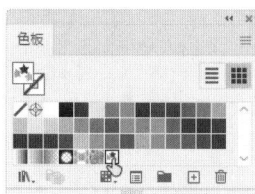

图 5-103

图 5-104

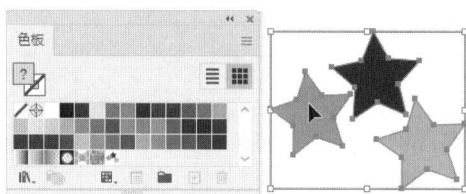

图 5-105　　　　　　　　　　图 5-106　　　　　　　　　　图 5-107

图 5-108　　　　　　　　　　　　　　　　　　图 5-109

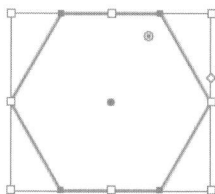

图 5-110　　　　　　　　　　图 5-111　　　　　　　　　　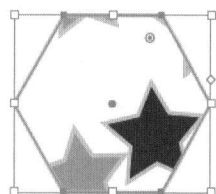

图 5-112

　　Illustrator 2022 自带一些图案库。选择"窗口 > 图形样式库"子菜单中的各种样式，可以加载不同的样式库。也可以选择"其他库"命令来加载外部样式库。

5.4.3　使用图案库

　　除了"色板"面板中提供的图案，Illustrator 2022 还提供了一些图案库。选择"窗口 > 色板库 > 其他库"命令，弹出"打开"对话框，"色板 > 图案"文件夹中包含系统提供的图案库，如图 5-113 所示。在文件夹中可以选择不同的图案库，选择后单击"打开"按钮，部分图案库如图 5-114 所示。

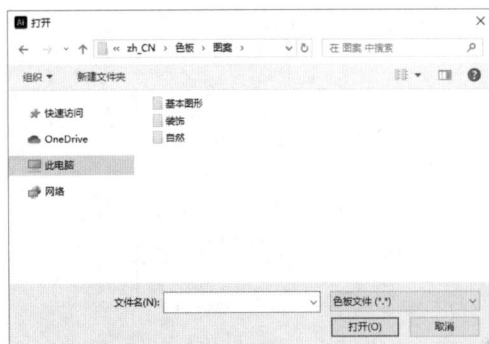

图 5-113

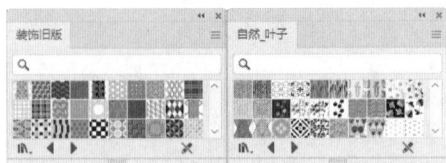

图 5-114

5.5 渐变网格填充

应用渐变网格填充功能可以方便地控制图形的颜色，还可以对图形进行多个方向、多种颜色的渐变填充。

5.5.1 建立渐变网格

1. 使用网格工具 ▦ 建立渐变网格

使用椭圆工具 ● 绘制椭圆形，保持其处于选取状态，效果如图 5-115 所示。选择网格工具 ▦，在椭圆形中单击，将椭圆形建立为渐变网格对象，椭圆形中增加了两条线，如图 5-116 所示。继续在椭圆形中单击，添加网格，效果如图 5-117 所示。横竖两条线交叉形成的点就是网格点，而横、竖线就是网格线。

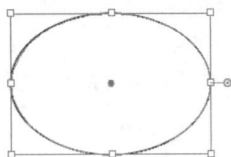

图 5-115

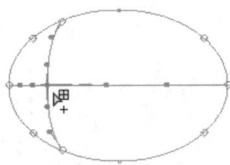

图 5-116

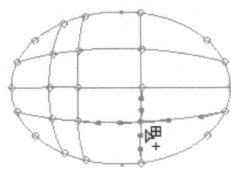

图 5-117

2. 使用"创建渐变网格"命令创建渐变网格

使用椭圆工具 ● 绘制椭圆形，保持其处于选取状态，效果如图 5-118 所示。选择"对象 > 创建渐变网格"命令，弹出"创建渐变网格"对话框，如图 5-119 所示。设置数值后，单击"确定"按钮，为图形创建渐变网格填充，效果如图 5-120 所示。

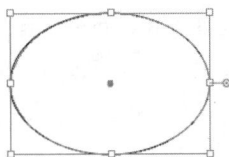

图 5-118

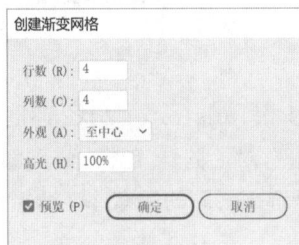

图 5-119

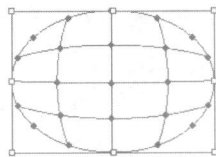

图 5-120

在"创建渐变网格"对话框中,"行数"选项用于设置水平方向上网格线的数量;"列数"选项用于设置垂直方向上网格线的数量;在"外观"下拉列表中可以选择创建渐变网格后图形高光处的表现方式,有"至淡色""至中心""至边缘"3种方式;"高光"选项用于设置高光处的强度,当数值为 0时,图形没有高光点,而是均匀的颜色填充。

5.5.2 编辑渐变网格

1. 添加网格点

使用椭圆工具 ● 绘制椭圆形,如图 5-121 所示。选择网格工具 圝,在椭圆形中单击,建立渐变网格对象,如图 5-122 所示。在椭圆形中的其他位置单击,添加网格点和网格线,如图 5-123所示。在网格线上单击,可以继续添加网格点,如图 5-124 所示。

2. 删除网格点

使用网格工具 圝 或直接选择工具 ▷ 选中网格点,如图 5-125 所示,按 Delete 键即可将网格点删除,效果如图 5-126 所示。

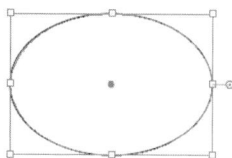
图 5-121

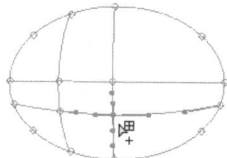
图 5-122

图 5-123

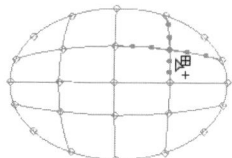
图 5-124

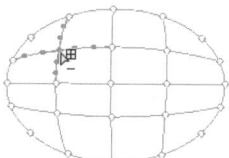
图 5-125

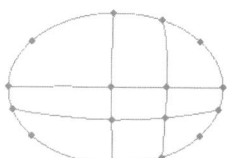
图 5-126

3. 编辑网格颜色

使用直接选择工具 ▷ 选中网格点,如图 5-127 所示。在"色板"面板中单击需要的颜色,如图 5-128所示,可以为网格点填充颜色,效果如图 5-129 所示。

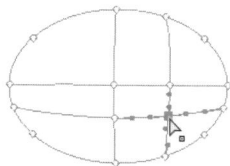
图 5-127

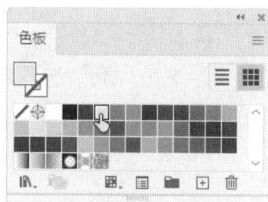
图 5-128

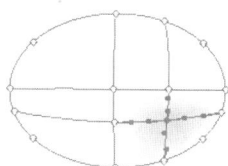
图 5-129

使用直接选择工具 ▷ 选中网格,如图 5-130 所示。在"色板"面板中单击需要的颜色,如图 5-131所示,可以为网格填充颜色,效果如图 5-132 所示。

选择网格工具 圝,拖曳网格点可以移动网格点,效果如图 5-133 所示。拖曳网格点的控制手柄可以调整网格线,效果如图 5-134 所示。

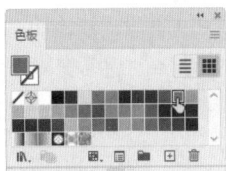
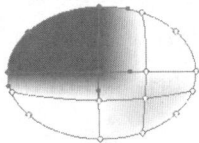

图 5-130　　　　　图 5-131　　　　　图 5-132　　　　　图 5-133　　　　　图 5-134

5.6　编辑描边

描边是指对象的描边线，对描边进行填充时，可以对其进行设置，如更改描边的形状、粗细以及设置为虚线描边等。

5.6.1　"描边"面板

选择"窗口 > 描边"命令（或按 Ctrl+F10 组合键），弹出"描边"面板，如图 5-135 所示。"描边"面板主要用来设置对象的描边属性，如粗细、形状等。

在"描边"面板中，通过"粗细"选项可设置描边的宽度；"端点"选项用于指定描边各线段的首端和尾端的样式，有平头端点、圆头端点和方头端点3种不同的端点样式；"边角"选项用于指定描边的拐点，即描边的拐角形状，有3种不同的拐角接合形式，分别为斜接连接、圆角连接和斜角连接；"限制"选项用于设置斜角的长度，它将决定描边沿路径改变方向时伸展的长度；"对齐描边"选项用于设置描边与路径的对齐方式，包括使描边居中对齐、使描边内侧对齐和使描边外侧对齐；勾选"虚线"复选框可以创建虚线描边。

图 5-135

5.6.2　设置描边的粗细

在"粗细"下拉列表中可设置描边的粗细，也可以直接输入合适的数值。

单击工具箱下方的描边按钮，使用星形工具绘制一个星形并保持其处于选取状态，效果如图 5-136 所示。在"描边"面板的"粗细"下拉列表中选择需要的描边粗细值，或者直接输入合适的数值。此处设置"粗细"选项为 20 pt，如图 5-137 所示，效果如图 5-138 所示。

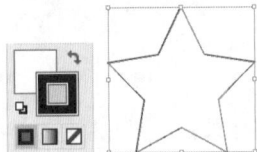
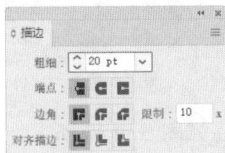

图 5-136　　　　　　　图 5-137　　　　　　　图 5-138

> **提示**
>
> 当要更改描边的单位时，可选择"编辑 > 首选项 > 单位"命令，弹出"首选项"对话框，在"描边"下拉列表中选择需要的描边单位。

5.6.3 设置描边的填充效果

使星形处于选取状态，如图 5-139 所示。在"色板"面板中选取填充样本，对象描边的填充效果如图 5-140 所示。

图 5-139

图 5-140

使星形处于选取状态，如图 5-141 所示。在"颜色"面板中设置颜色，如图 5-142 所示，或双击工具箱下方的描边按钮，弹出"拾色器"对话框，如图 5-143 所示。在对话框中可以设置需要的颜色，对象描边的颜色填充效果如图 5-144 所示。

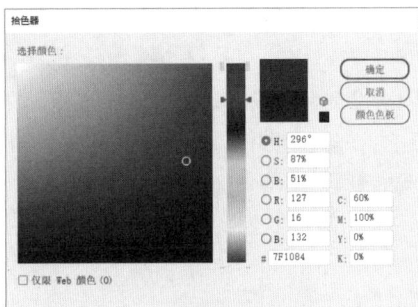

图 5-141　　　　图 5-142　　　　　　图 5-143　　　　　　图 5-144

5.6.4 编辑描边的样式

1. 设置"限制"选项

"限制"选项用于设置描边沿路径改变方向时的伸展长度。可以在其下拉列表中选择所需的数值，也可以在数值框中直接输入合适的数值，分别将"限制"选项设置为 2 和 20 时的对象描边效果如图 5-145 所示。

图 5-145

2. 设置"端点"和"边角"选项

端点是指描边的首端和尾端，可以为描边的首端和尾端设置不同的端点样式，从而改变描边端点的形状。使用钢笔工具绘制一段描边，分别单击"描边"面板中的端点样式按钮，选定的端点样式会应用到选定的描边中，如图 5-146 所示。

平头端点

圆头端点

方头端点

图 5-146

边角是指描边的拐点，边角样式是指描边拐角处的形状，有斜接连接、圆角连接和斜角连接3种不同的边角样式。绘制多边形的描边，分别单击"描边"面板中的边角样式按钮 ，选定的边角样式会应用到选定的描边中，如图5-147所示。

斜接连接　　　　　　　　圆角连接　　　　　　　　斜角连接

图 5-147

3. 设置"虚线"选项组

"虚线"选项组中有6个数值框，勾选"虚线"复选框，数值框被激活，"虚线"数值框中默认的值为12 pt，如图5-148所示。

"虚线"数值框用来设定每一段虚线段的长度，数值框中的数值越大，虚线就越长；数值越小，虚线就越短。设置不同虚线长度值的描边效果如图5-149所示。

"间隙"数值框用来设定虚线段之间的距离，输入的数值越大，虚线段之间的距离越大；反之，输入的数值越小，虚线段之间的距离就越小。设置不同虚线间隙的描边效果如图5-150所示。

图 5-148

图 5-149

图 5-150

4. 设置"箭头"选项

在"描边"面板中有两个可供选择的下拉列表 箭头：，左侧的是"起点的箭头"下拉列表，右侧的是"终点的箭头"下拉列表。选中要添加箭头的曲线，如图5-151所示。单击"起点的箭头"按钮 ，弹出下拉列表，选择需要的箭头样式，如图5-152所示。曲线的起始点会出现选择的箭头，效果如图5-153所示。单击"终点的箭头"按钮 ，弹出下拉列表，选择需要的箭头样式，如图5-154所示。曲线的终点会出现选择的箭头，效果如图5-155所示。

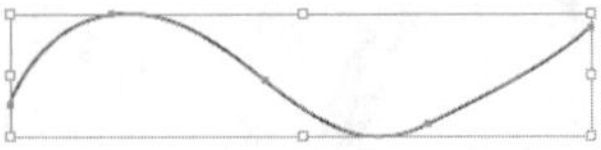

图 5-151 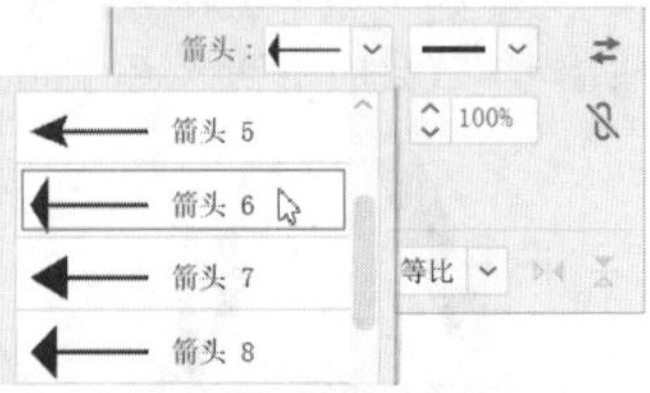　　　　　　　　图 5-152　　　　　　　　　图 5-153

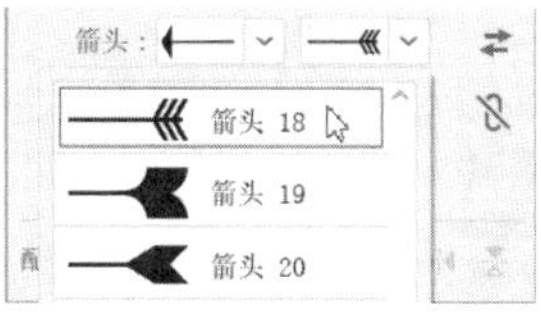

图 5-154 　　　　　　　　　　　　　　　　图 5-155

单击"互换箭头起始处和结束处"按钮 ⇄ 可以交换曲线的起始箭头和终点箭头。选中曲线，如图 5-156 所示。在"描边"面板中单击"互换箭头起始处和结束处"按钮 ⇄，如图 5-157 所示，效果如图 5-158 所示。

图 5-156 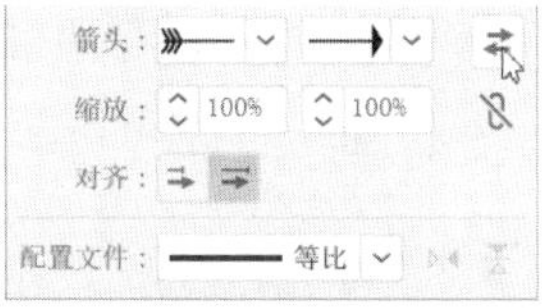　　　　　　　图 5-157 　　　　　　　图 5-158

在"缩放"选项中，左侧为"箭头起始处的缩放因子"数值框 ◌ 100%，右侧为"箭头结束处的缩放因子"数值框 ◌ 100%，在其中设置需要的数值，可以调整曲线的起始箭头和结束箭头的大小。选中要缩放的曲线，如图 5-159 所示。将"箭头起始处的缩放因子"数值框 ◌ 100% 设置为 200，如图 5-160 所示，效果如图 5-161 所示。将"箭头结束处的缩放因子"数值框 ◌ 100% 设置为 200，效果如图 5-162 所示。

图 5-159　　　　　　　图 5-160　　　　　　　图 5-161　　　　　　　图 5-162

单击"缩放"选项右侧的"链接箭头起始处和结束处缩放"按钮 🔗，可以同时改变起始箭头和结束箭头的大小。

在"对齐"选项中，左侧为"将箭头提示扩展到路径终点外"按钮 ⇥，右侧为"将箭头提示放置于路径终点处"按钮 ⇥，这两个按钮分别用于设置箭头在终点以外和箭头在终点处。选中曲线，如图 5-163 所示。单击"将箭头提示扩展到路径终点外"按钮 ⇥，如图 5-164 所示，效果如图 5-165 所示。单击"将箭头提示放置于路径终点处"按钮 ⇥，箭头在终点处显示，效果如图 5-166 所示。

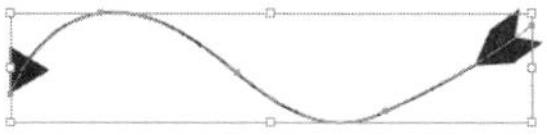

图 5-163 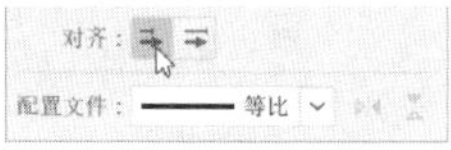　　　　　　　图 5-164 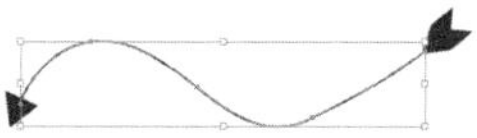　　　　　　　图 5-165 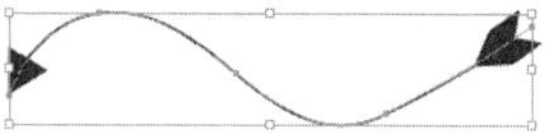　　　　　　　图 5-166

单击"配置文件"按钮 —— 等比 ✓，弹出宽度配置文件下拉列表，如图 5-167 所示。在下拉列表中选择任意宽度配置文件，可以改变曲线描边的形状。选中曲线，如图 5-168 所示。单击"配置文件"按钮 —— 等比 ✓，在弹出的下拉列表中选择任意宽度配置文件，如图 5-169 所示，效果如图 5-170 所示。

在"配置文件"按钮右侧有两个按钮，分别是"纵向翻转"按钮 ◁▷ 和"横向翻转"按钮 ⊼。单击"纵向翻转"按钮 ◁▷ 可以纵向翻转曲线描边。单击"横向翻转"按钮 ⊼ 可以横向翻转曲线描边。

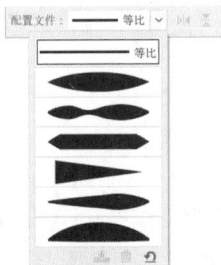

图 5-167　　　　　　图 5-168　　　　　　图 5-169　　　　　　图 5-170

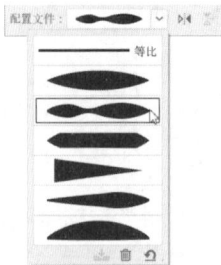

5.7　使用符号

　　符号是一种存储在"符号"面板中，并且可以重复使用的对象。Illustrator 2022 提供了"符号"面板，专门用来创建、存储和编辑符号。

　　当需要多次制作同样的对象，并需要对对象进行多次类似的编辑操作时，可以使用符号来完成，以大大提高效率、节省时间。例如，在网站设计中需要多次应用某个按钮的图样，这时可以将这个按钮的图样定义为符号范例，以便重复使用该按钮符号。利用符号工具组中的工具可以对符号范例进行各种编辑操作。默认设置下的"符号"面板如图 5-171 所示。

　　如果在插图中应用了符号集合，那么在使用选择工具选取符号范例时，会选中整个符号集合。此时，被选中的符号集合只能被移动，而不能被编辑。图 5-172 所示为应用到插图中的符号范例与符号集合。

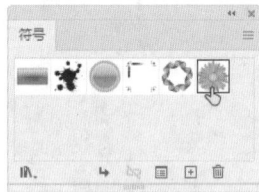

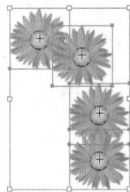

图 5-171　　　　　　图 5-172

> **提示**　　Illustrator 2022 中的各种对象（如普通的图形、文本对象、复合路径、渐变网格等）均可以被定义为符号。

5.7.1　课堂案例——绘制航天科技插图

案例学习目标

学习使用"符号库"命令绘制航天科技插图。

案例知识要点

　　使用"疯狂科学"命令、"徽标元素"命令添加符号，使用"断开链接"按钮、渐变工具、比例缩放工具、镜像工具编辑符号，航天科技插图效果如图 5-173 所示。

图 5-173

⊙ 效果所在位置

云盘\Ch05\效果\绘制航天科技插图.ai。

（1）按 Ctrl+O 组合键，弹出"打开"对话框。选择云盘中的"Ch05 > 素材 > 绘制航天科技插图 > 01"文件，单击"打开"按钮，打开文件，如图 5-174 所示。

（2）选择"窗口 > 符号库 > 疯狂科学"命令，弹出"疯狂科学"面板，选取需要的符号"月球"，如图 5-175 所示。拖曳符号到页面外，效果如图 5-176 所示。

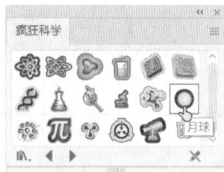

| 图 5-174 | 图 5-175 | 图 5-176 |

（3）在工具属性栏中单击"断开链接"按钮，断开符号链接，如图 5-177 所示。选择选择工具 ▶，按住 Shift 键的同时，依次单击不需要的图形，如图 5-178 所示，按 Delete 键将其删除，效果如图 5-179 所示。

（4）选取需要的渐变图形，如图 5-180 所示。选择"选择 > 相同 > 填充颜色"命令，填充颜色相同的图形被选中，如图 5-181 所示。

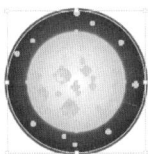

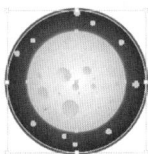

| 图 5-177 | 图 5-178 | 图 5-179 | 图 5-180 | 图 5-181 |

（5）双击渐变工具 ▣，弹出"渐变"面板，如图 5-182 所示。选中并设置 RGB 的值分别为 0（255、255、255）、37（248、176、204）、69（230、144、187）、100（230、91、197），其他选项的设置如图 5-183 所示。图形被填充为渐变色，效果如图 5-184 所示。

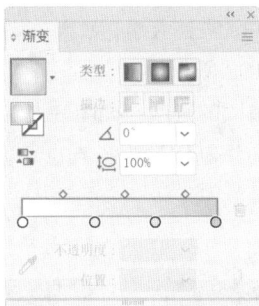

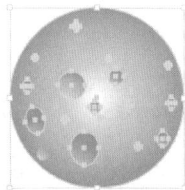

| 图 5-182 | 图 5-183 | 图 5-184 |

（6）选择选择工具 ▶，选取左下角的渐变图形，如图 5-185 所示。选择吸管工具 ✐，将鼠标指针放在粉色渐变图形上，如图 5-186 所示。单击，吸取粉色渐变图形的属性，效果如图 5-187 所示。

（7）选择选择工具 ▶，选取需要的渐变图形，如图 5-188 所示。双击比例缩放工具 ⊡，弹出"比例缩放"对话框，各选项的设置如图 5-189 所示。单击"复制"按钮，缩放并复制图形，效果如

图 5-190 所示。

图 5-185　　图 5-186　　图 5-187　　图 5-188　　　　图 5-189　　　　图 5-190

（8）在工具属性栏中将"不透明度"选项设为 20%，按 Enter 键确定操作，效果如图 5-191 所示。按 Ctrl+D 组合键，复制出一个图形，效果如图 5-192 所示。在工具属性栏中将"不透明度"选项设为 10%。按 Enter 键确定操作，效果如图 5-193 所示。

（9）选择选择工具▶，用框选的方法将绘制的图形同时选取，按 Ctrl+G 组合键，编组图形，如图 5-194 所示。双击镜像工具▷◁，弹出"镜像"对话框，各选项的设置如图 5-195 所示。单击"复制"按钮，镜像并复制图形，效果如图 5-196 所示。

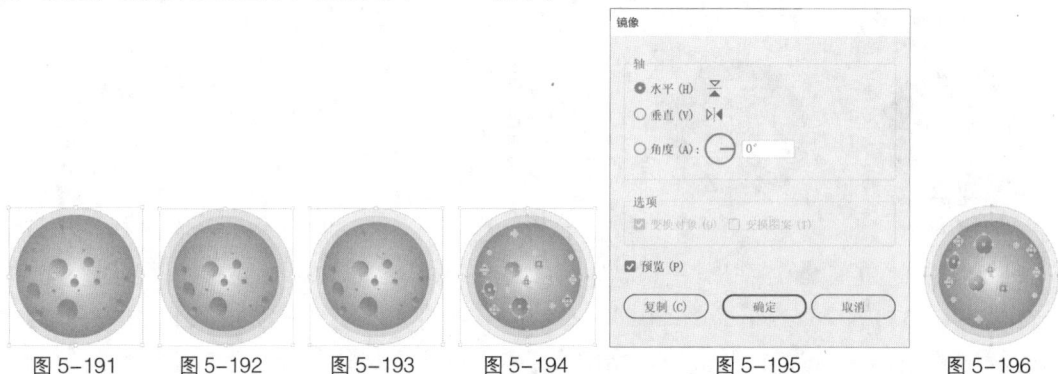

图 5-191　　图 5-192　　图 5-193　　图 5-194　　　　图 5-195　　　　图 5-196

（10）选择选择工具▶，拖曳编组图形到页面中适当的位置，并调整其大小，效果如图 5-197 所示。选择矩形工具▢，绘制一个与页面大小相等的矩形，如图 5-198 所示。

（11）选择选择工具▶，按住 Shift 键的同时，单击下方图形将其同时选取，如图 5-199 所示。按 Ctrl+7 组合键，建立剪切蒙版，效果如图 5-200 所示。用相同的方法制作其他颜色的星球，效果如图 5-201 所示。

图 5-197　　　图 5-198　　　图 5-199　　　图 5-200　　　图 5-201

（12）选择"窗口 > 符号库 > 徽标元素"命令，弹出"徽标元素"面板，选取需要的符号"火箭"，如图 5-202 所示。拖曳符号到页面中适当的位置，并调整其大小，效果如图 5-203 所示。

（13）按 Ctrl+O 组合键，弹出"打开"对话框。选择云盘中的"Ch05 > 素材 > 绘制航天科技插图 > 02"文件，单击"打开"按钮，打开文件。选择选择工具 ▶，选取需要的图形，按 Ctrl+C 组合键，复制图形。选择正在编辑的页面，按 Ctrl+V 组合键，将复制的图形粘贴到页面中，并拖曳到适当的位置，效果如图 5-204 所示。航天科技插图绘制完成，效果如图 5-205 所示。

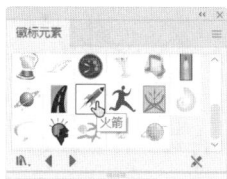

图 5-202

图 5-203

图 5-204

图 5-205

5.7.2 "符号"面板

"符号"面板具有创建、编辑和存储符号的功能。单击面板右上方的 ≡ 图标，弹出的菜单如图 5-206 所示。

在"符号"面板下方有以下 6 个按钮。

"符号库菜单"按钮 📖：单击该按钮，弹出符号库菜单，其中包含多种符号库，可供用户调用。

"置入符号实例"按钮 ↳：将当前选中的符号范例放置在页面的中心。

"断开符号链接"按钮 ✄：断开添加到插图中的符号范例与"符号"面板的链接。

"符号选项"按钮 ▤：单击该按钮可以打开"符号选项"对话框。

图 5-206

"新建符号"按钮 ⊡：单击该按钮可以将选中的对象添加到"符号"面板中。

"删除符号"按钮 🗑：单击该按钮可以删除"符号"面板中被选中的符号。

5.7.3 创建和应用符号

1. 创建符号

单击"新建符号"按钮 ⊡ 可以将选中的对象添加到"符号"面板中作为符号。

将选中的对象直接拖曳到"符号"面板中，弹出"符号选项"对话框，单击"确定"按钮，可以创建符号，如图 5-207 所示。

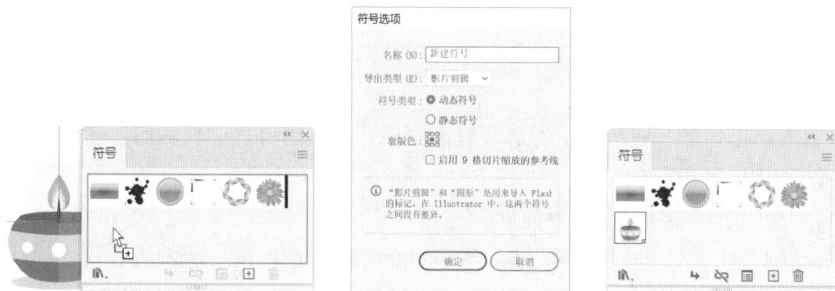

图 5-207

2. **应用符号**

在"符号"面板中选中需要的符号，直接将其拖曳到当前插图中，得到一个符号范例，如图 5-208 所示。

使用符号喷枪工具 📷 可以同时创建多个符号范例，并且可以将它们作为一个符号集合。

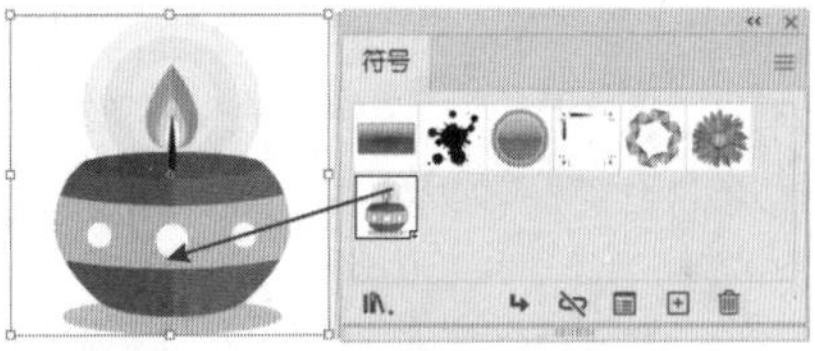

图 5-208

5.7.4　使用符号工具

Illustrator 2022 工具箱的符号工具组中提供了 8 个符号工具，展开的符号工具组如图 5-209 所示。

符号喷枪工具 📷：用于创建符号集合，可以将"符号"面板中的符号对象应用到插图中。

符号移位器工具 📷：用于移动符号范例。

符号紧缩器工具 📷：用于对符号范例进行缩紧变形。

符号缩放器工具 📷：用于对符号范例进行放大操作。按住 Alt 键，可以对符号范例进行缩小操作。

符号旋转器工具 📷：用于对符号范例进行旋转操作。

符号着色器工具 📷：使用当前颜色填充符号范例。

符号滤色器工具 📷：用于提高符号范例的透明度。按住 Alt 键，可以降低符号范例的透明度。

符号样式器工具 📷：用于将当前样式应用到符号范例中。

双击任意符号工具，弹出"符号工具选项"对话框，如图 5-210 所示，可在其中设置符号工具的属性。

图 5-209

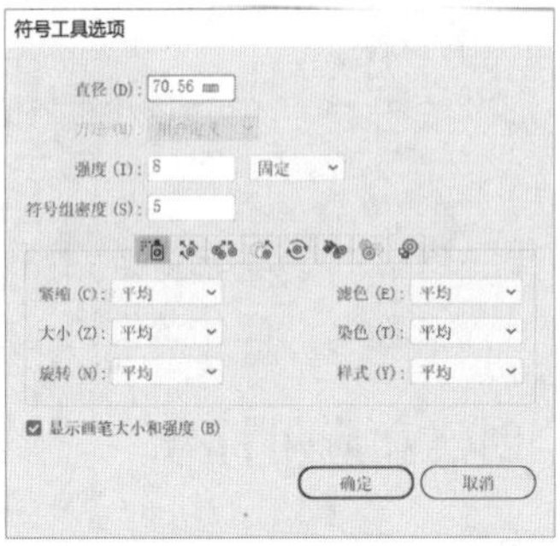

图 5-210

"直径"选项：用于设置笔刷直径。

"强度"选项：用于设定拖曳鼠标时，符号范例变化的速度，数值越大，被操作的符号范例的变化速度越快。

"符号组密度"选项：用于设定符号集合中符号范例的密度，数值越大，符号集合包含的符号范例就越多。

"显示画笔大小和强度"复选框：勾选该复选框后，在使用符号工具时可以看到笔刷，不勾选该复选框则不显示笔刷。

使用符号工具应用符号的具体操作如下。

选择符号喷枪工具 📷，鼠标指针变成一个中间有喷壶的圆形 📷，如图 5-211 所示。在"符号"面板中选取需要的符号，如图 5-212 所示。

在页面上按住鼠标左键并拖曳鼠标，符号喷枪工具将沿着拖曳的轨迹喷射出多个符号范例，这些符号范例将组成一个符号集合，如图 5-213 所示。

图 5-211

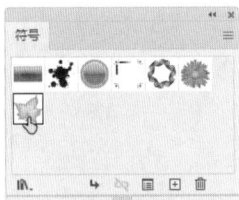

图 5-212

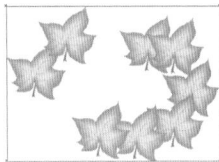

图 5-213

使用选择工具 ▶ 选中符号集合，再选择符号移位器工具 ◉，将鼠标指针移到要移动的符号范例上，按住鼠标左键并拖曳鼠标，圆形图标中的符号范例将随鼠标指针移动，如图 5-214 所示。

使用选择工具 ▶ 选中符号集合，选择符号紧缩器工具 ◉，将鼠标指针移到要进行缩紧变形的符号范例上，按住鼠标左键并拖曳鼠标，符号范例缩紧，如图 5-215 所示。

使用选择工具 ▶ 选中符号集合，选择符号缩放器工具 ◉，将鼠标指针移到要调整大小的符号范例上，按住鼠标左键并拖曳鼠标，圆形图标中的符号范例将变大，如图 5-216 所示。按住 Alt 键，可缩小符号范例。

使用选择工具 ▶ 选中符号集合，选择符号旋转器工具 ◉，将鼠标指针移到要旋转的符号范例上，按住鼠标左键并拖曳鼠标，圆形图标中的符号范例将旋转，如图 5-217 所示。

图 5-214

图 5-215

图 5-216

图 5-217

在"色板"面板或"颜色"面板中设定一种颜色作为当前色，使用选择工具 ▶ 选中符号集合，选择符号着色器工具 ◉；将鼠标指针移到要填充颜色的符号范例上，按住鼠标左键并拖曳鼠标，在圆形图标中的符号范例被填充为当前色，如图 5-218 所示。

使用选择工具 ▶ 选中符号集合，选择符号滤镜器工具 ◉，将鼠标指针移到要改变透明度的符号范例上，按住鼠标左键并拖曳鼠标，圆形图标中的符号范例的透明度将提高，如图 5-219 所示。按住 Alt 键，可以降低符号范例的透明度。

使用选择工具 ▶ 选中符号集合，选择符号样式器工具 ◉，在"图形样式"面板中选择一种样式；将鼠标指针移到要改变样式的符号范例上，按住鼠标左键并拖曳鼠标，圆形图标中的符号范例的样式将改变，如图 5-220 所示。

使用选择工具 ▶ 选中符号集合，选择符号喷枪工具 ◉，按住 Alt 键，在要删除的符号范例上按住鼠标左键并拖曳鼠标，鼠标指针经过的区域中的符号范例被删除，如图 5-221 所示。

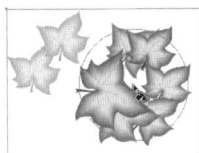

图 5-218

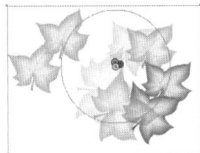

图 5-219

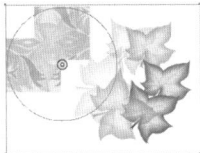

图 5-220

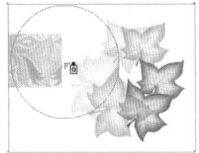

图 5-221

课堂练习——制作金融理财 App 弹窗

🔗 练习知识要点

使用矩形工具、椭圆工具、"变换"命令、"路径查找器"命令和渐变工具制作红包袋，使用圆角矩形工具、渐变工具和文字工具绘制领取按钮，金融理财 App 弹窗效果如图 5-222 所示。

图 5-222

微课

制作金融理财 App
弹窗

◎ 效果所在位置

云盘\Ch05\效果\制作金融理财 App 弹窗.ai。

课后习题——制作化妆品 Banner

微课

制作化妆品 Banner

🔗 习题知识要点

使用矩形工具、直接选择工具和填充工具绘制背景，使用"投影"命令为边框添加投影效果，使用钢笔工具、渐变工具、"创建渐变网格"命令、矩形工具和圆角矩形工具绘制香水瓶，化妆品 Banner 效果如图 5-223 所示。

◎ 效果所在位置

云盘\Ch05\效果\制作化妆品 Banner.ai。

图 5-223

06

第6章
文本的编辑

本章介绍

　　Illustrator 2022 提供了强大的文本编辑和图文混排功能，用户可以对文本对象进行各种变换和编辑操作，还可以通过应用各种外观和样式属性，制作出绚丽多彩的文本效果。

学习目标

- ✔ 熟练掌握创建文本的方法。
- ✔ 掌握编辑文本的技巧。
- ✔ 熟练掌握"字符"面板的使用方法。
- ✔ 掌握设置段落格式的技巧。
- ✔ 掌握分栏和链接文本的方法。
- ✔ 掌握图文混排的方法。

技能目标

- ✔ 掌握夏季换新电商广告的制作方法。
- ✔ 掌握陶艺展览海报的制作方法。

素养目标

- ✔ 加强文字功底。
- ✔ 培养良好的文字组织与排版能力。

6.1 创建文本

按住文字工具 T，展开文字工具组，单击工具组右侧的 按钮，可使文字工具组从工具箱中分离出来，如图 6-1 所示。

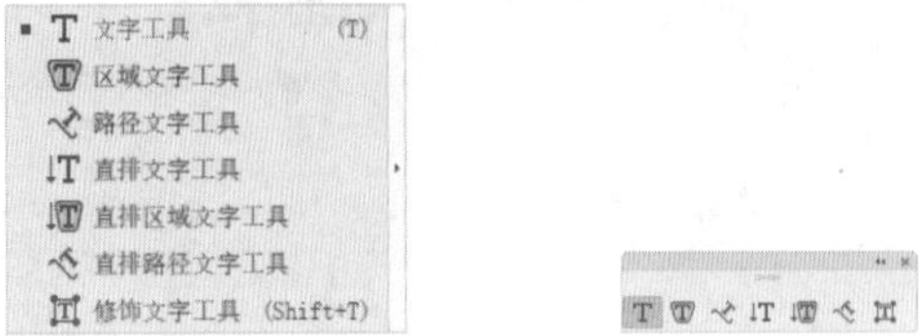

图 6-1

文字工具组中有 7 种文字工具，前 6 种工具用于输入各种类型的文字，以满足不同的文字处理需要，第七种工具用于对文字进行修饰操作。7 种文字工具依次为文字工具 T、区域文字工具、路径文字工具、直排文字工具 T、直排区域文字工具、直排路径文字工具、修饰文字工具。

可以直接输入文字，也可通过选择"文件 > 置入"命令从外部置入文字。选择不同的文字工具，对应的鼠标指针也不同，如图 6-2 所示。

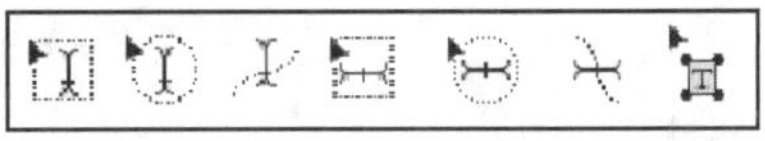

图 6-2

6.1.1 文字工具的使用

利用文字工具 T 和直排文字工具 T 可以创建沿水平方向和垂直方向排列的文本。

1. 输入点文本

选择文字工具 T 或直排文字工具 T，在页面中单击，出现一个带有选中文本的文本区域，如图 6-3 所示，切换到需要的输入法并输入文本，如图 6-4 所示。

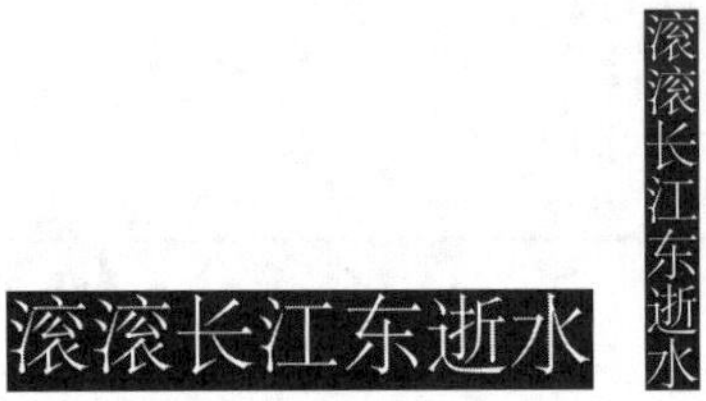

图 6-3

图 6-4

> **提示**
>
> 需要换行时，按 Enter 键即可。

结束文字的输入后，使用选择工具 ▶ 选中输入的文字，文字周围将出现选择框，文本上的细线是文字基线，如图 6-5 所示。

2. 输入文本块

使用文字工具 T 或直排文字工具 T 可以绘制一个文本框，然后在文本框中输入文字。

选择文字工具 T 或直排文字工具 T，在页面中需要输入文

图 6-5

字的位置按住鼠标左键并拖曳,如图 6-6 所示。当绘制的文本框大小符合需要时,释放鼠标,页面中出现一个边框为蓝色且带有选中文本的矩形文本框,如图 6-7 所示。

可以在矩形文本框中输入文字,输入的文字将在指定的区域内排列,如图 6-8 所示。当输入的文字超出矩形文本框的边界时,文字将自动换行,文本块的效果如图 6-9 所示。

 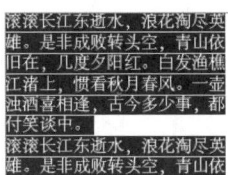 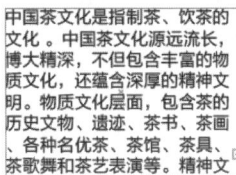 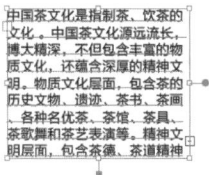

图 6-6   图 6-7   图 6-8   图 6-9

3. 转换点文本和文本块

在 Illustrator 2022 中,文本框的外侧出现空心状的转换点 ⊢○ 表示当前文本为点文本,出现实心状的转换点 ⊢● 表示当前文本为文本块。双击转换点可将点文本转换为文本块,或将文本块转换为点文本。

使用选择工具 ▶ 选取输入的文本块,如图 6-10 所示。双击右侧的转换点,如图 6-11 所示,文本块转换为点文本,如图 6-12 所示。再次双击转换点,可将点文本转换为文本块,如图 6-13 所示。

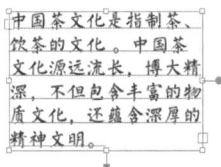 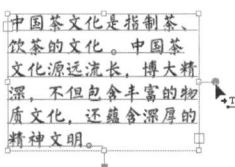 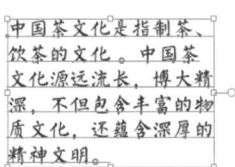 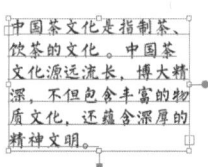

图 6-10   图 6-11   图 6-12   图 6-13

6.1.2 区域文字工具的使用

在 Illustrator 2022 中还可以创建任意形状的文本对象。

绘制一个图形对象并填充颜色,如图 6-14 所示。选择文字工具 T 或区域文字工具 ⊤,当鼠标指针移动到图形对象的边框上时,鼠标指针变成 I 形状,如图 6-15 所示。在图形对象上单击,图形对象的和描边属性被取消,图形对象转换为文本路径,且图形对象内出现一个带有选中文本的区域,如图 6-16 所示。

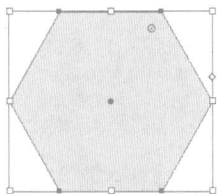 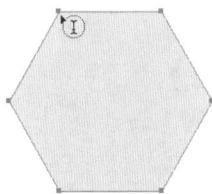 

图 6-14   图 6-15   图 6-16

在选中文本的区域输入文字,输入的文本会按水平方向在该区域内排列。如果输入的文字超出文本路径所能容纳的范围,将出现文本溢出的现象,这时文本路径的右下角会出现 ⊞ 图标,如图 6-17 所示。

使用选择工具 ▶ 选中文本路径,拖曳文本路径周围的控制手柄可调整文本路径的大小,以显示所有的文字,效果如图 6-18 所示。

直排文字工具 |T|和直排区域文字工具 |▥|的使用方法与文字工具 |T| 的使用方法是一样的，但直排文字工具 |T|和直排区域文字工具 |▥|在文本路径中创建的是竖排文字，如图 6-19 所示。

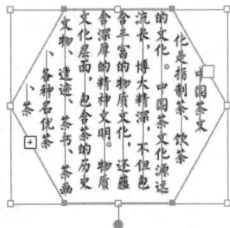

图 6-17　　　　　　　　　图 6-18　　　　　　　　图 6-19

6.1.3　路径文字工具的使用

使用路径文字工具 |✓| 和直排路径文字工具 |✓| 可以在创建文本时，让文本沿着开放路径或闭合路径的边缘进行水平或垂直排列，路径可以是规则或不规则的。如果使用这两种工具，原来的路径将不再具有填充和描边属性。

1．创建路径文本

（1）沿路径创建水平方向的文本

使用钢笔工具 |✐| 在页面上绘制一个任意形状的开放路径，如图 6-20 所示。使用路径文字工具 |✓| 在绘制好的路径上单击，路径将转换为文本路径，且带有选中文本，如图 6-21 所示。

在选中文本区域输入需要的文字，文字会沿着路径排列，文字的基线与路径是平行的，效果如图 6-22 所示。

图 6-20　　　　　　　　　　图 6-21　　　　　　　　　图 6-22

（2）沿路径创建垂直方向的文本

使用钢笔工具 |✐| 在页面上绘制一个任意形状的开放路径，使用直排路径文字工具 |✓| 在绘制好的路径上单击，路径将转换为文本路径，且带有选中文本，如图 6-23 所示。

在选中文本区域输入需要的文字，文字会沿着路径排列，文字的基线与路径是垂直的，效果如图 6-24 所示。

图 6-23　　　　　　　　　　图 6-24

2．编辑路径文本

如果对创建的路径文本不满意，可以对其进行编辑。

选择选择工具 |▶| 或直接选择工具 |▷|，选取要编辑的路径文本，文本开始处会出现 I 形符号，如图 6-25 所示。

拖曳文本开始处的 I 形符号，可沿路径移动文本，效果如图 6-26 所示。向路径相反的方向拖曳

I形符号，文本会翻转方向，效果如图6-27所示。

图6-25

图6-26

图6-27

6.2 编辑文本

在Illustrator 2022中，可以使用选择工具和菜单命令对文本块进行编辑，也可以使用修饰文本工具对文本框中的文本单独进行编辑。

6.2.1 课堂案例——制作夏季换新电商广告

📸 案例学习目标

学习使用文字工具和修饰文字工具制作夏季换新电商广告。

🔒 案例知识要点

使用文字工具输入文字，使用修饰文字工具调整文字基线，使用椭圆工具和矩形工具绘制装饰图形，夏季换新电商广告效果如图6-28所示。

微课

制作夏季换新
电商广告

图6-28

◎ 效果所在位置

云盘\Ch06\效果\制作夏季换新电商广告.ai。

（1）按Ctrl+N组合键，弹出"新建文档"对话框。设置文档的宽度为1920 px，高度为850 px，方向为横向，颜色模式为RGB颜色，光栅效果为屏幕（72 ppi），单击"创建"按钮，新建一个文档。

（2）选择矩形工具 ▣，绘制一个与页面大小相等的矩形，设置填充色（RGB的值分别为255、195、81），填充图形，并设置描边色为无，效果如图6-29所示。使用矩形工具 ▣在右侧再绘制一个矩形，设置填充色（RGB的值分别为74、181、255），填充图形，并设置描边色为无，效果如图6-30所示。

图6-29

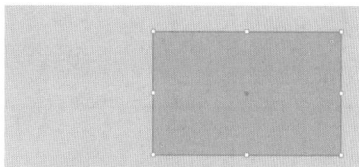
图6-30

（3）在工具属性栏中将"不透明度"选项设为70%，按Enter键确定操作，效果如图6-31所示。使用矩形工具 ▣在左侧再绘制一个矩形，如图6-32所示。

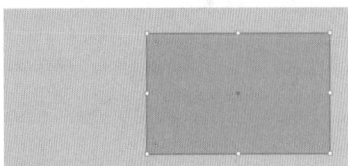

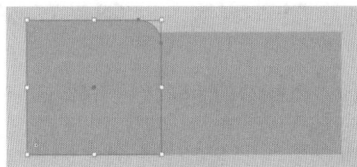

图 6-31 图 6-32

（4）选择"窗口 > 变换"命令，弹出"变换"面板。在"矩形属性"选项组中将"圆角半径"
选项设为 0 px 和 120 px，如图 6-33 所示。按 Enter 键确定操作，效果如图 6-34 所示。

图 6-33 图 6-34

（5）选择"文件 > 置入"命令，弹出"置入"对话框。选择云盘中的"Ch06 > 素材 > 制作夏
季换新电商广告 > 01"文件，单击"置入"按钮，在页面中置入图片，单击工具属性栏中的"嵌入"
按钮，嵌入图片。选择选择工具 ，拖曳图片到适当的位置，并调整其大小，效果如图 6-35 所示。
按 Ctrl+ [组合键，将图片后移一层，效果如图 6-36 所示。

图 6-35 图 6-36

（6）按住 Shift 键的同时，单击上方蓝色圆角矩形将其同时选取，如图 6-37 所示。按 Ctrl+7 组
合键，建立剪切蒙版，效果如图 6-38 所示。

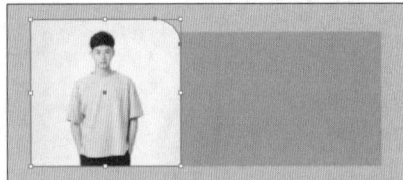

图 6-37 图 6-38

（7）选择文字工具 ，在适当的位置输入需要的文字。选择选择工具 ，在工具属性栏中选择
合适的字体并设置文字大小，填充文字为白色，效果如图 6-39 所示。

（8）按 Ctrl+T 组合键，弹出"字符"面板。将"设置所选字符的字距调整"选项 设为 200，
其他选项的设置如图 6-40 所示。按 Enter 键确定操作，效果如图 6-41 所示。

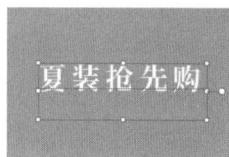

图 6-39　　　　　　　　　　　图 6-40　　　　　　　　　　　图 6-41

（9）选择修饰文字工具，选取需要编辑的文字"装"，如图 6-42 所示。垂直向下拖曳文字左下角的节点到适当的位置，如图 6-43 所示，释放鼠标，调整文字的基线偏移，效果如图 6-44 所示。

图 6-42　　　　　　　　　　　图 6-43　　　　　　　　　　　图 6-44

（10）用相同的方法调整文字"先"，效果如图 6-45 所示。选择椭圆工具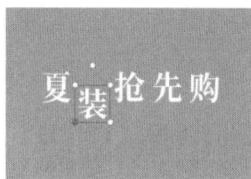，按住 Shift 键的同时，在适当的位置绘制一个圆形，设置填充色（RGB 的值分别为 255、195、81），填充图形，并设置描边色为无，效果如图 6-46 所示。连续按 Ctrl+［组合键，将圆形后移至适当的位置，效果如图 6-47 所示。

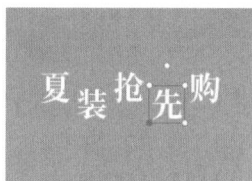

图 6-45　　　　　　　　　　　图 6-46　　　　　　　　　　　图 6-47

（11）选择文字工具，在适当的位置分别输入需要的文字。选择选择工具▶，在工具属性栏中分别选择合适的字体并设置文字大小，填充文字为白色，效果如图 6-48 所示。

（12）选取文字"活动……08"，在"字符"面板中将"设置所选字符的字距调整"选项设为100，其他选项的设置如图 6-49 所示。按 Enter 键确定操作，效果如图 6-50 所示。

图 6-48　　　　　　　　　　　图 6-49　　　　　　　　　　　图 6-50

（13）选取需要的文字，设置填充色（RGB 的值分别为 43、77、161），填充文字，效果如图 6-51所示。选择选择工具▶，按住 Shift 键的同时，单击下方白色文字将其同时选取，在"字符"面板中将"设置所选字符的字距调整"选项设为 200，其他选项的设置如图 6-52 所示。按 Enter 键确定操作，效果如图 6-53 所示。

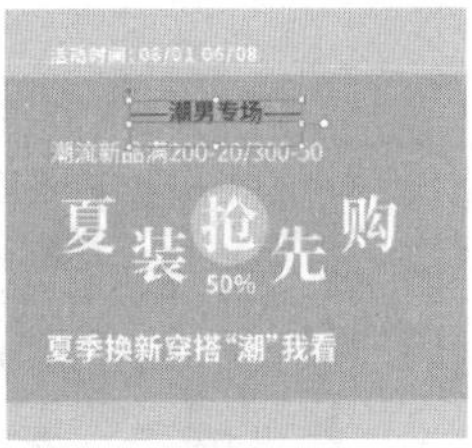

图 6-51 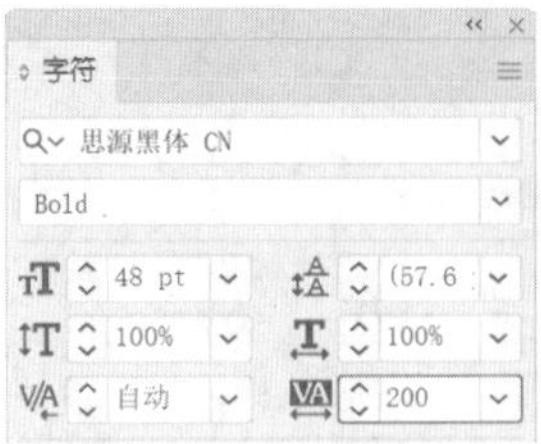　　　　　　　　图 6-52 　　　　　　　　图 6-53

（14）选取文字"夏季……'潮'我看"，在"字符"面板中将"设置所选字符的字距调整"选项 VA 设为 260，其他选项的设置如图 6-54 所示。按 Enter 键确定操作，效果如图 6-55 所示。

图 6-54 　　　　　　　　　　　　　图 6-55

（15）选择矩形工具 ■，在适当的位置绘制一个矩形，设置填充色（RGB 的值分别为 43、77、161），填充图形，并设置描边色为无，效果如图 6-56 所示。连续按 Ctrl+ [组合键，将矩形后移至适当的位置，效果如图 6-57 所示。

（16）使用矩形工具 ■ 在下方适当的位置再绘制一个矩形，按 Shift+X 组合键，互换填色和描边，效果如图 6-58 所示。在工具属性栏中将"描边粗细"选项设为 3 pt，按 Enter 键确定操作，效果如图 6-59 所示。

图 6-56 　　　　　　图 6-57 　　　　　　图 6-58 　　　　　　图 6-59

（17）按 Ctrl+O 组合键，弹出"打开"对话框。选择云盘中的"Ch06 > 素材 > 制作夏季换新电商广告 > 02"文件，单击"打开"按钮，打开文件。选择选择工具 ▶，选取需要的图形，按 Ctrl+C 组合键，复制图形。选择正在编辑的页面，按 Ctrl+V 组合键，将复制的图形粘贴到页面中，并拖曳到适当的位置，效果如图 6-60 所示。夏季换新电商广告制作完成，效果如图 6-61 所示。

图 6-60

图 6-61

6.2.2　编辑文本块

使用选择工具和菜单命令可以改变文本框的形状，以便编辑文本。

使用选择工具 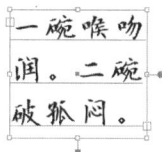 选取文本。完全选中的文本块包括内部文字与文本框。文本块被选中的时候，文字中的基线会显示出来，如图 6-62 所示。

图 6-62

提示

编辑文本前，必须选中文本。

当文本对象完全被选中后，可通过拖动来调整其位置。选择"对象 > 变换 > 移动"命令，弹出"移动"对话框，可以通过设置数值来精确移动文本对象。

选择选择工具 ▶，拖动文本框上的控制手柄，可以改变文本框的大小，如图 6-63 所示。释放鼠标，效果如图 6-64 所示。

使用比例缩放工具 ⊡ 可以对选中的文本对象进行缩放，如图 6-65 所示。选择"对象 > 变换 > 缩放"命令，弹出"比例缩放"对话框，可以通过设置数值精确缩放文本对象，效果如图 6-66 所示。

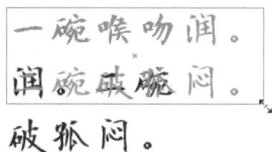

图 6-63

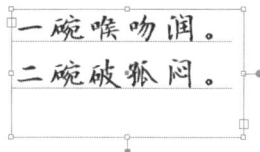

图 6-64

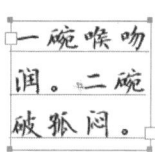

图 6-65

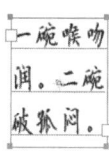

图 6-66

编辑部分文字时，先选择文字工具 T，移动鼠标指针到文本上，按住鼠标左键并拖曳，即可选中部分文本。选中的文本将反白显示，效果如图 6-67 所示。

使用选择工具 ▶ 在文本区域内双击，进入文本编辑状态。在文本编辑状态下，双击一句话即可选中这句话；按 Ctrl+A 组合键，可以选中整个段落，如图 6-68 所示。

选择"对象 > 路径 > 清理"命令，弹出"清理"对话框，如图 6-69 所示，勾选"空文本路径"复选框可以删除空的文本路径。

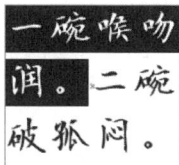

图 6-67

图 6-68

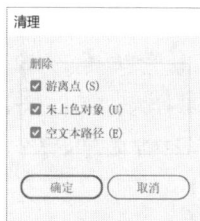

图 6-69

提示

在其他的软件中复制文本，再在 Illustrator 2022 中选择"编辑 > 粘贴" 命令，可以将其他软件中的文本粘贴到 Illustrator 2022 中。

6.2.3　修饰文字工具的使用

使用修饰文字工具 ![修饰文字工具图标] 可以对文本框中的文本进行属性设置和编辑操作。

选择修饰文字工具 ![修饰文字工具图标]，选取需要编辑的文字，如图 6-70 所示，在工具属性栏中设置合适的字体和文字大小，效果如图 6-71 所示。再次选取需要编辑的文字，如图 6-72 所示，拖曳文字右下角的节点以调整文字的水平比例，如图 6-73 所示。释放鼠标，效果如图 6-74 所示。拖曳文字左上角的节点可以调整文字的垂直比例，拖曳文字右上角的节点可以等比例缩放文字。

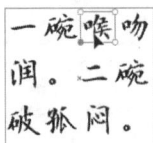
图 6-70

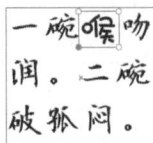
图 6-71

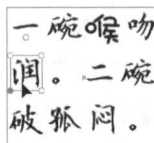
图 6-72

图 6-73

图 6-74

再次选取需要的文字，如图 6-75 所示。拖曳文字左下角的节点，调整文字的基线偏移，如图 6-76 所示。释放鼠标，效果如图 6-77 所示。将鼠标指针置于文字正上方的空心节点处，鼠标指针变为旋转图标，拖曳鼠标，如图 6-78 所示，文字旋转效果如图 6-79 所示。

图 6-75　　图 6-76　　图 6-77　　图 6-78　　图 6-79

6.2.4　创建文本轮廓

选中文本，选择"文字 > 创建轮廓"命令（或按 Shift+Ctrl+O 组合键），创建文本轮廓，如图 6-80 所示。将文本转换为轮廓后，可以对文本进行渐变填充，效果如图 6-81 所示，还可以对文本应用滤镜，效果如图 6-82 所示。

图 6-80

图 6-81

图 6-82

> **提示**
>
> 文本转换为轮廓后，将不再具有文本的一些属性，如果需要调整文本大小，应在将文本转换为轮廓前进行。将文本转换为轮廓时，会把文本块中的文本全部转换为路径。不能在一行文本内转换某个文字。

6.3　设置字符格式

在 Illustrator 2022 中可以设置字符的格式，包括文本的字体、字号、颜色和字符间距等。

选择"窗口 > 文字 > 字符"命令（或按 Ctrl+T 组合键），弹出"字符"
面板，如图 6-83 所示。

"设置字体系列"选项：单击该选项的下拉按钮 ⌄，可以在弹出的下拉列
表中选择需要的字体。

"设置字体大小"选项 **T̄T**：用于控制文本的大小，单击数值框左侧的上、
下微调按钮 ↕，可以逐级调整字号。

"设置行距"选项 **⫭A**：用于控制文本的行距，即文本中行与行之间的距离。

"垂直缩放"选项 **↕T**：用于调整文字的纵向尺寸（横向尺寸保持不变），
缩放比例小于 100％表示文字被压扁，大于 100％表示文字被拉长。

图 6-83

"水平缩放"选项 **T̲**：用于调整文字的横向尺寸（纵向尺寸保持不变），缩放比例小于 100％表示
文字被压扁，大于 100％表示文字被拉伸。

"设置两个字符间的字距微调"选项 **V/A**：用于调整两个字符之间的水平距离。输入正值时，字距
变大，输入负值时，字距变小。

"设置所选字符的字距调整"选项 **VA**：用于调整字符与字符之间的距离。

"设置基线偏移"选项 **A꜀**：用于调节文字的上下位置。可以通过此选项设置文字为上标或下标。
设置为正值表示文字上移，设置为负值表示文字下移。

"字符旋转"选项 **T̄**：用于设置字符的旋转角度。

6.3.1 课堂案例——制作陶艺展览海报

✍ 案例学习目标

学习使用文字工具和"字符"面板制作陶艺展览海报。

🔒 案例知识要点

使用"置入"命令导入陶瓷图片，使用文字工具、"字符"面板添加展
览信息，使用"字形"面板添加字形符号，陶艺展览海报效果如图 6-84
所示。

◉ 效果所在位置

云盘\Ch06\效果\制作陶艺展览海报.ai。

（1）按 Ctrl+N 组合键，弹出"新建文档"对话框。设置文档的宽度为
210 mm，高度为 285 mm，方向为竖向，颜色模式为 CMYK 颜色，光栅
效果为高（300 ppi），单击"创建"按钮，新建一个文档。

（2）选择矩形工具 ▢，绘制一个与页面大小相等的矩形，设置填充色为浅灰色（CMYK 的
值分别为 6、5、5、0），填充图形，并设置描边色为无，效果如图 6-85 所示。

（3）选择直排文字工具 **⫶T̲**，在页面中输入需要的文字。选择选择工具 ▶，在工具属性栏中选择
合适的字体并设置文字大小，效果如图 6-86 所示。设置填充色为蓝绿色（CMYK 的值分别为 85、

微课

制作陶艺展览海报

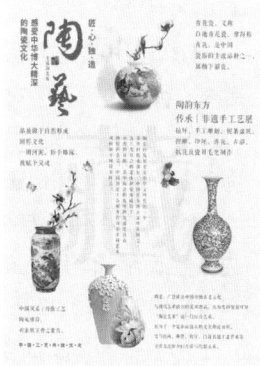

图 6-84

62、61、17），填充文字，效果如图 6-87 所示。

（4）选择直排文字工具 ，在适当的位置分别输入需要的文字。选择选择工具 ，在工具属性栏中分别选择合适的字体并设置文字大小，效果如图 6-88 所示。按住 Shift 键，将输入的文字同时选取，设置填充色为深灰色（CMYK 的值分别为 0、0、0、80），填充文字，效果如图 6-89 所示。

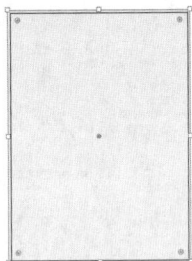
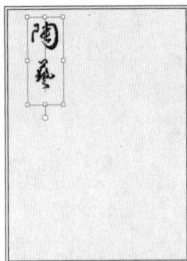
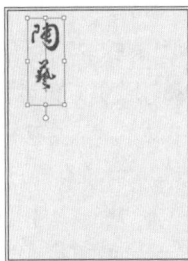

图 6-85 图 6-86 图 6-87 图 6-88 图 6-89

（5）按 Ctrl+T 组合键，弹出"字符"面板，将"设置所选字符的字距调整"选项 设为 50，其他选项的设置如图 6-90 所示。按 Enter 键确定操作，效果如图 6-91 所示。

（6）选择直排文字工具 ，在文字"匠"下方单击，如图 6-92 所示。选择"文字 > 字形"命令，弹出"字形"面板，设置字体并选择需要的字形，如图 6-93 所示。双击以插入字形，效果如图 6-94 所示。

图 6-90 图 6-91 图 6-92 图 6-93 图 6-94

（7）用相同的方法在其他文字下方插入相同的字形，效果如图 6-95 所示。选择"文件 > 置入"命令，弹出"置入"对话框，选择云盘中的"Ch06 > 素材 > 制作陶艺展览海报 > 01"文件，单击"置入"按钮，在页面中置入图片，单击工具属性栏中的"嵌入"按钮，嵌入图片。选择选择工具 ，拖曳图片到适当的位置，并调整其大小，效果如图 6-96 所示。

（8）选择直排文字工具 ，在适当的位置输入需要的文字。选择选择工具 ，在工具属性栏中选择合适的字体并设置文字大小。设置填充色为深灰色（CMYK 的值分别为 0、0、0、80），填充文字，效果如图 6-97 所示。

（9）在"字符"面板中将"设置所选字符的字距调整"选项 设为 120，其他选项的设置如图 6-98 所示。按 Enter 键确定操作，效果如图 6-99 所示。

（10）选择"文件 > 置入"命令，弹出"置入"对话框。选择云盘中的"Ch06 > 素材 > 制作陶艺展览海报 > 02"文件，单击"置入"按钮，在页面中置入图片，单击工具属性栏中的"嵌入"按钮，嵌入图片。选择选择工具 ，拖曳图片到适当的位置，并调整其大小，效果如图 6-100 所示。

图 6-95

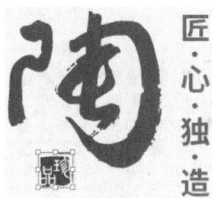
图 6-96

图 6-97

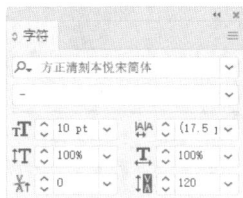
图 6-98　　　　　图 6-99

（11）选择文字工具 T，在适当的位置输入需要的文字。选择选择工具 ▶，在工具属性栏中选择合适的字体并设置文字大小。设置填充色为深灰色（CMYK 的值分别为 0、0、0、80），填充文字，效果如图 6-101 所示。

（12）在"字符"面板中将"设置所选字符的字距调整"选项 ⅧА 设为 50，其他选项的设置如图 6-102 所示。按 Enter 键确定操作，效果如图 6-103 所示。

图 6-100　　　　　图 6-101

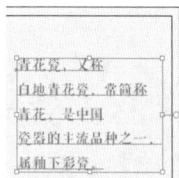
图 6-102　　　　　图 6-103

（13）用相同的方法置入其他图片并添加相应的文字，效果如图 6-104 所示。选择文字工具 T，在适当的位置输入需要的文字。选择选择工具 ▶，在工具属性栏中选择合适的字体并设置文字大小。设置填充色为浅棕色（CMYK 的值分别为 11、11、12、0），填充文字，效果如图 6-105 所示。

（14）在工具属性栏中将"不透明度"选项设为 70%，按 Enter 键确定操作，效果如图 6-106 所示。连续按 Ctrl+ [组合键，将文字后移至适当的位置，效果如图 6-107 所示。

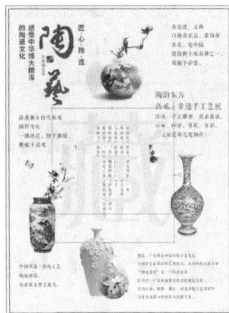
图 6-104　　　　　图 6-105

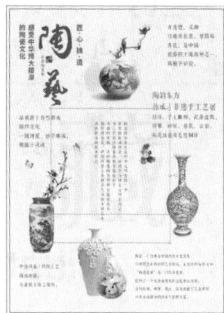
图 6-106　　　　　图 6-107

（15）选择文字工具 T，在适当的位置输入需要的文字。选择选择工具 ▶，在工具属性栏中选择合适的字体并设置文字大小。设置填充色为深灰色（CMYK 的值分别为 0、0、0、80），填充文字，效果如图 6-108 所示。选择文字工具 T，在文字"中"的右侧单击，如图 6-109 所示。

（16）选择"文字 > 字形"命令，弹出"字形"面板，设置字体并选择需要的字形，如图 6-110 所示。双击以插入字形，效果如图 6-111 所示。

图 6-108　　　　　　　图 6-109　　　　　　　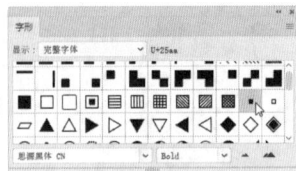

图 6-110　　　　　　　

图 6-111

（17）用相同的方法在其他文字右侧插入相同的字形，效果如图 6-112 所示。陶艺展览海报制作完成，效果如图 6-113 所示。

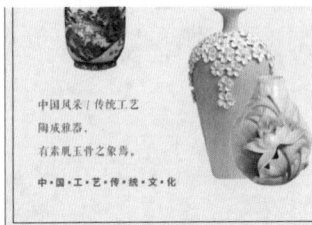

图 6-112

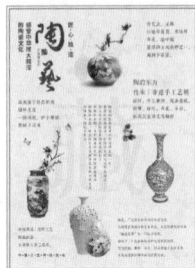

图 6-113

6.3.2　设置字体和字号

打开"字符"面板，在"设置字体系列"下拉列表中选择一种字体即可将该字体应用到选中的文字中，各种字体的效果如图 6-114 所示。

Illustrator 2022 提供的每种字体都有一定的字形，如常规、加粗和斜体等，字形的具体选项因字体而定。

> 提示　默认字号单位为 pt，72pt 相当于 1 英寸（约为 2.54 厘米）。默认状态下字号为 12pt，可调整的范围为 0.1 ~ 1296。

图 6-114

设置字体的具体操作如下。

选中部分文本，如图 6-115 所示。选择"窗口 > 文字 > 字符"命令，弹出"字符"面板，在"设置字体系列"下拉列表中选择一种字体，如图 6-116 所示；或选择"文字 > 字体"命令，在列出的字体中进行选择，更改字体后的效果如图 6-117 所示。

选中文本，单击"设置字体大小"选项 🇹 ⬍ 12 pt ⌄ 的下拉按钮⌄，在弹出的下拉列表中可以选择字号；也可以通过单击数值框左侧的上、下微调按钮⬍来调整字号大小。文本字号分别为 14 pt 和

16 pt 时的效果如图 6-118 和图 6-119 所示。

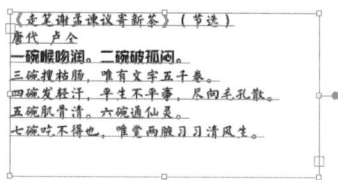

图 6-115　　　　　　　图 6-116　　　　　　　图 6-117

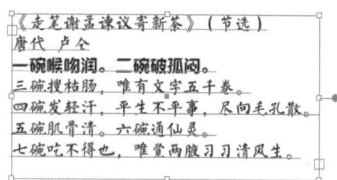

图 6-118　　　　　　　　　　　图 6-119

6.3.3　设置行距

　　行距是指文本中行与行之间的距离。如果没有自定义行距，系统将以最合适的参数设置行距。

　　选中文本，如图 6-120 所示。在"字符"面板的"设置行距"选项 的数值框中输入数值，可以调整行与行之间的距离。设置"行距"选项为 22 pt，按 Enter 键确认，效果如图 6-121 所示。

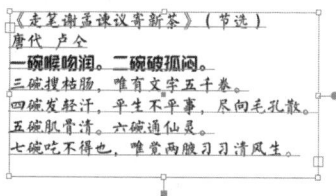

图 6-120　　　　　　　　　　　图 6-121

6.3.4　设置水平或垂直缩放

　　改变文本的字号时，它的高度和宽度将同时改变，而利用"垂直缩放"选项 或"水平缩放"选项 可以单独改变文本的高度和宽度。

　　默认状态下，对于横排的文本，调整"垂直缩放"选项 时，文字的宽度不变，高度改变；调整"水平缩放"选项 时，文字高度不变，宽度改变。对于竖排的文本，调整"垂直缩放"选项 会改变文本的宽度，调整"水平缩放"选项 会改变文本的高度。

　　选中文本，如图 6-122 所示，文本为默认状态下的效果。设置"垂直缩放"选项 为 175%，按 Enter 键确认，文字的垂直缩放效果如图 6-123 所示。

设置"水平缩放"选项 I 为 175%，按 Enter 键确认，文字的水平缩放效果如图 6-124 所示。

图 6-122 　　　　　　图 6-123 　　　　　　图 6-124

6.3.5　调整字距

当需要调整文字或字符之间的距离时，可使用"字符"面板中的"设置两个字符间的字距微调"选项 VA 和"设置所选字符的字距调整"选项 VA。"设置两个字符间的字距微调"选项 VA 用来控制两个文字或字符之间的距离。"设置所选字符的字距调整"选项 VA 用于控制两个或多个选中文字或字符之间的距离。

选中要设定字距的文字，如图 6-125 所示。在"字符"面板的"设置两个字符间的字距微调"下拉列表中选择"自动"选项，这时程序会以最合适的参数值设置选中文字的间距。

图 6-125

> **提示**　在"设置两个字符间的字距微调"选项的数值框中输入 0 时，将关闭自动调整文字间距的功能。

将光标定位到需要调整间距的两个文字或字符之间，如图 6-126 所示。在"设置两个字符间的字距微调"选项 VA 的数值框中输入数值，可以调整两个文字或字符之间的距离。设置该选项 300，按 Enter 键确认，效果如图 6-127 所示。设置该选项为 -300，按 Enter 键确认，效果如图 6-128 所示。

图 6-126 　　　　　　图 6-127 　　　　　　图 6-128

选中整个文本对象，如图 6-129 所示，在"设置所选字符的字距调整"选项 VA 的数值框中输入数值，可以调整文本字符间的距离。设置该选项为 200，按 Enter 键确认，效果如图 6-130 所示。设置该选项为 -200，按 Enter 键确认，效果如图 6-131 所示。

图 6-129　　　　　　图 6-130　　　　　　图 6-131

6.3.6　设置基线偏移

基线偏移是指改变文字与基线的距离，从而调整选中文字相对于其他文字的排列位置，达到突出显示的目的。使用"基线偏移"选项 A 可以创建上标或下标，或在不改变文本方向的情况下，更改路径文本在路径上的排列位置。

如果"设置基线偏移"选项 A 在"字符"面板中是隐藏的，可以在"字符"面板菜单中选择"显示选项"命令，如图 6-132 所示，显示出"基线偏移"选项 A，如图 6-133 所示。

图 6-132

图 6-133

"设置基线偏移"选项 A_4^a 可以改变文本在路径上的位置。文本在路径的外侧时选中文本，如图 6-134 所示。设置"设置基线偏移"选项 A_4^a 为-30，按 Enter 键确认，文本移动到路径的内侧，效果如图 6-135 所示。

中国茶文化

图 6-134

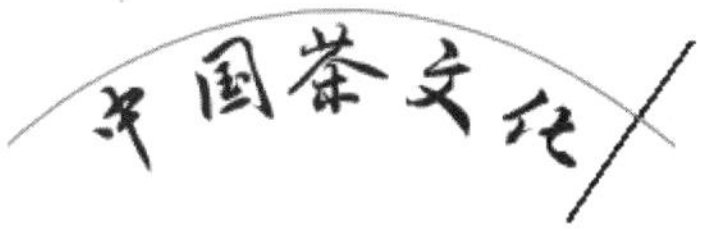

中国茶文化

图 6-135

通过"设置基线偏移"选项 A_4^a 还可以创建上标和下标。输入需要的数值，如图 6-136 所示，将表示平方的字符"2"选中并设置较小的字号，如图 6-137 所示。设置"基线偏移"选项 A_4^a 为28，按 Enter 键确认，效果如图 6-138 所示。使用相同的方法创建其他上标，效果如图 6-139 所示。

$2\ 2 + 5\ 2 = 2\ 9$
图 6-136

$2\ 2 + 5\ 2 = 2\ 9$
图 6-137

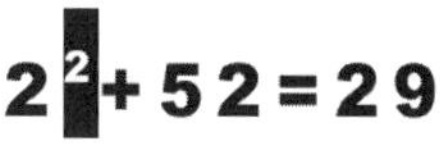

$2\ 2 + 5\ 2 = 2\ 9$
图 6-138

$2^2 + 5^2 = 2\ 9$
图 6-139

> **提示**
> 若要取消基线偏移的效果，选择相应的文本后，设置"基线偏移"选项为 0 即可。

6.3.7　文本的颜色和变换

Illustrator 2022 中的文本和图形一样，具有填充和描边属性。在默认状态下，文本的描边颜色为无，填充颜色为黑色。

使用工具箱中的填色或描边按钮，可以将文字设置在填充或描边状态。使用"颜色"面板可以设置文本的填充颜色和描边颜色。使用"色板"面板中的颜色和图案可以为文本上色和填充图案。

> **提示**
> 在对文本进行轮廓化处理前，渐变效果不能应用到文本上。

选中文本，在工具箱中单击填色按钮，如图 6-140 所示。在"色板"面板中选择需要的颜色，

　　如图 6-141 所示，文本的颜色填充效果如图 6-142 所示。在"色板"面板中选择需要的图案，如图 6-143 所示，文本的图案填充效果如图 6-144 所示。

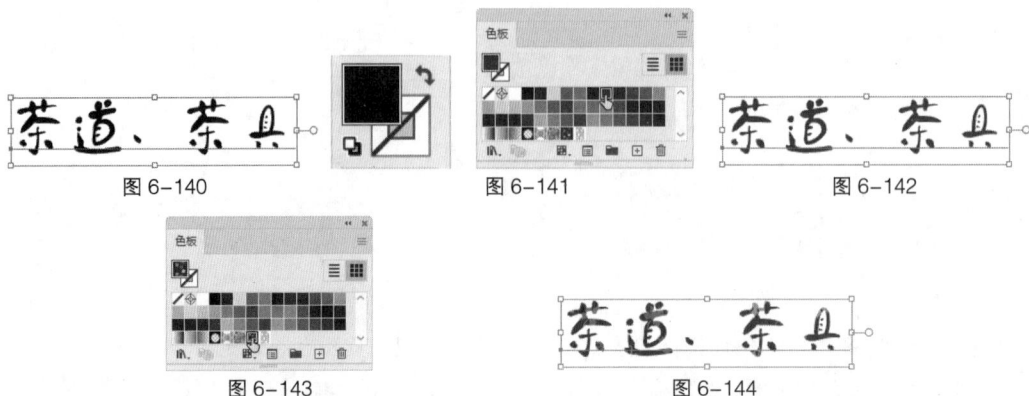

图 6-140　　　　　　　　　　　图 6-141　　　　　　　　　　　图 6-142

图 6-143　　　　　　　　　　　　　图 6-144

　　选中文本，在工具箱中单击描边按钮，在"描边"面板中设置描边的宽度，如图 6-145 所示，文本的描边效果如图 6-146 所示。在"色板"面板中选择需要的图案，如图 6-147 所示，文本描边的图案填充效果如图 6-148 所示。

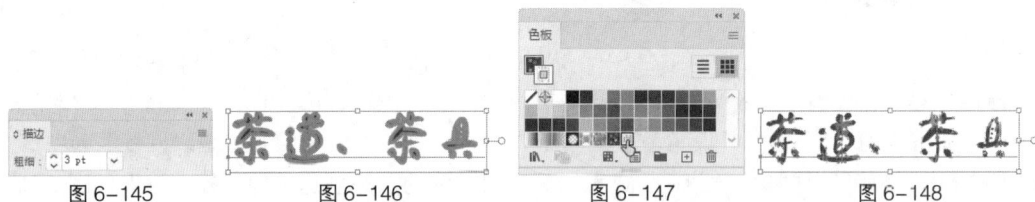

图 6-145　　　　　　图 6-146　　　　　　图 6-147　　　　　　图 6-148

　　选择"对象 > 变换"命令或变换工具，可以对文本进行变换。选中要变换的文本，再利用各种变换工具对文本进行旋转、缩放和倾斜等操作。文本的倾斜效果如图 6-149 所示，旋转效果如图 6-150 所示，对称效果如图 6-151 所示。

图 6-149　　　　　　　　　图 6-150　　　　　　　　　图 6-151

6.4　设置段落格式

　　在"段落"面板中可设置文本的对齐方式、段落缩进、段落间距以及制表符等，可用于处理较长的文本。选择"窗口 > 文字 > 段落"命令（或按 Alt+Ctrl+T 组合键），弹出"段落"面板，如图 6-152 所示。

6.4.1　文本对齐

　　文本对齐是指段落中的文本按一定的标准有序地排列。Illustrator 2022 提供了 7 种文本对齐方式，分别为"左对齐""居中对齐""右对齐"

图 6-152

"两端对齐，末行左对齐""两端对齐，末行居中对齐""两端对齐，末行右对齐""全部两端对齐"。

选中要对齐的段落文本，单击"段落"面板中的对齐方式按钮，应用不同对齐方式的段落文本效果如图 6-153 所示。

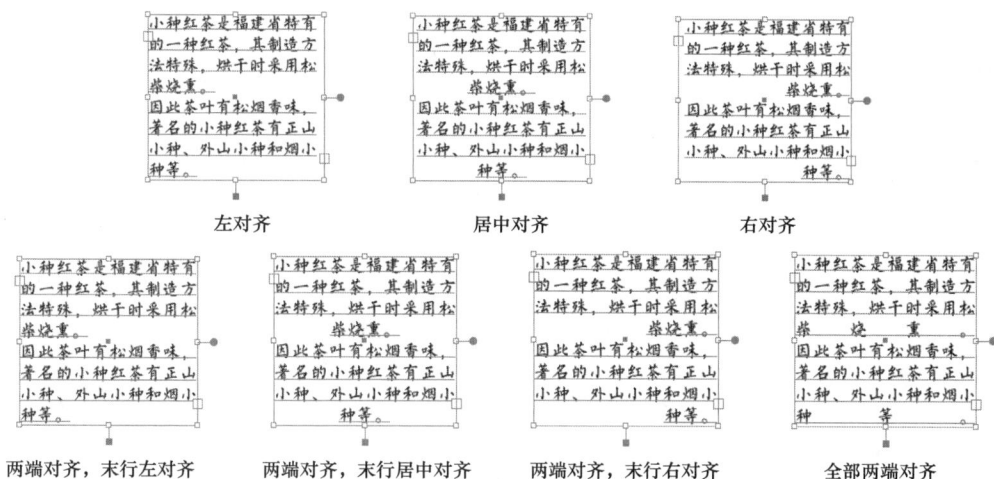

| 左对齐 | 居中对齐 | 右对齐 |

| 两端对齐，末行左对齐 | 两端对齐，末行居中对齐 | 两端对齐，末行右对齐 | 全部两端对齐 |

图 6-153

6.4.2　段落缩进

段落缩进是指段落文本开始时需要空出的字符位置。选定的段落文本可以是文本块、区域文本或路径文本。段落缩进有 5 种方式："左缩进""右缩进""首行左缩进""段前间距""段后间距"。

选中段落文本，单击"左缩进"按钮 、"右缩进"按钮 或"首行左缩进"按钮 右边的上、下微调按钮 ，一次可以调整 1pt。还可以在"左缩进""右缩进""首行左缩进"数值框内输入合适的数值。

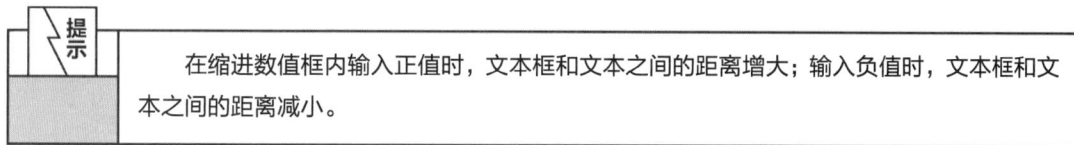

> **提示**
>
> 在缩进数值框内输入正值时，文本框和文本之间的距离增大；输入负值时，文本框和文本之间的距离减小。

应用"段前间距" 和"段后间距" ，可以设置段落间的距离。

选中要缩进的段落文本，单击"段落"面板中的缩进方式按钮，应用不同缩进方式的段落文本效果如图 6-154 所示。

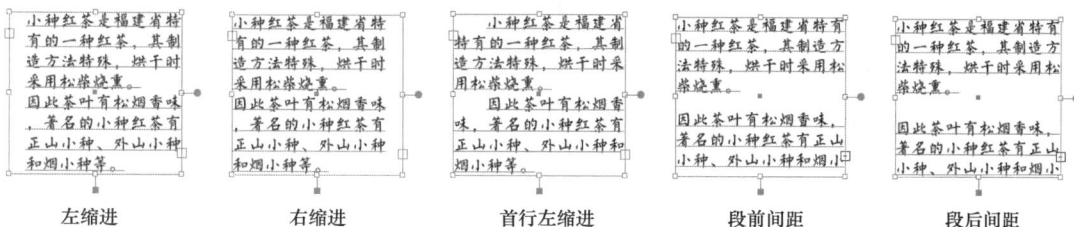

| 左缩进 | 右缩进 | 首行左缩进 | 段前间距 | 段后间距 |

图 6-154

6.5 分栏和链接文本

在 Illustrator 2022 中，长段落文本经常采用分栏形式。分栏时，可自动创建链接文本，也可手动创建文本的链接。

6.5.1 创建文本分栏

在 Illustrator 2022 中，可以对选中的文本块进行分栏。不能对点文本或路径文本进行分栏，也不能对一个文本块中的部分文本进行分栏。

选中要进行分栏的文本块，如图 6-155 所示，选择"文字 > 区域文字选项"命令，弹出"区域文字选项"对话框，如图 6-156 所示。

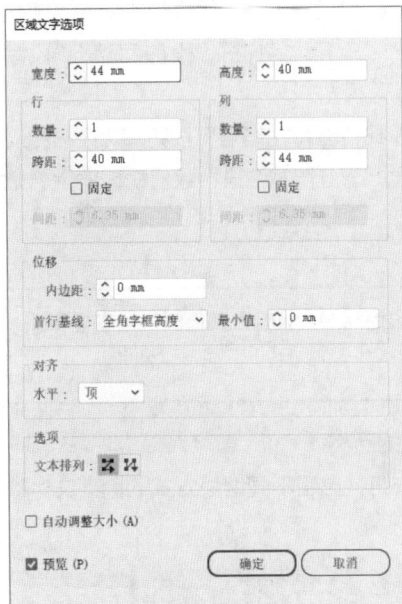

图 6-155

在"行"选项组的"数量"数值框中输入行数，所有的行高度相等，建立文本分栏后可以改变各行的高度。"跨距"选项用于设置行的高度。

在"列"选项组的"数量"数值框中输入栏数，所有的栏宽度相等，建立文本分栏后可以改变各栏的宽度。"跨距"选项用于设置栏的宽度。

单击"文本排列"选项中的按钮 文本排列：⬚ ⬚，可以设置文本流在链接时的排列方式，图标上的方向箭头表示文本流的排列方向。

在"区域文字选项"对话框中进行设置，如图 6-157 所示，单击"确定"按钮创建文本分栏，效果如图 6-158 所示。

图 6-156　　　　　图 6-157

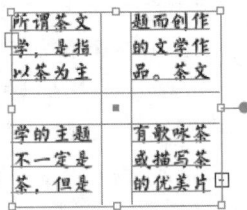

图 6-158

6.5.2 链接文本块

如果文本块出现文本溢出的现象，可以调整文本块的大小以显示所有的文本，也可以将溢出的文本链接到另一个文本框中，还可以进行多个文本框的链接。点文本和路径文本不能被链接。

选择有文本溢出的文本块，文本框的右下角出现⊞图标。绘制一条闭合路径或创建一个文本框，同时将文本块和闭合路径选中，如图 6-159 所示。

选择"文字 > 串接文本 > 创建"命令，左边文本框中溢出的文本会自动移到右边的闭合路径中，效果如图 6-160 所示。

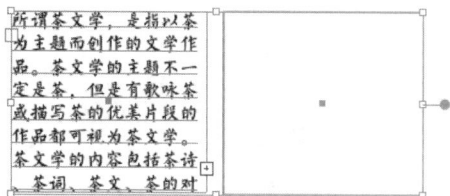

图 6-159   图 6-160

如果右边的文本框中还有文本溢出，可以继续添加文本框来链接溢出的文本，方法同上。链接的多个文本框其实是一个文本块。选择"文字 > 串接文本 > 释放所选文字"命令，可以解除各文本框之间的链接状态。

6.6 图文混排

图文混排效果在版式设计中经常使用，使用文本绕排命令可以制作出图文混排效果。文本绕排对整个文本块起作用，对文本块中的部分文本，以及点文本、路径文本等不能进行文本绕排。

在文本块上放置图形并调整好其位置，同时选中文本块和图形，如图 6-161 所示。选择"对象 > 文本绕排 > 建立"命令，建立文本绕排，文本和图形结合在一起，效果如图 6-162 所示。要添加绕排的图形，可先将图形放置在文本块上，再选择"对象 > 文本绕排 > 建立"命令，文本将会重新排列，效果如图 6-163 所示。

图 6-161    图 6-162    图 6-163

选中文本绕排对象，选择"对象 > 文本绕排 > 释放"命令，可以取消文本绕排。

> **提示**
>
> 图形必须放置在文本块之上才能进行文本绕排。

课堂练习——制作古琴文化展宣传海报

练习知识要点

使用"置入"命令添加海报背景，使用文字工具、"字符"面板添加广告内容，使用"字形"命令插入字形符号，古琴文化展宣传海报效果如图 6-164 所示。

效果所在位置

云盘\Ch06\效果\制作古琴文化展宣传海报.ai。

微课

制作古琴文化展
宣传海报

图 6-164

课后习题——制作传统扎染工艺推广广告

习题知识要点

使用"置入"命令置入素材图片，使用文字工具、"字符"面板添加推广信息，使用钢笔工具、路径文字工具制作路径文字，使用椭圆工具、直接选择工具、"将所选锚点转换为尖角"按钮和渐变工具制作水滴形状，传统扎染工艺推广广告效果如图 6-165 所示。

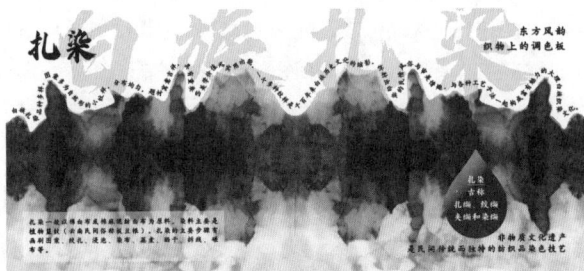

图 6-165

微课

制作传统扎染工艺
推广广告

效果所在位置

云盘\Ch06\效果\制作传统扎染工艺推广广告.ai。

07

第 7 章
图表的编辑

本章介绍

Illustrator 2022 不仅具有强大的绘图功能，还具有强大的图表处理功能。本章将系统地介绍 Illustrator 2022 提供的9 种基本图表形式。使用图表工具，可以创建不同类型的图表，以更好地表现复杂的数据。另外，自定义图表各部分的颜色，以及将创建的图案应用到图表中，能更加生动地表现数据内容。

学习目标

- ✔ 掌握图表的创建方法。
- ✔ 掌握图表的属性设置。
- ✔ 掌握自定义图表图案的方法。

技能目标

- ✔ 掌握餐饮行业收入规模图表的制作方法。
- ✔ 掌握家装消费统计图表的制作方法。

素养目标

- ✔ 培养商业思维。
- ✔ 提高对数据的敏感度。

7.1 创建图表

在 Illustrator 2022 中有 9 种不同的图表工具，利用这些工具可以创建不同类型的图表。

7.1.1 课堂案例——制作餐饮行业收入规模图表

案例学习目标

学习使用图表工具、"图表类型"对话框制作餐饮行业收入规模图表。

案例知识要点

使用矩形工具、椭圆工具、"剪切蒙版"命令制作图表底图，使用柱形图工具、"图表类型"对话框和文字工具制作柱形图，使用文字工具、"字符"面板添加文字信息，餐饮行业收入规模图表效果如图 7-1 所示。

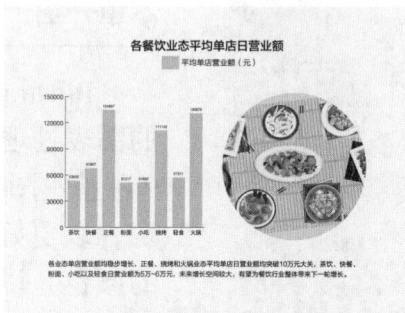
图 7-1

效果所在位置

云盘\Ch07\效果\制作餐饮行业收入规模图表.ai。

（1）按 Ctrl+N 组合键，弹出"新建文档"对话框。设置文档的宽度为 254 mm，高度为 190 mm，方向为横向，出血为 3 mm，颜色模式为 CMYK 颜色，光栅效果为高（300 ppi），单击"创建"按钮，新建一个文档。

（2）选择矩形工具 ▣，绘制一个与页面大小相等的矩形，设置填充色（CMYK 的值分别为 2、2、19、0），填充图形，并设置描边色为无，效果如图 7-2 所示。

（3）选择"文件 > 置入"命令，弹出"置入"对话框。选择云盘中的"Ch07 > 素材 > 制作餐饮行业收入规模图表 > 01"文件，单击"置入"按钮，在页面中置入图片，单击工具属性栏中的"嵌入"按钮，嵌入图片。选择选择工具 ▶，拖曳图片到适当的位置，效果如图 7-3 所示。选择椭圆工具 ◯，按住 Shift 键的同时，在适当的位置绘制一个圆形，效果如图 7-4 所示。

图 7-2　　　　　　　图 7-3　　　　　　　图 7-4

（4）选择选择工具 ▶，按住 Shift 键的同时，单击下方图片将其同时选取，如图 7-5 所示，按 Ctrl+7 组合键，建立剪切蒙版，效果如图 7-6 所示。

（5）选择文字工具 T，在页面中输入需要的文字。选择选择工具 ▶，在工具属性栏中选择合适的字体并设置文字大小，效果如图 7-7 所示。

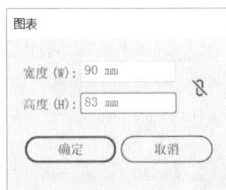

图 7-5　　　　　　　　　图 7-6　　　　　　　　　图 7-7

（6）选择柱形图工具 ，在页面中单击，弹出"图表"对话框，各选项的设置如图 7-8 所示。单击"确定"按钮，弹出"图表数据"对话框，单击"导入数据"按钮 ，弹出"导入图表数据"对话框。选择云盘中的"Ch07 > 素材 > 制作餐饮行业收入规模图表 > 数据信息"文件，单击"打开"按钮，导入需要的数据，效果如图 7-9 所示。

（7）导入数据后，单击"应用"按钮 ，再关闭"图表数据"对话框，建立柱形图，效果如图 7-10 所示。双击柱形图工具 ，弹出"图表类型"对话框，各选项的设置如图 7-11 所示。单击"确定"按钮，效果如图 7-12 所示。

图表

宽度（W）：90 mm

高度（H）：83 mm

确定　　取消

图 7-8

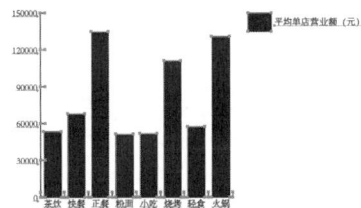

图 7-9　　　　　　　　　　　　　　　　　　图 7-10

图表类型

类别轴

刻度线

长度（H）：无

绘制（A）0　　个刻度线 / 刻度

☐ 在标签之间绘制刻度线（B）

确定　　取消

图 7-11

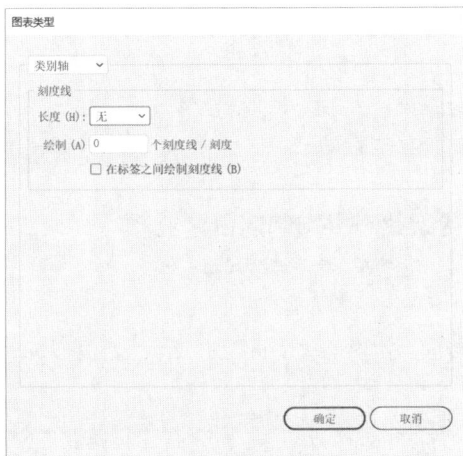

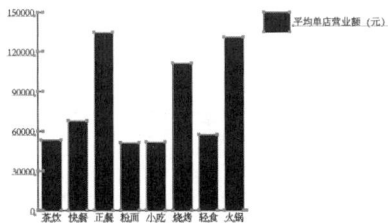

图 7-12

（8）选择选择工具 ，在工具属性栏中选择合适的字体并设置文字大小，效果如图 7-13 所示。选择编组选择工具 ，按住 Shift 键的同时，依次单击需要选取的矩形，设置填充色（CMYK 的值分别为 8、34、81、0），填充图形，并设置描边色为无，效果如图 7-14 所示。

（9）使用编组选择工具 ，按住 Shift 键的同时，依次单击需要选取的刻度线，设置描边色（CMYK 的值分别为 0、0、0、80），填充描边，效果如图 7-15 所示。选取下方的刻度线，按 Shift+Ctrl+] 组合键，将刻度线置于顶层，效果如图 7-16 所示。

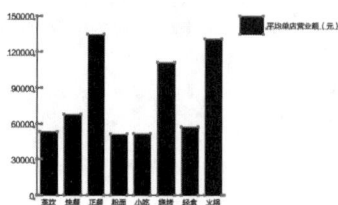
图 7-13

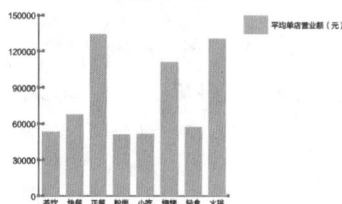
图 7-14

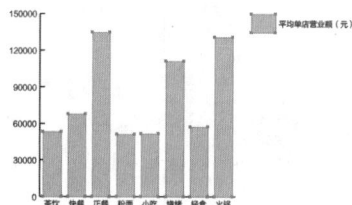
图 7-15

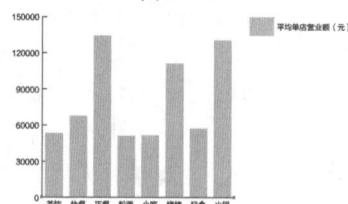
图 7-16

（10）选择选择工具 ▶，将柱形图拖曳到页面中适当的位置，效果如图 7-17 所示。选择编组选择工具 ▶，按住 Shift 键的同时，选取需要的图形和文字，如图 7-18 所示，并拖曳图形和文字到适当的位置，效果如图 7-19 所示。选取需要的文字，在工具属性栏中设置文字大小，效果如图 7-20所示。

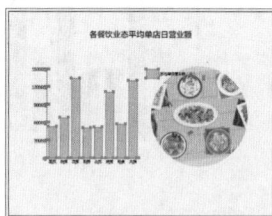
图 7-17

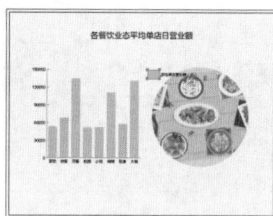
图 7-18

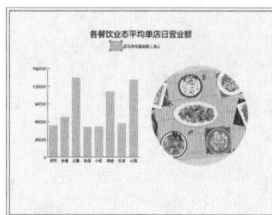
图 7-19

各餐饮业态平均单店日营业额
平均单店营业额（元）

图 7-20

（11）选择文字工具 **T**，在适当的位置输入需要的数据。选择选择工具 ▶，在工具属性栏中选择合适的字体并设置文字大小，效果如图 7-21 所示。

（12）选择文字工具 **T**，在适当的位置输入需要的文字。选择选择工具 ▶，在工具属性栏中选择合适的字体并设置文字大小，效果如图 7-22 所示。

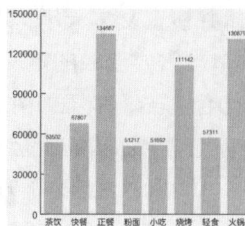
图 7-21

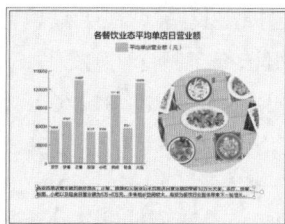
图 7-22

（13）按 Ctrl+T 组合键，弹出"字符"面板，将"设置行距"选项 ⚏ 设为 18 pt，其他选项的设置如图 7-23 所示。按 Enter 键确定操作，效果如图 7-24 所示。餐饮行业收入规模图表制作完成，效果如图 7-25 所示。

图 7-23

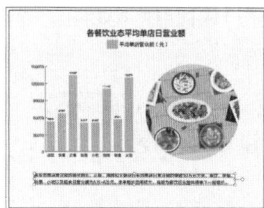

图 7-24

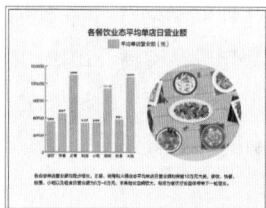

图 7-25

7.1.2 图表工具

在工具箱中的柱形图工具 📊 上按住鼠标左键，展开图表工具组。工具组中包含的图表工具依次为柱形图工具 📊、堆积柱形图工具 📊、条形图工具 📊、堆积条形图工具 📊、折线图工具 📈、面积图工具 📉、散点图工具 📊、饼图工具 🥧、雷达图工具 ⊛，如图 7-26 所示。

图 7-26

7.1.3 柱形图

柱形图是较为常用的一种图表类型，它使用高度可变的矩形来表示各种数据，矩形的高度与数据大小成正比。创建柱形图的具体步骤如下。

选择柱形图工具 📊，在页面中绘制出一个矩形区域，以确定图表大小，或在页面上任意位置单击，弹出"图表"对话框，如图 7-27 所示。在"宽度"选项和"高度"选项的数值框中输入图表的宽度和高度，设定完成后，单击"确定"按钮，将自动在页面中建立对应图表，如图 7-28 所示，同时弹出"图表数据"对话框，如图 7-29 所示。

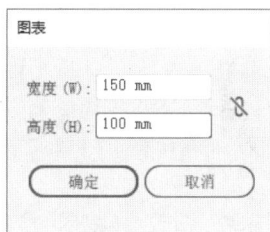

图 7-27

图 7-28

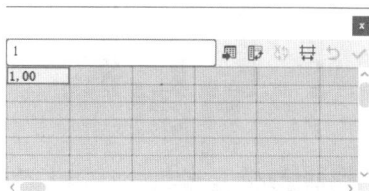

图 7-29

在"图表数据"对话框左上方的文本框中可以输入各种文本或数值，按 Tab 键或 Enter 键确认后，文本或数值会自动添加到"图表数据"对话框的单元格中。也可以单击单元格，输入文本或数据后，按 Enter 键确认。

在"图表数据"对话框的右上方有一组按钮。单击"导入数据"按钮 🔃，可以从外部文件导入数据信息。单击"换位行/列"按钮 🔁，可将横排和竖排的数据交换位置。单击"切换 X/Y 轴"按钮 ↔，将调换 x 轴和 y 轴的位置。单击"单元格样式"按钮 ⬛，弹出"单元格样式"对话框，可以在其中设置单元格的样式。单击"恢复"按钮 ↺，在没有单击"应用"按钮的情况下可以使文本框中的数据恢复到前一个状态。单击"应用"按钮 ✓，确认输入的数值并生成图表。

单击"单元格样式"按钮 🏚，弹出"单元格样式"对话框，如图 7-30 所示。在该对话框中可以设置小数位数和列宽度。将鼠标指针放置在各单元格相交处，鼠标指针变成 ↔ 形状，这时拖曳鼠标可调整数据栏的宽度。

双击柱形图工具 📊，弹出"图表类型"对话框，如图 7-31 所示。柱形图是默认使用的图表，其他选项采用默认设置，单击"确定"按钮。

在"图表数据"对话框左上角的单元格中单击，删除默认数值 1。按照文本表格的组织方式输入数据，如家电行业第一季度销售额，如图 7-32 所示。

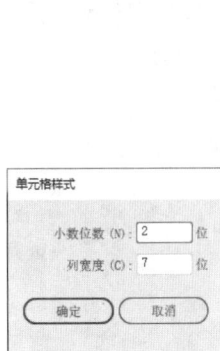

图 7-30　　　　　　　　图 7-31　　　　　　　　图 7-32

单击"应用"按钮 ✓，生成图表，输入的数据被应用到图表上，柱形图的效果如图 7-33 所示。从图中可以看到，柱形图是对每一行中的数据进行比较。

在"图表数据"对话框中单击"换位行/列"按钮 ▦，交换行、列数据，得到新的柱形图，效果如图 7-34 所示。在"图表数据"对话框中单击"关闭"按钮 ✕ 将对话框关闭。

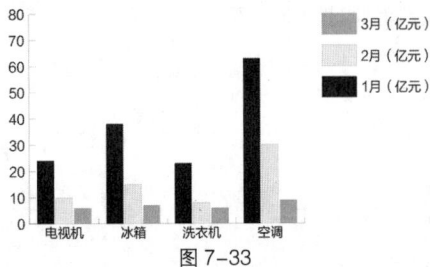
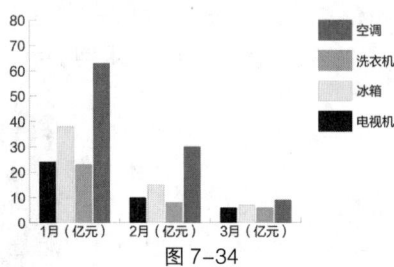

图 7-33　　　　　　　　　　　　　　图 7-34

当需要对柱形图中的数据进行修改时，先选取要修改的图表，选择"对象 > 图表 > 数据"命令，弹出"图表数据"对话框。在对话框中修改数据后，单击"应用"按钮 ✓，将修改后的数据应用到选定的图表中。

选取图表，用鼠标右键单击页面，在弹出的快捷菜单中选择"类型"命令，弹出"图表类型"对话框，可以在对话框中选择其他的图表类型。

7.1.4　其他图表类型

1．堆积柱形图

堆积柱形图与柱形图类似，只是它们的显示方式不同。柱形图用于比较单一的数据，而堆积柱形图用于比较数据总和。因此，在进行数据总和的比较时，多用堆积柱形图，如图 7-35 所示。

从图表中可以看出，堆积柱形图对每月的数据总和进行比较，并且用不同颜色的矩形来表示。

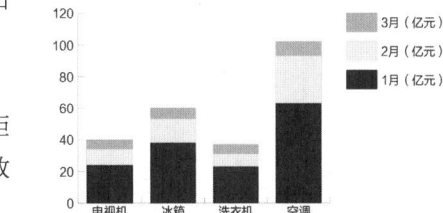
图 7-35

2. 条形图和堆积条形图

条形图与柱形图类似，只是柱形图用垂直方向上的矩形表示数据，而条形图用水平方向上的矩形表示数据，效果如图 7-36 所示。

堆积条形图与堆积柱形图类似，只是堆积条形图用水平方向上的矩形表示数据总量，堆积柱形图用垂直方向上的矩形表示数据总量。堆积条形图的效果如图 7-37 所示。

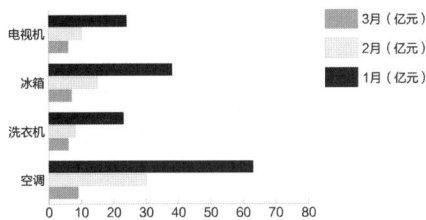
图 7-36

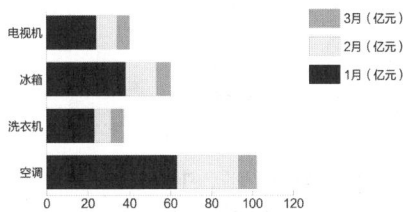
图 7-37

3. 折线图

折线图可以显示出数据随时间变化的趋势。折线图也是一种比较常见的图表，给人以直接明了的视觉效果。

选择折线图工具 ，在页面中绘制出一个矩形区域，或在页面上的任意位置单击，在弹出的"图表数据"对话框中输入相应的数据，最后单击"应用"按钮 。折线图的效果如图 7-38 所示。

4. 面积图

面积图可以用来表示一组或多组数据。面积图通过折线连接图表中所有的点，形成面积区域，并且折线内部可填充不同的颜色。面积图与折线图类似，是填充了颜色的线段图表，效果如图 7-39 所示。

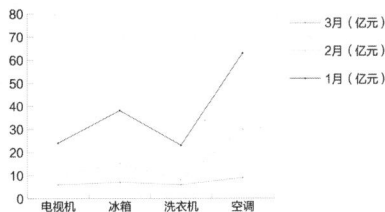
图 7-38

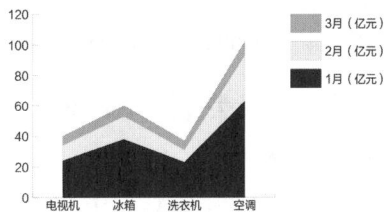
图 7-39

5. 散点图

散点图是一种比较特殊的图表。散点图的横坐标和纵坐标都是数据坐标，两组数据的交叉点形成坐标点。图表中的数据点默认是用线连接的，效果如图 7-40 所示，也可以在"图表类型"对话框中取消连接数据点。散点图不适用于表示太复杂的内容，它只适合显示图例的说明。

6. 饼图

饼图常用于比较整体的各组成部分。该类图表的应用范围比较广。饼图的数据整体显示为一个圆，每组数据按照其在整体中所占的比例，以不同颜色的扇形区域显示。饼图不能显示出各组成部分的具体数值。饼图效果如图 7-41 所示。

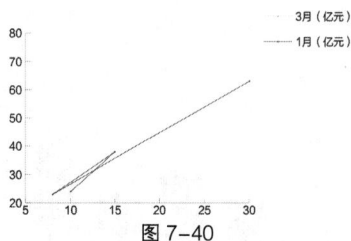

图 7-40

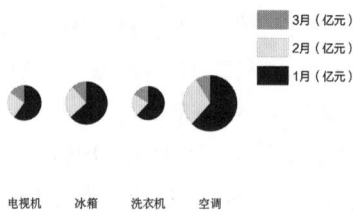

图 7-41

7. 雷达图

雷达图是一种较为特殊的图表类型，它以环形对各组数据进行比较，适用于分析多项指标，效果如图 7-42 所示。

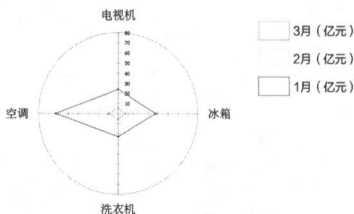

图 7-42

7.2 设置图表

在 Illustrator 2022 中可以对图表进行设置，如更改某一组数据、解除图表组合、应用填色或描边等。

7.2.1 "图表数据"对话框

选中图表，单击鼠标右键，在弹出的快捷菜单中选择"数据"命令，或直接选择"对象 > 图表 > 数据"命令，弹出"图表数据"对话框。在对话框中可以进行数据的修改。

（1）编辑单元格

选取某个单元格，在文本框中输入新的数据，按 Enter 键确认并下移到另一个单元格。

（2）删除数据

选取某个单元格，删除文本框中的数据，按 Enter 键确认并下移到另一个单元格。

（3）删除多个数据

选取要删除数据的多个单元格，选择"编辑 > 清除"命令，即可删除多个数据。

7.2.2 "图表类型"对话框

1. 设置图表选项

选中图表，双击图表工具或选择"对象 > 图表 > 类型"命令，弹出"图表类型"对话框，如图 7-43 所示。"数值轴"选项用于设置图表中坐标轴的位置，其下拉列表中包括"位于左侧""位于右侧""位于两侧"选项，可根据需要进行选择（在饼图中该选项不可用）。

"样式"选项组包括 4 个选项。勾选"添加投影"复选框，可以为图表添加阴影效果；勾选"在顶部添加图例"复选框，可以将图表中的图例说明放到图表的顶部；勾选"第一行在前"复选框，图表中的各个矩形或其他对象将会重叠地覆盖行，并按照从左到右的顺序排列；"第一列在前"是默认的放置矩形的

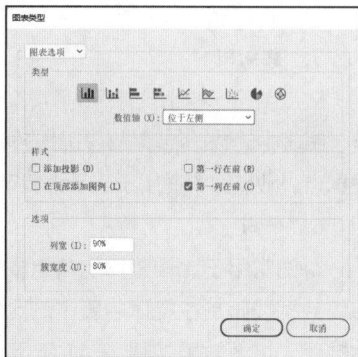

图 7-43

方式，即从左到右依次放置矩形。

"选项"选项组包括两个选项："列宽"选项用于控制图表中每个柱形条自身的宽度，"簇宽度"选项用于控制所有柱形条共同占据的可用空间。

选择折线图、散点图和雷达图时，"选项"选项组如图 7-44 所示。勾选"标记数据点"复选框，数据点显示为正方形，否则直线段中间的数据点不显示；勾选"连接数据点"复选框，在每组数据点之间进行连线，否则只显示孤立的点；勾选"线段边到边跨 X 轴"复选框，沿水平 x 轴从左到右绘制跨越图表的线段，它对分散图表无作用；勾选"绘制填充线"复选框，将激活其下方的"线宽"选项。

选择饼图时，"选项"选项组如图 7-45 所示。"图例"选项用于控制图例的显示，在其下拉列表中，"无图例"选项表示不显示图例，"标准图例"选项表示将图例放在图表的外围，"楔形图例"选项表示将图例插入相应的扇形。"位置"选项用于控制饼图以及扇形的位置，在其下拉列表中，"比例"选项表示按比例调整图表的大小，"相等"选项表示让所有的饼图都有相同的直径，"堆积"选项表示将所有的饼图叠加在一起。"排序"选项用于控制楔形图例的排序顺序，在其下拉列表中，"全部"选项用于在饼图顶部对所选饼图的楔形图例按顺时针方向从最大值到最小值排序，"第一个"选项是指在对所选饼图的楔形图例排序时，将第一幅饼图的最大值放置在第一个楔形图例中，其他图表将按从最大值到最小值的顺序排序。"无"选项是指在图表顶部，按顺时针方向对所选饼图的楔形图例按输入值的顺序排序。

图 7-44   图 7-45

2. 设置数值轴

在"图表类型"对话框左上方的下拉列表中选择"数值轴"选项，切换到相应的对话框，如图 7-46 所示。

"刻度值"选项组：当勾选"忽略计算出的值"复选框时，下面的 3 个数值框被激活。"最小值"表示坐标轴的起始值，也就是图表原点的坐标值，它不能大于"最大值"；"最大值"表示坐标轴的最大刻度值；"刻度"选项用于指定将坐标轴分为多少个部分。

"刻度线"选项组："长度"选项的下拉列表中包括 3个选项。选择"无"选项，表示不使用刻度标记；选择"短"选项，表示使用短的刻度标记；选择"全宽"选项，刻度线将贯穿整个图表，效果如图 7-47 所示。"绘制"选项用于控制每个轴上显示多少个刻度，以及每个刻度之间刻度线的数量。

图 7-46

"添加标签"选项组："前缀"选项用于指定数值前的符号，"后缀"选项用于指定数值后的符号。在"后缀"选项的文本框中输入"亿元"后，图表效果如图 7-48 所示。

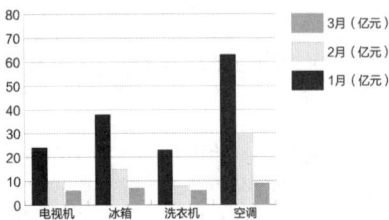

图 7-47

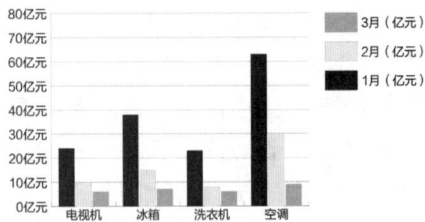

图 7-48

7.3 自定义图表

在 Illustrator 2022 中还可以对图表的局部进行编辑和修改，并可以自定义图表的图案，以更生动地表现数据。

7.3.1　课堂案例——制作家装消费统计图表

✏ 案例学习目标

学习使用条形图工具、"设计"命令和"柱形图"命令制作家装消费统计图表。

🔒 案例知识要点

使用条形图工具建立条形图，使用"设计"命令定义图案，使用"柱形图"命令制作图案图表，使用钢笔工具、镜像工具和"不透明度"选项绘制装饰图形，使用文字工具、"字符"面板添加标题及统计信息，家装消费统计图表效果如图 7-49 所示。

微课

制作家装消费统计
图表

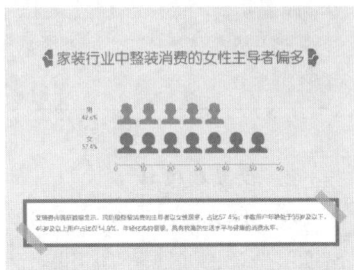

图 7-49

◎ 效果所在位置

云盘\Ch07\效果\制作家装消费统计图表.ai。

（1）按 Ctrl+N 组合键，弹出"新建文档"对话框。设置文档的宽度为 285 mm，高度为 210 mm，方向为横向，颜色模式为 CMYK 颜色，光栅效果为高（300 ppi），单击"创建"按钮，新建一个文档。

（2）选择矩形工具 ▢，绘制一个与页面大小相等的矩形，设置填充色为浅黄色（CMYK 的值分别为 1、7、16、0），填充图形，并设置描边色为无，效果如图 7-50 所示。按 Ctrl+2 组合键，锁定所选对象。

（3）选择文字工具 T，在页面中输入需要的文字。选择选择工具 ▶，在工具属性栏中选择合适的字体并设置文字大小，设置填充色为深黄色（CMYK 的值分别为 38、58、73、0），填充文字，效果如图 7-51 所示。

（4）选择钢笔工具 ✐，在文字左侧绘制两个不规则图形，选择选择工具 ▶，按住 Shift 键，将绘制的图形同时选取，设置填充色为深黄色（CMYK 的值分别为 38、58、73、0），填充图形，并设置描边色为无，效果如图 7-52 所示。

图 7-50

图 7-51

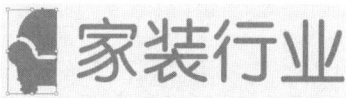
图 7-52

（5）选择镜像工具 ，按住 Alt 键的同时，在适当的位置单击，如图 7-53 所示，弹出"镜像"对话框，各选项的设置如图 7-54 所示。单击"复制"按钮，镜像并复制图形，效果如图 7-55 所示。

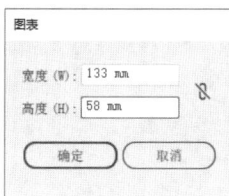
图 7-53

图 7-54

图 7-55

（6）选择条形图工具 ，在页面中单击，弹出"图表"对话框，各选项的设置如图 7-56 所示。单击"确定"按钮，弹出"图表数据"对话框，输入需要的数据，如图 7-57 所示。输入完成后，单击"应用"按钮 ，关闭"图表数据"对话框，建立条形图，并将其拖曳到页面中适当的位置，效果如图 7-58 所示。

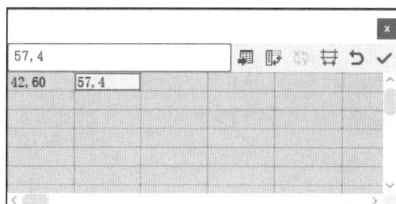
图 7-56

图 7-57

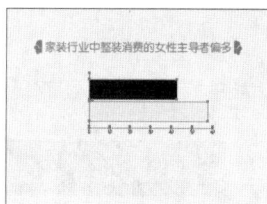
图 7-58

（7）按 Ctrl+O 组合键，弹出"打开"对话框。选择云盘中的"Ch07 > 素材 > 制作家装消费统计图表 > 01"文件，单击"打开"按钮，打开文件。选择选择工具 ，选取需要的"男"图表图案，如图 7-59 所示。

（8）选择"对象 > 图表 > 设计"命令，弹出"图表设计"对话框，单击"新建设计"按钮，预览所选图案，如图 7-60 所示；单击"重命名"按钮，在弹出的"图表设计"对话框中输入名称，如图 7-61 所示。单击"确定"按钮，返回"图表设计"对话框，如图 7-62 所示，单击"确定"按钮，完成"男"图表图案的定义。用相同的方法选取并定义"女"图表图案，如图 7-63 所示。完成后，单击"确定"按钮。

图 7-59

图 7-60

图 7-61

图 7-62

图 7-63

（9）返回正在编辑的页面，选择编组选择工具 ，选取需要的图表，如图 7-64 所示。选择"对象 > 图表 > 杜形图"命令，弹出"图表列"对话框，选择新定义的"男"图表图案，其他选项的设置如图 7-65 所示。单击"确定"按钮，效果如图 7-66 所示。用相同的方法应用定义的"女"图表图案，效果如图 7-67 所示。

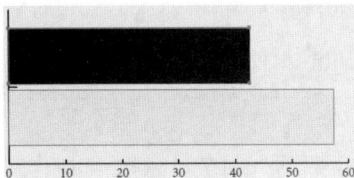

图 7-64

图 7-65

（10）选择编组选择工具 ，按住 Shift 键的同时，依次单击不需要的图形，如图 7-68 所示。按 Delete 键将其删除，效果如图 7-69 所示。

（11）使用编组选择工具 ，用框选的方法将刻度线同时选取，设置描边色为灰色（CMYK 的值分别为 0、0、0、60），填充描边，效果如图 7-70 所示。

（12）使用编组选择工具 ，用框选的方法将下方的数值同时选取，在工具属性栏中选择合适的字体并设置文字大小。设置填充色为灰色（CMYK 的值分别为 0、0、0、60），填充文字，效果如图 7-71 所示。

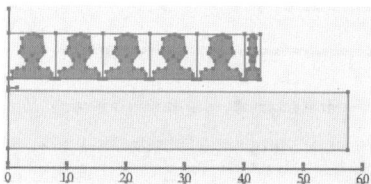
图 7-66

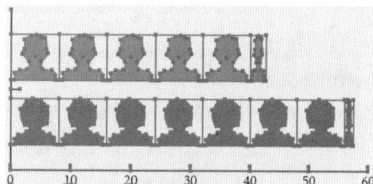
图 7-67

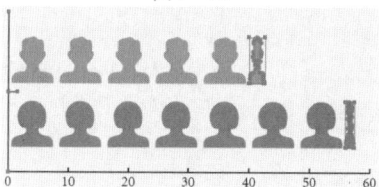
图 7-68

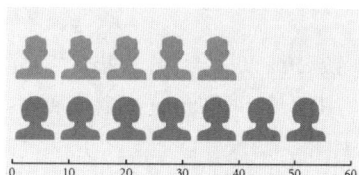
图 7-69

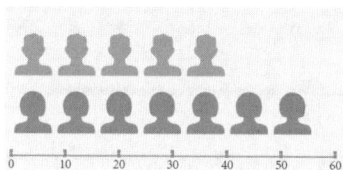
图 7-70

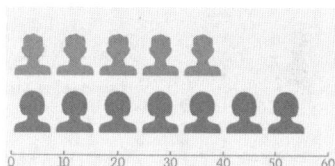
图 7-71

（13）选择文字工具 $\boxed{T}$，在适当的位置分别输入需要的文字。选择选择工具 $\blacktriangleright$，在工具属性栏中选择合适的字体并设置文字大小。单击"居中对齐"按钮 $\equiv$，使文字居中对齐，效果如图 7-72 所示。将输入的文字同时选取，设置填充色为深黄色（CMYK 的值分别为 38、58、73、0），填充文字，效果如图 7-73 所示。

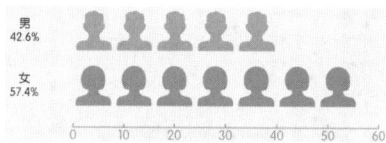
图 7-72

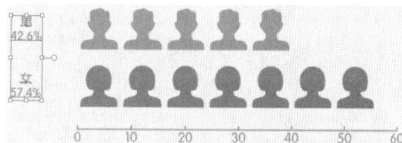
图 7-73

（14）选择矩形工具 $\boxed{\square}$，在适当的位置绘制一个矩形，设置填充色为深黄色（CMYK 的值分别为 38、58、73、0），填充图形，并设置描边色为无，效果如图 7-74 所示。用相同的方法再绘制一个矩形，填充图形为白色，效果如图 7-75 所示。

图 7-74

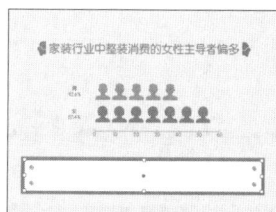
图 7-75

（15）选择文字工具 $\boxed{T}$，在适当的位置输入需要的文字。选择选择工具 $\blacktriangleright$，在工具属性栏中选择合适的字体并设置文字大小。单击"左对齐"按钮 $\equiv$，使文字左对齐，效果如图 7-76 所示。设置填充色为深黄色（CMYK 的值分别为 38、58、73、0），填充文字，效果如图 7-77 所示。

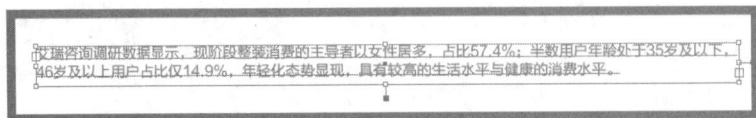

艾瑞咨询调研数据显示，现阶段整装消费的主导者以女性居多，占比57.4%；半数用户年龄处于35岁及以下，46岁及以上用户占比仅14.9%，年轻化态势显现，具有较高的生活水平与健康的消费水平。

图 7-76

艾瑞咨询调研数据显示，现阶段整装消费的主导者以女性居多，占比57.4%；半数用户年龄处于35岁及以下，46岁及以上用户占比仅14.9%，年轻化态势显现，具有较高的生活水平与健康的消费水平。

图 7-77

（16）按 Ctrl+T 组合键，弹出"字符"面板，将"设置行距"选项 $\underset{A}{\overset{A}{\updownarrow}}$ 设为 24 pt，其他选项的设置如图 7-78 所示。按 Enter 键确定操作，效果如图 7-79 所示。

艾瑞咨询调研数据显示，现阶段整装消费的主导者以女性居多，占比57.4%；半数用户年龄处于35岁及以下，46岁及以上用户占比仅14.9%，年轻化态势显现，具有较高的生活水平与健康的消费水平。

图 7-78　　　　　　　　　　　　　　　图 7-79

（17）选择钢笔工具 ✏️，在页面外绘制一个不规则图形，设置填充色为黄色（CMYK 的值分别为 2、37、85、0），填充图形，并设置描边色为无，效果如图 7-80 所示。

（18）选择选择工具 ▶，选取图形，在工具属性栏中将"不透明度"选项设置为 70%，按 Enter 键确定操作，效果如图 7-81 所示。拖曳图形到页面中适当的位置，并将其旋转到适当的角度，效果如图 7-82 所示。

图 7-80　　　　　图 7-81　　　　　　　　图 7-82

（19）选择选择工具 ▶，按住 Alt 键的同时，向右上角拖曳图形到适当的位置，复制图形，效果如图 7-83 所示。家装消费统计图表制作完成，效果如图 7-84 所示。

图 7-83　　　　　　　　　　　　　　　图 7-84

7.3.2　自定义图表图案

在页面中绘制图形，效果如图 7-85 所示。选取图形，选择"对象 > 图表 > 设计"命令，弹出

"图表设计"对话框。单击"新建设计"按钮，预览框中将显示绘制的图形，对话框中的"删除设计"按钮、"粘贴设计"按钮和"选择未使用的设计"按钮被激活，如图 7-86 所示。

单击"重命名"按钮，弹出"图表设计"对话框，在对话框中输入自定义图案的名称，如图 7-87 所示。单击"确定"按钮，完成命名。

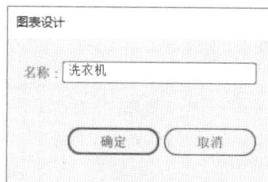

图 7-85　　　　　　　　　　图 7-86　　　　　　　　　　　　图 7-87

在"图表设计"对话框中单击"粘贴设计"按钮，可以将图案复制到页面中，可以对图案进行修改和编辑。编辑后的图案还可以重新定义。在对话框中编辑完图案后，单击"确定"按钮，完成对图表图案的定义。

7.3.3　应用图表图案

用户可以将自定义的图案应用到图表中。选择要应用图案的图表，再选择"对象 > 图表 > 柱形图"命令，弹出"图表列"对话框，如图 7-88 所示。

在"图表列"对话框中，"列类型"选项用于设置缩放图案的方式："垂直缩放"选项表示根据数据的大小，对图表的自定义图案进行垂直方向上的放大与缩小，水平方向上保持不变；"一致缩放"选项表示按照图案的比例并结合图表中数据的大小对图案进行放大和缩小；"重复堆叠"选项用于把图案的一部分拉伸或压缩；"局部缩放"选项与"垂直缩放"选项类似，但可以指定伸展或缩放的位置。"重复堆叠"选项要和"每个设计表示"选项、"对于分数"选项结合使用。"每个设计表示"选项用于设置每个图案代表几个单位，如果在数值框中输入 50，则 1 个图案代表 50 个单位。在"对于分数"选项的下拉列表中，"截断设计"选项表示不足一个图案时用图案的一部分来表示；"缩放设计"选项表示不足一个图案时，通过对最后一个图案进行等比例压缩来表示。

设置完成后，单击"确定"按钮，将自定义的图案应用到图表中，效果如图 7-89 所示。

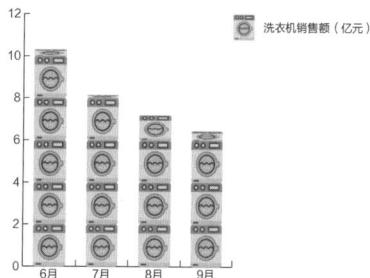

图 7-88　　　　　　　　　　　　　　　　图 7-89

课堂练习——制作微度假旅游年龄分布图表

练习知识要点

使用文字工具、"字符"面板添加标题及介绍文字，使用矩形工具、"变换"面板和直排文字工具制作分布模块，使用饼图工具建立饼图，微度假旅游年龄分布图表效果如图 7-90 所示。

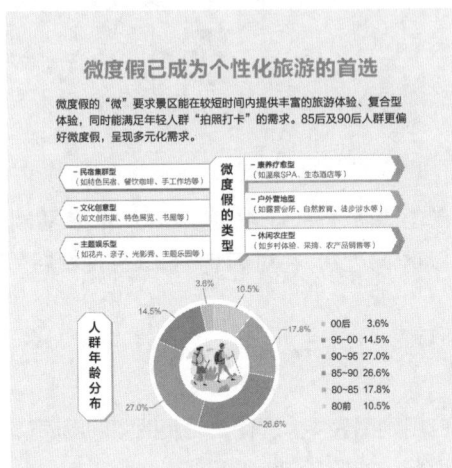

图 7-90

微课

制作微度假旅游
年龄分布图表

效果所在位置

云盘\Ch07\效果\制作微度假旅游年龄分布图表.ai。

课后习题——制作获得运动指导方式图表

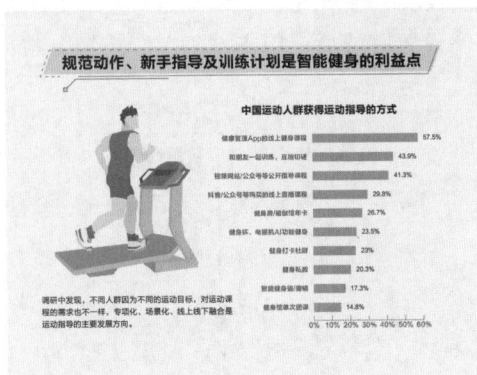

微课

制作获得运动指导
方式图表

习题知识要点

使用矩形工具、直线段工具、"描边"面板、文字工具和倾斜工具制作标题文字，使用条形图工具建立条形图，使用编组选择工具、填充工具更改图表颜色，获得运动指导方式图表效果如图 7-91 所示。

效果所在位置

云盘\Ch07\效果\制作获得运动指导方式图表.ai。

图 7-91

08

第 8 章
图层和蒙版的使用

本章介绍

　　本章将重点介绍 Illustrator 2022 中图层和蒙版的使用方法。掌握图层和蒙版的功能，可以帮助学生提高图形设计的效率，从而快速、准确地设计和制作出精美的平面作品。

学习目标

- ✔ 了解图层的含义与"图层"面板的使用方法。
- ✔ 掌握图像蒙版的操作方法。
- ✔ 掌握文本蒙版的创建和编辑方法。
- ✔ 掌握"透明度"面板的使用方法。

技能目标

- ✔ 掌握传统工艺展海报的制作方法。
- ✔ 掌握自驾游海报的制作方法。

素养目标

- ✔ 加深对中华优秀传统文化的热爱。
- ✔ 培养良好的工作习惯。

8.1　图层的使用

在平面设计中，特别是包含复杂图形的平面设计中，需要在页面上创建多个对象。由于每个对象的大小不一致，小的对象可能隐藏在大的对象下面，因此选择和查看对象很不方便。使用图层来管理对象可以很好地解决这个问题。图层就像文件夹，可以包含多个对象。用户可以对图层进行多种编辑操作。

8.1.1　了解图层的含义

选择"文件 > 打开"命令，弹出"打开"对话框，选择图像文件，单击"打开"按钮，打开文件，效果如图 8-1 所示。选择"窗口 > 图层"命令（快捷键为 F7），弹出"图层"面板，如图 8-2 所示。"图层"面板中有 3 个图层。

如果只想看到"图层 1"上的图像，可单击其他图层的眼睛图标 👁，将其他图层隐藏，如图 8-3 所示，此时图像效果如图 8-4 所示。

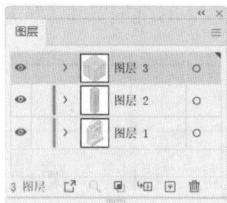
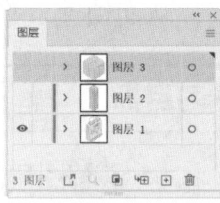

图 8-1　　　　　图 8-2　　　　　图 8-3　　　　　图 8-4

Illustrator 2022 中的图层是透明层，在每一层上可以放置不同的图像，上面的图层将影响下面的图层，修改其中的某一图层不会影响其他的图层，将这些图层叠在一起就形成了一幅完整的图像。

8.1.2　认识"图层"面板

下面介绍"图层"面板。打开一幅图像，选择"窗口 > 图层"命令，弹出"图层"面板，如图 8-5 所示。

在"图层"面板的右上方有两个按钮 ⁴⁴ ✕ ，分别是"折叠为图标"按钮和"关闭"按钮。单击"折叠为图标"按钮可以将"图层"面板折叠为图标，单击"关闭"按钮可以关闭"图层"面板。

图层名称显示在当前图层中。默认状态下，在新建图层时，如果未指定名称，程序将以递增的数字为图层指定名称，如图层 1、图层 2 等。可以根据需要为图层重新命名。

单击图层名称左侧的按钮，可以展开或折叠图层。当按钮为 > 时，表

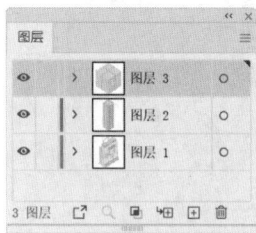

图 8-5

示此图层中的内容处于未显示状态，单击此按钮可以展开当前图层；当按钮为 ⌄ 时，表示显示了图层中的内容，单击此按钮可以将图层折叠起来，以节省"图层"面板的空间。

眼睛图标 👁 用于显示或隐藏图层。如果图层右上方有黑色三角形图标 ◣，则该图层当前正在被编辑。锁定图标 🔒 表示当前图层和透明区域被锁定，不能被编辑。

在"图层"面板的最下方有 6 个按钮，如图 8-6 所示，从左至右依次是"收集以导出"按钮、"定位对象"按钮、"建立\释放剪切蒙版"按钮、"创建新子图层"按钮、"创建新图层"按钮和"删除所选图层"按钮。

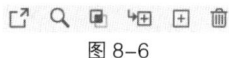
图 8-6

"收集以导出"按钮 ⌐ ：单击此按钮，打开"资源导出"面板，可以导出当前图层的内容。

"定位对象"按钮 Q ：单击此按钮，可以选中所选对象所在的图层。

"建立\释放剪切蒙版"按钮 ▣ ：单击此按钮，将在当前图层上建立或释放一个蒙版。

"创建新子图层"按钮 ⤸⊞ ：单击此按钮，可以为当前图层新建一个子图层。

"创建新图层"按钮 ⊞ ：单击此按钮，可以在当前图层上新建一个图层。

"删除所选图层"按钮 🗑 ：可以将不想要的图层拖到此处删除。

单击"图层"面板右上方的 ≡ 图标，将弹出一个菜单。

8.1.3 编辑图层

可以通过"图层"面板对图层进行编辑操作，如新建图层、新建子图层、为图层设定选项、合并图层和建立图层蒙版等，这些操作也可以通过选择"图层"面板菜单中的命令来完成。

1. 新建图层

（1）使用"图层"面板的菜单

单击"图层"面板右上方的 ≡ 图标，在弹出的菜单中选择"新建图层"命令，弹出"图层选项"对话框，如图 8-7 所示。"名称"选项用于设定新建图层的名称，"颜色"选项用于设定新图层的颜色，设置完成后，单击"确定"按钮，得到新建的图层。

（2）使用"图层"面板按钮

单击"图层"面板下方的"创建新图层"按钮 ⊞ ，可以创建一个新图层。

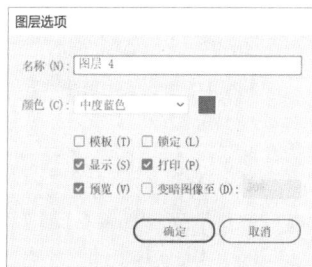
图 8-7

按住 Alt 键，单击"图层"面板下方的"创建新图层"按钮 ⊞ ，将弹出"图层选项"对话框。

按住 Ctrl 键，单击"图层"面板下方的"创建新图层"按钮 ⊞ ，不管当前选择的是哪一个图层，都可以在图层列表的最上层新建一个图层。

如果要在当前选中的图层中新建一个子图层，可以单击"创建新子图层"按钮 ⤸⊞ ，或在"图层"面板的菜单中选择"新建子图层"命令，还可以在按住 Alt 键的同时单击"创建新子图层"按钮 ⤸⊞ ，在弹出的"图层选项"对话框中进行设置。

2. 选择图层

单击图层名称，图层会显示为深灰色，图层名称右上方会出现黑色三角形图标 ◣ ，表示此图层为当前选中的图层。

按住 Shift 键，分别单击两个图层，可选择这两个图层及它们之间的所有图层。

按住 Ctrl 键，逐个单击想要选择的图层，可以选择多个不连续的图层。

3. 复制图层

复制图层时，会复制图层中包含的所有对象，包括路径、编组等。

（1）使用"图层"面板的菜单

选择要复制的图层"图层 3"，如图 8-8 所示。单击"图层"面板右上方的 ≡ 图标，在弹出的菜单中选择"复制'图层 3'"命令，即可复制图层。复制图层后，"图层"面板如图 8-9 所示。

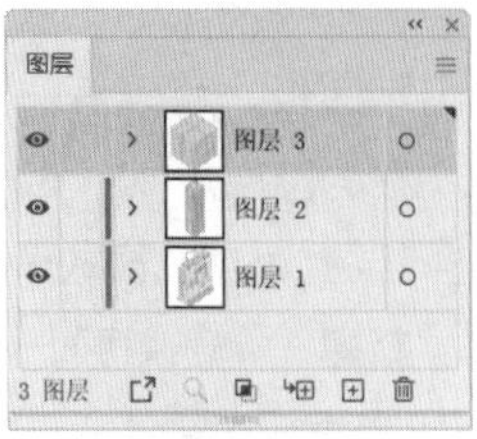

图 8-8 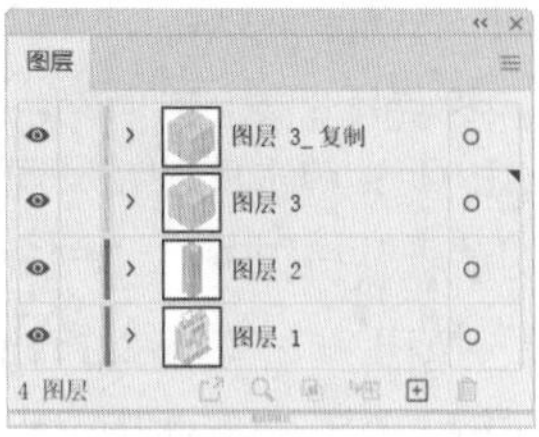　　　　　　　　　　　图 8-9

（2）使用"图层"面板按钮

在"图层"面板中将需要复制的图层拖曳到下方的"创建新图层"按钮 ⊞ 上，可以将所选图层复制为一个新图层。

4. 删除图层

（1）使用"图层"面板的菜单

选择要删除的图层"图层 3_复制"，如图 8-10 所示。单击"图层"面板右上方的 ≡ 图标，在弹出的菜单中选择"删除'图层 3_复制'"命令，如图 8-11 所示，即可删除图层，删除图层后的"图层"面板如图 8-12 所示。

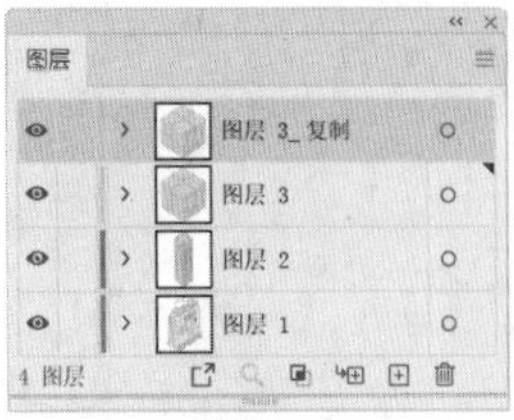

图 8-10　　　　　　　　　图 8-11 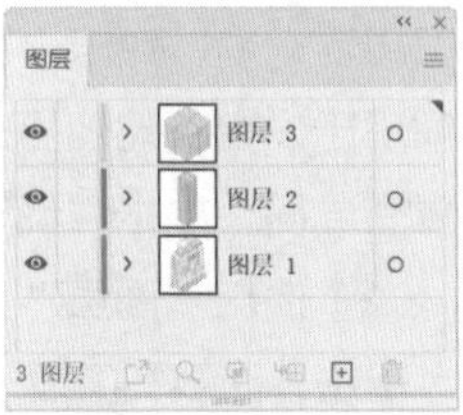　　　　　　　　　图 8-12

（2）使用"图层"面板按钮

选择要删除的图层，单击"图层"面板下方的"删除所选图层"按钮 🗑，可以将图层删除。将需要删除的图层拖曳到"删除所选图层"按钮 🗑 上，也可以删除图层。

5. 隐藏或显示图层

将图层隐藏后，此图层中的对象在页面上不显示，在"图层"面板中可以隐藏或显示图层。在制作和设计复杂作品时，可以快速隐藏图层中的路径、编组和对象。

（1）使用"图层"面板的菜单

选中某个图层，如图 8-13 所示。单击"图层"面板右上方的 ≡ 图标，在弹出的菜单中选择"隐藏其他图层"命令，除当前选中的图层外，其他图层都被隐藏，效果如图 8-14 所示。选择"显示所有图层"命令可以显示所有隐藏的图层。

（2）使用"图层"面板中的眼睛图标 👁

在"图层"面板中单击想要隐藏的图层左侧的眼睛图标 👁，图层被隐藏。再次单击眼睛图标所在位置，会重新显示此图层。

在某个图层的眼睛图标 👁 上按住鼠标左键，向上或向下拖曳鼠标，鼠标指针经过的图层会被隐藏，这样可以快速隐藏多个图层。

（3）使用"图层选项"对话框

在"图层"面板中双击图层或图层名称，弹出"图层选项"对话框，取消勾选"显示"复选框，单击"确定"按钮，图层被隐藏。

6. 锁定图层

锁定图层后，此图层中的对象不能被选择或编辑，使用"图层"面板能够快速锁定路径、编组和子图层。

（1）使用"图层"面板的菜单

选中某个图层，如图 8-15 所示。单击"图层"面板右上方的 ☰ 图标，在弹出的菜单中选择"锁定其他图层"命令，除当前选中的图层外，其他所有图层都被锁定，效果如图 8-16 所示。选择"解锁所有图层"命令可以解除所有图层的锁定。

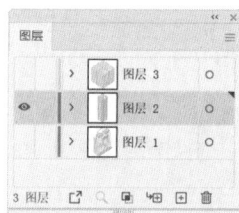

图 8-13   图 8-14   图 8-15   图 8-16

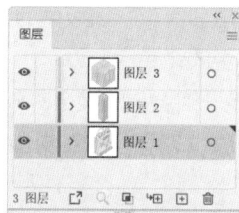

（2）使用"对象"命令

选择"对象 > 锁定 > 其他图层"命令，可以锁定其他未被选中的图层。

（3）使用"图层"面板中的锁定图标 🔒

在想要锁定的图层左侧的方框中单击，出现锁定图标 🔒，图层被锁定。再次单击锁定图标 🔒，图标消失，即解除对此图层的锁定。

在某个图层左侧的方框中按住鼠标左键，向上或向下拖曳鼠标，鼠标指针经过的方框中出现锁定图标 🔒，这样可以快速锁定多个图层。

（4）使用"图层选项"对话框

在"图层"面板中双击图层或图层名称，弹出"图层选项"对话框，勾选"锁定"复选框，单击"确定"按钮，图层被锁定。

7. 合并图层

在"图层"面板中选择需要合并的图层，如图 8-17 所示。单击"图层"面板右上方的 ☰ 图标，在弹出的菜单中选择"合并所选图层"命令，选中的图层被合并到最后一个选择的图层或编组中，效果如图 8-18 所示。

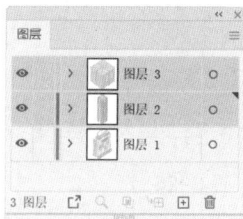

图 8-17

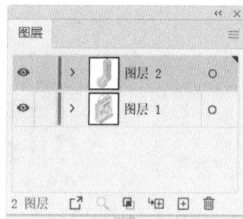

图 8-18

在弹出的菜单中选择"拼合图稿"命令，所有可见的图层被合并为一个图层，合并图层时，不会改变对象在页面上的排序。

8.1.4 使用图层

使用"图层"面板可以选择或移动页面中的对象，还可以切换对象的显示模式，更改对象的外观属性等。

1. 选择对象

（1）使用"图层"面板

某一图层中的图形对象处于未选取状态，如图 8-19 所示。单击"图层"面板中要选择对象所在图层右侧的目标图标 ◎，目标图标变为 ◎，如图 8-20 所示。此时，图层中的对象全部被选中，效果如图 8-21 所示。

按住 Alt 键的同时，单击"图层"面板中的图层名称，此图层中的所有对象将被选中。

（2）使用"选择"菜单中的命令

使用选择工具 ▶ 选中某一图层上的某个对象，如图 8-22 所示。选择"选择 > 对象 > 同一图层上的所有对象"命令，此图层中的所有对象被选中，如图 8-23 所示。

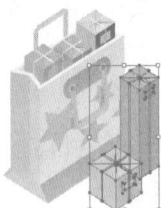

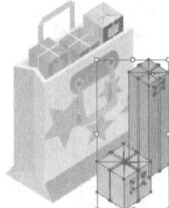

图 8-19　　　　　图 8-20　　　　　图 8-21　　　　　图 8-22　　　　　图 8-23

2. 更改对象的外观属性

使用"图层"面板可以轻松地改变对象的外观。对某个对象应用特殊效果，不会影响该对象所在图层中的其他对象。

选中想要改变对象外观属性的图层，如图 8-24 所示，选取图层中的某个对象，如图 8-25 所示。选择"效果 > 变形 > 上弧形"命令，在弹出的"变形选项"对话框中进行设置，如图 8-26 所示。单击"确定"按钮，为图层中选中的对象添加弧形效果，其他对象保持不变，效果如图 8-27 所示。

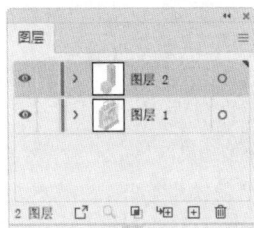

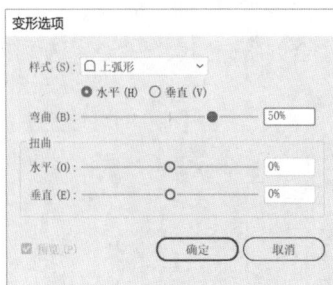

图 8-24　　　　　图 8-25　　　　　图 8-26　　　　　图 8-27

在"图层"面板中，当目标图标为 ○ 时，表示当前图层在页面上没有对象被选择，并且没有外观属性；当目标图标为 ◎ 时，表示当前图层在页面上有对象被选择，但没有外观属性；当目标图标为 ◎ 时，表示当前图层在页面上没有对象被选择，但有外观属性；当目标图标为 ◎ 时，表示当前图层在页面上有对象被选择，也有外观属性。

选择具有外观属性的对象所在的图层，拖曳此图层的目标图标到其他图层的目标图标上，可以移动对象的外观属性。在拖曳的同时按住 Alt 键，可以复制图层中对象的外观属性。

选择具有外观属性的对象所在的图层，拖曳此图层的目标图标到"图层"面板底部的"删除所选图层"按钮 🗑 上，可以取消此图层中对象的外观属性。如果此图层中包括路径，将会保留路径的填充和描边。

8.2 图像蒙版

将对象制作为蒙版后，对象的内部变得完全透明，这样就可以显示其下的被蒙版对象，同时遮挡住不需要显示或打印的部分。

8.2.1 课堂案例——制作传统工艺展海报

案例学习目标

学习使用矩形工具、"置入"命令和"剪切蒙版"命令制作传统工艺展海报。

案例知识要点

使用矩形工具、删除锚点工具、"置入"命令和"剪切蒙版"命令制作海报底图，使用直排文字工具、"字符"面板添加宣传文字，传统工艺展海报效果如图 8-28 所示。

效果所在位置

云盘\Ch08\效果\制作传统工艺展海报.ai。

微课

制作传统工艺展海报

图 8-28

（1）按 Ctrl+N 组合键，弹出"新建文档"对话框。设置文档的宽度为 210 mm，高度为 285 mm，方向为纵向，颜色模式为 CMYK 颜色，光栅效果为高（300ppi），单击"创建"按钮，新建一个文档。

（2）选择"文件 > 置入"命令，弹出"置入"对话框。选择云盘中的"Ch08 > 素材 > 制作传统工艺展海报 > 01"文件，单击"置入"按钮，在页面中置入图片，单击工具属性栏中的"嵌入"按钮，嵌入图片。选择选择工具 ▶，拖曳图片到适当的位置，并调整其大小，效果如图 8-29 所示。

（3）选择矩形工具 ▢，绘制一个与页面大小相等的矩形，如图 8-30 所示。选择选择工具 ▶，按住 Shift 键的同时单击下方的图片，将其同时选取，按 Ctrl+7 组合键，建立剪切蒙版，效果如图 8-31 所示。

（4）选择矩形工具 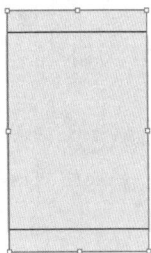，按住 Shift 键的同时，在适当的位置绘制一个正方形，设置填充色为粉色（CMYK 的值分别为 0、16、2、0），填充图形，并设置描边色为无，效果如图 8-32 所示。

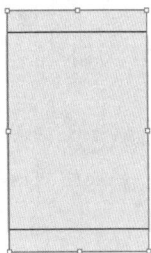   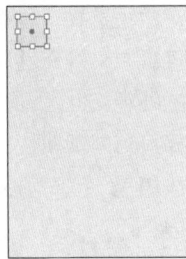

图 8-29　　　　　　图 8-30　　　　　　图 8-31　　　　　　图 8-32

（5）选择选择工具 ，按住 Alt+Shift 组合键的同时，水平向右拖曳正方形到适当的位置，复制正方形，如图 8-33 所示。连续按 Ctrl+D 组合键，按需要复制出多个正方形，效果如图 8-34 所示。

（6）按住 Shift 键的同时，依次单击需要的正方形，将其同时选取，按住 Alt+Shift 组合键，垂直向下拖曳选中的正方形到适当的位置，复制正方形，如图 8-35 所示。连续按 Ctrl+D 组合键，按需要复制出多个正方形，效果如图 8-36 所示。

（7）选择删除锚点工具 ，在第一排第一个正方形左上角的锚点上单击，删除锚点，效果如图 8-37 所示。

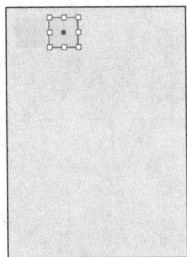 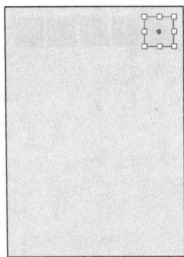 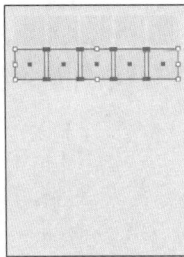 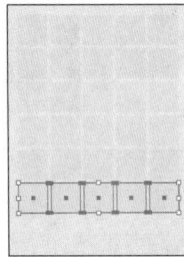 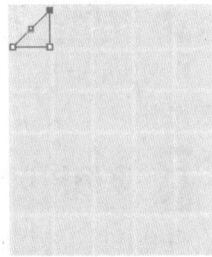

图 8-33　　　　　　图 8-34　　　　　　图 8-35　　　　　　图 8-36　　　　　　图 8-37

（8）选择"文件 > 置入"命令，弹出"置入"对话框。选择云盘中的"Ch08 > 素材 > 制作传统工艺展海报 > 02"文件，单击"置入"按钮，在页面中置入图片。单击工具属性栏中的"嵌入"按钮，嵌入图片。选择选择工具 ，拖曳图片到适当的位置，并调整其大小，效果如图 8-38 所示。

（9）连续按 Ctrl+[组合键，将图片后移到适当的位置，如图 8-39 所示。选择选择工具 ，按住 Shift 键的同时，单击上方的三角形，将其同时选取，如图 8-40 所示。按 Ctrl+7 组合键，建立剪切蒙版，效果如图 8-41 所示。

  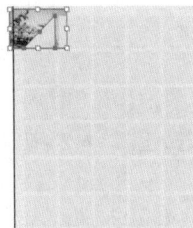 

图 8-38　　　　　　图 8-39　　　　　　图 8-40　　　　　　图 8-41

（10）用相同的方法置入其他图片，并建立剪切蒙版，效果如图 8-42 所示。选择直接选择工

具 ▷，选取最后一排第二个矩形右上方的锚点，按住 Shift 键的同时，垂直向上拖曳锚点到适当的位置，效果如图 8-43 所示。

（11）选择删除锚点工具 ✎，在第一排最后一个矩形右下角的锚点上单击，删除锚点，效果如图 8-44 所示。选择选择工具 ▶，选取图形，设置填充色为蓝色（CMYK 的值分别为 88、73、20、0），填充图形，效果如图 8-45 所示。

图 8-42　　　　　　　　图 8-43　　　　　　　　图 8-44　　　　　　　　图 8-45

（12）用相同的方法为其他图形填充相应的颜色，效果如图 8-46 所示。选择矩形工具 ▭，在适当的位置绘制一个矩形，设置填充色为粉色（CMYK 的值分别为 0、16、2、0），填充图形，并设置描边色为无，效果如图 8-47 所示。

（13）选择直排文字工具 ↓T，在适当的位置分别输入需要的文字。选择选择工具 ▶，按住 shift 键的同时，将输入的文字同时选取，在工具属性栏中选择合适的字体并设置文字大小，效果如图 8-48 所示。设置填充色为蓝色（CMYK 的值分别为 88、73、20、0），填充文字，效果如图 8-49 所示。

图 8-46　　　　　　　　图 8-47　　　　　　　　图 8-48　　　　　　　　图 8-49

（14）按 Ctrl+T 组合键，弹出"字符"面板，将"设置所选字符的字距调整"选项 ↕Ⱥ 设为 240，其他选项的设置如图 8-50 所示。按 Enter 键确定操作，效果如图 8-51 所示。

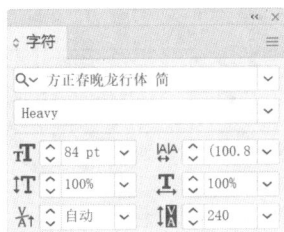 

图 8-50　　　　　　　　　　　　　　图 8-51

（15）选择直排文字工具 ↓T，在适当的位置输入需要的文字。选择选择工具 ▶，在工具属性栏中选择合适的字体并设置文字大小。设置填充色为蓝色（CMYK 的值分别为 88、73、20、0），填充文字，效果如图 8-52 所示。

（16）在"字符"面板中将"设置所选字符的字距调整"选项 ↕Ⱥ 设为 240，其他选项的设置如

图 8-53 所示。按 Enter 键确定操作，效果如图 8-54 所示。

　　图 8-52　　　　　　　　　　图 8-53　　　　　　　　　　图 8-54

　　（17）按 Ctrl+O 组合键，弹出"打开"对话框。选择云盘中的"Ch08 > 素材 > 制作传统工艺展海报 > 18"文件，单击"打开"按钮，打开文件。选择选择工具 ▶，选取需要的图形和文字，按 Ctrl+C 组合键，复制图形和文字。选择正在编辑的页面，按 Ctrl+V 组合键，将复制的图形和文字粘贴到页面中，并拖曳到适当的位置，效果如图 8-55 所示。传统工艺展海报制作完成，效果如图 8-56 所示。

　　　　　图 8-55　　　　　　　　　　　　　　　　图 8-56

8.2.2　制作图像蒙版

（1）使用"建立"命令制作蒙版

　　打开素材图像，如图 8-57 所示。选择椭圆工具 ◯，在图像上绘制一个椭圆形作为蒙版，如图 8-58 所示。

　　使用选择工具 ▶ 同时选中图像和椭圆形，如图 8-59 所示（作为蒙版的图形必须在图像的上面）。选择"对象 > 剪切蒙版 > 建立"命令（或按 Ctrl+7 组合键），制作出蒙版效果，如图 8-60 所示。图像在椭圆形蒙版外面的部分被隐藏，取消选取状态，蒙版效果如图 8-61 所示。

　　图 8-57　　　　　图 8-58　　　　　图 8-59　　　　　图 8-60　　　　图 8-61

（2）使用快捷菜单中的命令制作蒙版

　　使用选择工具 ▶ 选中图像和椭圆形，在选中的对象上单击鼠标右键，在弹出的快捷菜单中选择"建立剪切蒙版"命令，制作出蒙版效果。

（3）使用"图层"面板中的命令制作蒙版

　　使用选择工具 ▶ 选中图像和椭圆形，单击"图层"面板右上方的 ☰ 图标，在弹出的菜单中选择

"建立剪切蒙版"命令，制作出蒙版效果。

8.2.3 编辑图像蒙版

制作蒙版后，可以对蒙版进行编辑，如查看和锁定蒙版、添加对象到蒙版、删除被蒙版的对象等。

1. 查看蒙版

使用选择工具 ▶ 选中蒙版图像，如图 8-62 所示。单击"图层"面板右上方的 ☰ 图标，在弹出的菜单中选择"定位对象"命令，"图层"面板如图 8-63 所示，可以在"图层"面板中查看蒙版状态，也可以编辑蒙版。

2. 锁定蒙版

使用选择工具 ▶ 选中需要锁定的蒙版图像，如图 8-64 所示。选择"对象 > 锁定 > 所选对象"命令，可以锁定蒙版图像，效果如图 8-65 所示。

图 8-62

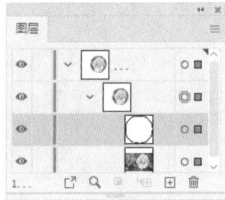
图 8-63

图 8-64

图 8-65

3. 添加对象到蒙版

选中要添加的对象，如图 8-66 所示。选择"编辑 > 剪切"命令，剪切该对象。使用直接选择工具 ▷ 选中被蒙版图形中的对象，如图 8-67 所示。选择"编辑 > 贴在前面、贴在后面"命令，将要添加的对象粘贴到相应蒙版图形的前面或后面，使其成为图形的一部分，贴在前面的效果如图 8-68 所示。

图 8-66

图 8-67

图 8-68

4. 删除被蒙版的对象

选中被蒙版的对象，选择"编辑 > 清除"命令或按 Delete 键，即可删除被蒙版的对象。

也可以在"图层"面板中选中被蒙版对象所在的图层，再单击"图层"面板下方的"删除所选图层"按钮 🗑，删除被蒙版的对象。

8.3 文本蒙版

在 Illustrator 2022 中可以将文本制作为蒙版。根据设计需要制作文本蒙版，可以使文本具有丰富的效果。

8.3.1　制作文本蒙版

（1）使用"对象"命令制作文本蒙版

使用矩形工具 ▣ 绘制一个矩形，选择"窗口 > 图形样式库 > 纹理"命令，在弹出的"纹理"面板中选择需要的纹理图案，如图 8-69 所示，为矩形填充此纹理图案，效果如图 8-70 所示。

选择文字工具 T，在矩形上输入文字，使用选择工具 ▶ 选中文字和矩形，如图 8-71 所示。选择"对象 > 剪切蒙版 > 建立"命令（或按 Ctrl+7 组合键），制作出蒙版效果，如图 8-72 所示。

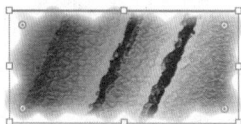

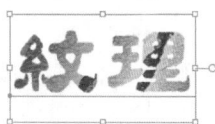

图 8-69　　　　　图 8-70　　　　　图 8-71　　　　　图 8-72

（2）使用快捷菜单中的命令制作文本蒙版

使用选择工具 ▶ 选中图像和文字，在选中的对象上单击鼠标右键，在弹出的快捷菜单中选择"建立剪切蒙版"命令，制作出蒙版效果。

（3）使用"图层"面板中的命令制作蒙版

使用选择工具 ▶ 选中图像和文字。单击"图层"面板右上方的 ≡ 图标，在弹出的菜单中选择"建立剪切蒙版"命令，制作出蒙版效果。

8.3.2　编辑文本蒙版

使用选择工具 ▶ 选取被蒙版的文本，如图 8-73 所示。选择"文字 > 创建轮廓"命令，将文本转换为路径，路径上出现许多锚点，效果如图 8-74 所示。

使用直接选择工具 ▷ 选取路径上的锚点，即可编辑被蒙版的文本，如图 8-75 所示。

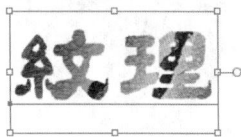

图 8-73　　　　　　　图 8-74　　　　　　　图 8-75

8.4　"透明度"面板

在"透明度"面板中可以为对象设置不透明度，还可以设置对象的混合模式。

8.4.1　课堂案例——制作自驾游海报

✐ 案例学习目标

学习使用"透明度"面板制作海报背景。

微课

制作自驾游海报

案例知识要点

使用矩形工具、钢笔工具和旋转工具制作海报背景，使用"透明度"面板设置图片的混合模式和不透明度，自驾游海报效果如图 8-76 所示。

效果所在位置

云盘\Ch08\效果\制作自驾游海报.ai。

图 8-76

（1）按 Ctrl+N 组合键，弹出"新建文档"对话框。设置文档的宽度为 600 px，高度为 800 px，方向为竖向，颜色模式为 RGB 颜色，光栅效果为屏幕（72 ppi），单击"创建"按钮，新建一个文档。

（2）选择矩形工具 ▢，绘制一个与页面大小相等的矩形。设置填充色为浅黄色（RGB 的值分别为 255、211、133），填充图形，并设置描边色为无，效果如图 8-77 所示。

（3）选择矩形工具 ▢，在页面中绘制一个矩形，如图 8-78 所示。选择钢笔工具 ✐，在矩形下边中间的位置单击，添加一个锚点，如图 8-79 所示。分别在左右两侧不需要的锚点上单击，删除锚点，效果如图 8-80 所示。

图 8-77

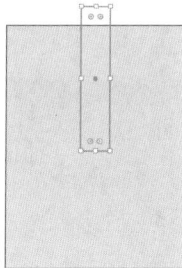
图 8-78

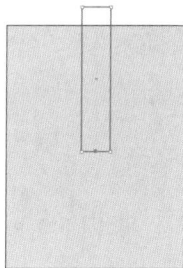
图 8-79

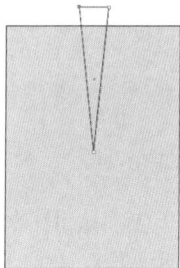
图 8-80

（4）选择选择工具 ▶，选取图形。选择旋转工具 ↻，按住 Alt 键的同时，在三角形底部锚点上单击，如图 8-81 所示，弹出"旋转"对话框，各选项的设置如图 8-82 所示。单击"复制"按钮，旋转并复制图形，效果如图 8-83 所示。

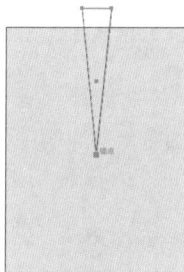
图 8-81

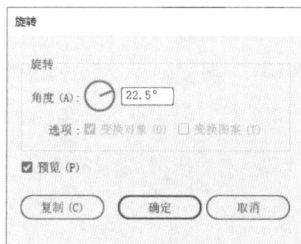
图 8-82

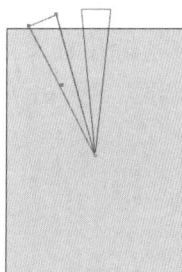
图 8-83

（5）连续按 Ctrl+D 组合键，复制出多个三角形，效果如图 8-84 所示。选择选择工具 ▶，按住 Shift 键的同时，依次单击复制的三角形以将其同时选取，按 Ctrl+G 组合键，将其编组，如图 8-85 所示。

（6）填充图形为白色，并设置描边色为无，效果如图 8-86 所示。选择"窗口 > 透明度"命令，弹出"透明度"面板，将混合模式设为"柔光"，其他选项的设置如图 8-87 所示；按 Enter 键确定操作，效果如图 8-88 所示。

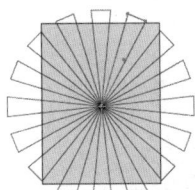
图 8-84

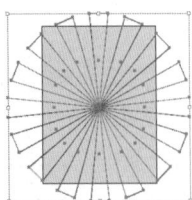
图 8-85

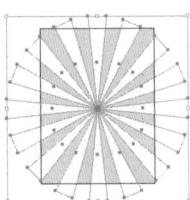
图 8-86

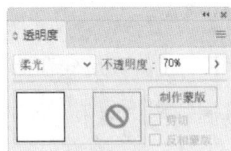
图 8-87

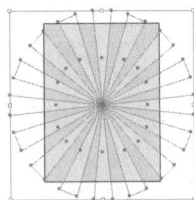
图 8-88

（7）选择选择工具 ▶，选取下方的浅黄色矩形，按 Ctrl+C 组合键，复制矩形，按 Shift+Ctrl+V 组合键，就地粘贴矩形，如图 8-89 所示。按住 Shift 键的同时，单击下方白色编组图形将其同时选取，如图 8-90 所示。按 Ctrl+7 组合键，建立剪切蒙版，效果如图 8-91 所示。

（8）按 Ctrl+O 组合键，弹出"打开"对话框。选择云盘中的"Ch08 > 素材 > 制作自驾游海报 > 01"文件，单击"打开"按钮，打开文件。选择选择工具 ▶，选取需要的图形，按 Ctrl+C 组合键，复制图形。选择正在编辑的页面，按 Ctrl+V 组合键，将复制的图形粘贴到页面中，并拖曳到适当的位置，效果如图 8-92 所示。自驾游海报制作完成，效果如图 8-93 所示。

图 8-89

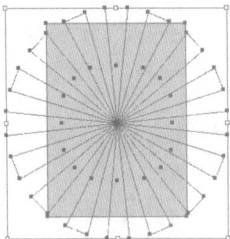
图 8-90

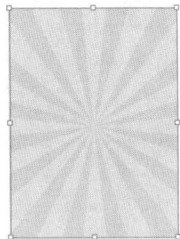
图 8-91

图 8-92

图 8-93

8.4.2 认识"透明度"面板

透明度是 Illustrator 2022 中对象的一个重要外观属性。通过设置透明度，页面上的对象可以是完全透明的、半透明的或者不透明的。在"透明度"面板中可以为对象设置不透明度，还可以改变对象的混合模式，从而制作出新的效果。

选择"窗口 > 透明度"命令（或按 Shift+Ctrl+F10 组合键），弹出"透明度"面板，如图 8-94 所示。单击面板右上方的 ☰ 图标，在弹出的菜单中选择"显示缩览图"命令，可以将"透明度"面板中的缩览图显示出来，如图 8-95 所示；在弹出的菜单中选择"显示选项"命令，可以将"透明度"面板中的选项显示出来，如图 8-96 所示。

图 8-94

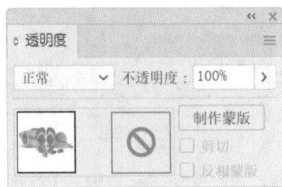
图 8-95

图 8-96

1."透明度"面板中的选项

图 8-96 所示的"透明度"面板中显示了当前选中对象的缩略图。当"不透明度"选项设置为不同的数值时，效果如图 8-97 所示（默认状态下，对象是完全不透明的）。

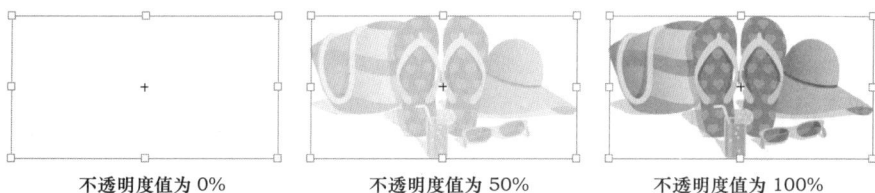

不透明度值为 0%　　　　　不透明度值为 50%　　　　　不透明度值为 100%

图 8-97

勾选"隔离混合"复选框，可以使不透明度设置只影响当前编组或图层中的其他对象。

勾选"挖空组"复选框，可以使不透明度设置不影响当前编组或图层中的其他对象，但背景对象仍然受影响。

勾选"不透明度和蒙版用来定义挖空形状"复选框，可以使用不透明度蒙版来定义对象的不透明度所产生的效果。

在"图层"面板中选中要改变不透明度的图层，单击图层右侧的 ◯ 图标，将其定义为目标图层。在"透明度"面板的"不透明度"选项中设置不透明度的数值，该设置会影响整个图层的不透明度，包括此图层中已有的对象和将来绘制的对象。

2. "透明度"面板中的命令

单击"透明度"面板右上方的 ☰ 图标，弹出的菜单如图 8-98 所示。

"建立不透明蒙版"命令可以将蒙版的不透明度设置应用到它所覆盖的所有对象中。

在页面中选中两个对象，如图 8-99 所示，选择"建立不透明蒙版"命令，"透明度"面板如图 8-100 所示，不透明蒙版的效果如图 8-101 所示。

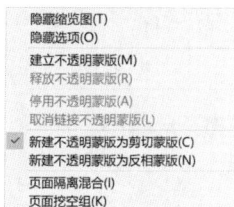　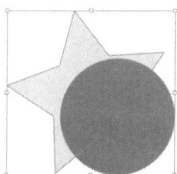　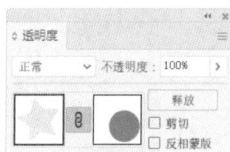　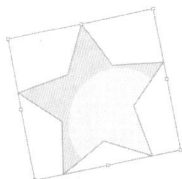

图 8-98　　　　　　　图 8-99　　　　　　　图 8-100　　　　　　　图 8-101

选择"释放不透明蒙版"命令，制作的不透明蒙版将被释放，对象恢复为原来的效果。选中制作的不透明蒙版，选择"停用不透明蒙版"命令，不透明蒙版被禁用，"透明度"面板如图 8-102 所示。

选中制作的不透明蒙版，选择"取消链接不透明蒙版"命令，蒙版对象和被蒙版对象之间的链接关系被取消。"透明度"面板中，蒙版对象和被蒙版对象缩略图之间的"指示不透明蒙版链接到图稿"按钮 ▧ 变为"单击可将不透明蒙版链接到图稿"按钮 ▨ ，如图 8-103 所示。

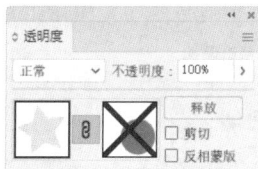　　　　　　　

图 8-102　　　　　　　　　　　　　图 8-103

选中制作的不透明蒙版，勾选"透明度"面板中的"剪切"复选框，如图 8-104 所示，不透明蒙版如图 8-105 所示。勾选"透明度"面板中的"反相蒙版"复选框，如图 8-106 所示，不透明蒙版如图 8-107 所示。

图 8-104

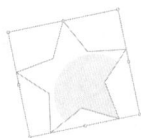
图 8-105

图 8-106

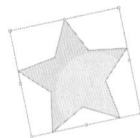
图 8-107

8.4.3　"透明度"面板中的混合模式

"透明度"面板提供了 16 种混合模式，如图 8-108 所示。打开一幅图像，如图 8-109 所示。在图像上选取需要的图形，如图 8-110 所示。

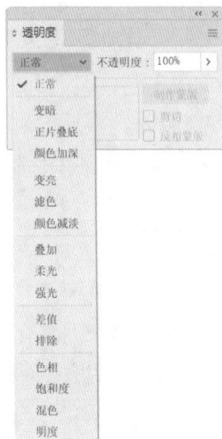
图 8-108

图 8-109

图 8-110

分别选择不同的混合模式，观察图像的变化，效果如图 8-111 所示。

正常	变暗	正片叠底	颜色加深
变亮	滤色	颜色减淡	叠加
柔光	强光	差值	排除

图 8-111

色相　　　　　　　饱和度　　　　　　　混色　　　　　　　明度

图 8-111（续）

课堂练习——制作时尚杂志封面

练习知识要点

使用"置入"命令、矩形工具和"剪切蒙版"命令制作杂志背景，使用椭圆工具、直线段工具、文字工具和填充工具添加杂志名称和栏目信息，时尚杂志封面效果如图 8-112 所示。

效果所在位置

云盘\Ch08\效果\制作时尚杂志封面.ai。

微课

制作时尚杂志封面

图 8-112

课后习题——制作中秋节月饼礼券

习题知识要点

使用"置入"命令置入底图，使用椭圆工具、"缩放"命令、渐变工具和圆角矩形工具制作装饰图形，使用矩形工具、"剪切蒙版"命令制作图片的剪切蒙版效果，使用文字工具、"字符"面板和"段落"面板添加内页文字，中秋节月饼礼券效果如图 8-113 所示。

微课　　　　　　微课

制作中秋节月饼　　制作中秋节月饼
礼券 1　　　　　　礼券 2

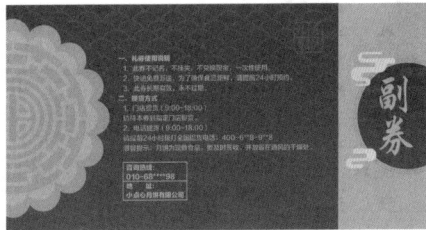

正面　　　　　　　　　　　　　　　　　背面

图 8-113

效果所在位置

云盘\Ch08\效果\制作中秋节月饼礼券.ai。

09

第9章
使用混合与封套效果

本章介绍

　　本章将重点讲解混合与封套效果的制作方法。使用"混合"命令可以使颜色和形状混合，从而产生中间对象的逐级变形效果；使用"封套扭曲"命令可以用图形对象轮廓来约束其他对象的行为。

学习目标

- ✔ 掌握混合对象的创建方法。
- ✔ 掌握混合其他对象的方法。
- ✔ 掌握编辑混合路径的方法。
- ✔ 掌握"封套扭曲"变形命令的使用方法。

技能目标

- ✔ 掌握艺术设计展海报的制作方法。
- ✔ 掌握国风音乐会海报的制作方法。

素养目标

- ✔ 培养对艺术的热爱
- ✔ 培养丰富的想象力

9.1 混合效果的使用

使用"混合"命令可以创建一系列处于两个自由形状之间的路径，即一系列样式递变的过渡图形。该命令可以在两个或两个以上的图形对象之间使用。

9.1.1 课堂案例——制作艺术设计展海报

案例学习目标

学习使用混合工具制作文字混合效果。

案例知识要点

使用矩形工具、渐变工具绘制背景，使用文字工具、渐变工具、混合工具制作文字混合效果，艺术设计展海报效果如图 9-1 所示。

效果所在位置

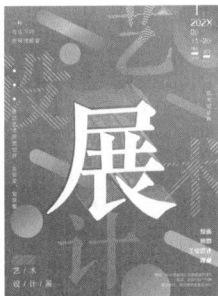
图 9-1

云盘\Ch09\效果\制作艺术设计展海报.ai。

（1）按 Ctrl+N 组合键，弹出"新建文档"对话框。设置文档的宽度为 600 px，高度为 800 px，方向为竖向，颜色模式为 RGB 颜色，光栅效果为屏幕（72 ppi），单击"创建"按钮，新建一个文档。

（2）选择矩形工具▢，绘制一个与页面大小相等的矩形。双击渐变工具▣，弹出"渐变"面板，单击"线性渐变"按钮▣，在色带上设置两个渐变滑块，分别将渐变滑块的位置设为 0、100，并设置 RGB 的值分别为 0（0、64、151）、100（154、124、181），其他选项的设置如图 9-2 所示。图形被填充为渐变色，设置描边色为无，效果如图 9-3 所示。

（3）选择文字工具 T，在页面中输入需要的文字。选择选择工具▶，在工具属性栏中选择合适的字体并设置文字大小，效果如图 9-4 所示。选择"文字 > 创建轮廓"命令，将文字转换为轮廓，效果如图 9-5 所示。

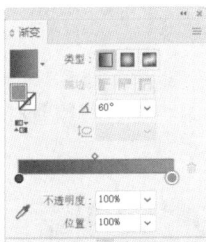
图 9-2

图 9-3

图 9-4

图 9-5

（4）在"渐变"面板中单击"线性渐变"按钮▣，在色带上设置 3 个渐变滑块，分别将渐变滑块的位置设为 0、50、100，并设置 RGB 的值分别为 0（168、44、255）、50（255、128、225）、100（66、176、253），其他选项的设置如图 9-6 所示。文字被填充为渐变色，效果如图 9-7 所示。按 Shift+X 组合键，互换填色和描边，效果如图 9-8 所示。

图 9-6 　　　　　　　图 9-7 　　　　　　　图 9-8

（5）选择选择工具 ▶，按 Ctrl+C 组合键，复制文字，按 Ctrl+F 组合键，将复制的文字粘贴在前面。微调复制的文字到适当的位置，效果如图 9-9 所示。按 Ctrl+C 组合键，复制文字（此复制文字作为备用）。按住 Shift 键同时，单击原渐变文字以将其同时选取，如图 9-10 所示。

（6）双击混合工具 ，在弹出的"混合选项"对话框中进行设置，如图 9-11 所示。单击"确定"按钮，按 Alt+Ctrl+B 组合键，生成混合，取消文字的选取状态，效果如图 9-12 所示。

（7）选择选择工具 ▶，按 Shift+Ctrl+V 组合键，就地粘贴（备用）文字，如图 9-13 所示。按 Shift+X 组合键，互换填色和描边，效果如图 9-14 所示。

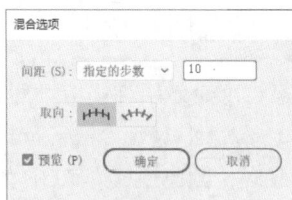

图 9-9 　　　　　　　图 9-10 　　　　　　　图 9-11

图 9-12 　　　　　　　图 9-13 　　　　　　　图 9-14

（8）在"渐变"面板中单击"线性渐变"按钮 ，在色带上设置两个渐变滑块，分别将渐变滑块的位置设为 0、100，并设置 RGB 的值分别为 0（0、64、151）、100（154、124、181），其他选项的设置如图 9-15 所示。文字被填充为渐变色，效果如图 9-16 所示。

（9）选择选择工具 ▶，按 Ctrl+C 组合键，复制文字，按 Ctrl+F 组合键，将复制的文字粘贴在前面。微调复制的文字到适当的位置，填充文字为白色，效果如图 9-17 所示。

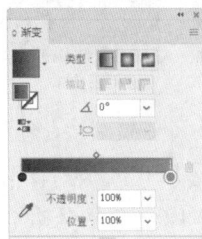

图 9-15 　　　　　　　图 9-16 　　　　　　　图 9-17

（10）按 Ctrl+O 组合键，弹出"打开"对话框。选择云盘中的"Ch09 > 素材 > 制作艺术设计展海报 > 01"文件，单击"打开"按钮，打开文件。选择选择工具 ▶，选取需要的图形，按 Ctrl+C 组合键，复制图形。选择正在编辑的页面，按 Ctrl+V 组合键，将复制的图形粘贴到页面中，并拖曳到适当的位置，效果如图 9-18 所示。

（11）连续按 Ctrl+ [组合键，将图形向后移至适当的位置，效果如图 9-19 所示。艺术设计展海报制作完成，效果如图 9-20 所示。

图 9-18 　　　　　　　图 9-19 　　　　　　　图 9-20

9.1.2　混合对象的创建

使用"混合"工具或"建立"混合命令可以将两个或多个对象的形状和颜色混合在一起，创造出独特的视觉效果。混合对象后，如果移动其中一个原始对象，或编辑原始对象的锚点，混合将会随之变化。原始对象之间混合的新对象不具有其自身的锚点，可以使用"扩展"混合命令将混合分割为不同的对象。

1. 创建混合对象

（1）使用混合工具创建混合对象

选择选择工具 ▶，选取要进行混合的两个对象，如图 9-21 所示。选择混合工具 ▣，单击要混合的起始图像，如图 9-22 所示。

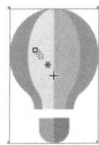

图 9-21 　　　　　　　　　　　　　图 9-22

在另一个要混合的图像上单击，将它设置为目标图像，如图 9-23 所示，混合图像效果如图 9-24 所示。

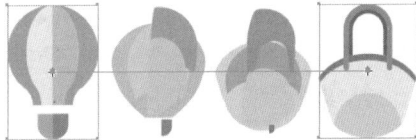

图 9-23 　　　　　　　图 9-24

（2）使用"混合"命令创建混合对象

选择选择工具 ▶，选取要进行混合的对象。选择"对象 > 混合 > 建立"命令（或按 Alt+Ctrl+B 组合键），创建混合对象。

2．创建混合路径

选择选择工具 ▶，选取要进行混合的对象，如图 9-25 所示。选择混合工具 ，单击要混合的起始路径上的某一锚点，鼠标指针变为实心，如图 9-26 所示。单击要混合的目标路径上的某一锚点，将它设置为目标路径，如图 9-27 所示。绘制出混合路径，效果如图 9-28 所示。

图 9-25

图 9-26

图 9-27

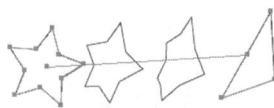

图 9-28

> **提示**
>
> 在起始路径和目标路径上单击的锚点不同，得到的混合效果也不同。

3．混合其他对象

选择混合工具 ，单击混合路径中最后一个混合对象路径上的锚点，如图 9-29 所示。单击想要添加的其他对象路径上的锚点，如图 9-30 所示。

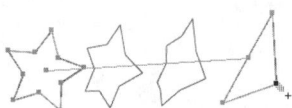

图 9-29

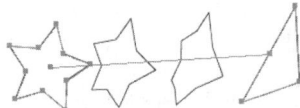

图 9-30

混合其他对象后的效果如图 9-31 所示。

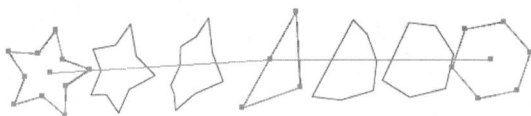

图 9-31

4．释放混合对象

选择选择工具 ▶，选取一组混合对象，如图 9-32 所示。选择"对象 > 混合 > 释放"命令（或按 Alt+Shift+Ctrl+B 组合键），释放混合对象，效果如图 9-33 所示。

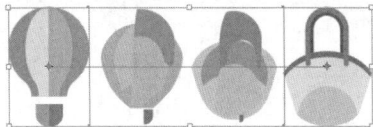

图 9-32

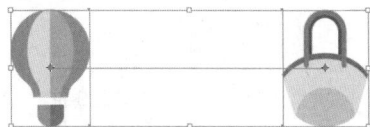

图 9-33

5．使用"混合选项"对话框

选择选择工具 ▶，选取要进行混合的对象，如图 9-34 所示。选择"对象 > 混合 > 混合选项"命令，弹出"混合选项"对话框，在对话框的"间距"下拉列表中选择"平滑颜色"选项，如图 9-35 所示，可以使混合的颜色保持平滑。

图 9-34

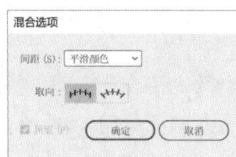

图 9-35

在对话框的"间距"下拉列表中选择"指定的步数"选项，可以设置混合对象的步数，如图 9-36 所示。在对话框的"间距"下拉列表中选择"指定的距离"选项，可以设置混合对象间的距离，如图 9-37 所示。

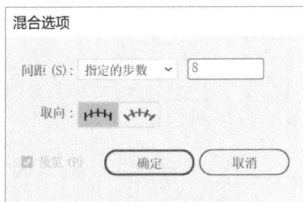

图 9-36

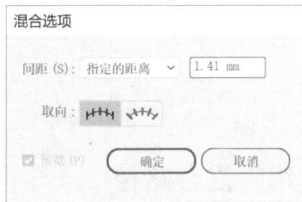

图 9-37

对话框的"取向"选项中有两个按钮："对齐页面"按钮和"对齐路径"按钮，如图 9-38 所示。设置完成后，单击"确定"按钮。选择"对象 > 混合 > 建立"命令，将对象混合，效果如图 9-39 所示。

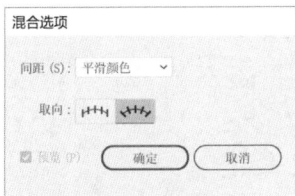

图 9-38

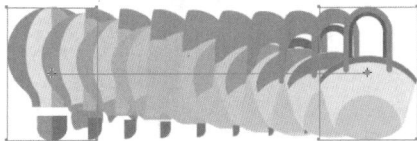

图 9-39

9.1.3 多个形状的混合

使用"混合"命令可以使选择的形状变形成另一种形状。

1. 多个对象的混合变形

打开 4 个形状不同的对象，如图 9-40 所示。选择混合工具 ，单击最上方的对象，接着按照顺时针的方向，依次单击每个对象，以混合多个对象，效果如图 9-41 所示。

第一步

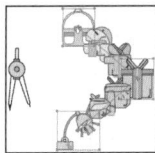

第二步

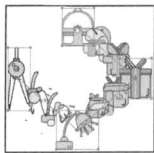

第三步

图 9-40

图 9-41

2. 制作立体效果

选择钢笔工具 ，在页面上绘制灯笼的上底、下底和边缘线，如图 9-42 所示。选取灯笼的左右两条边缘线，如图 9-43 所示。

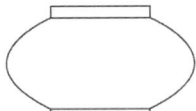

图 9-42

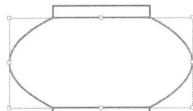

图 9-43

选择"对象 > 混合 > 混合选项"命令，弹出"混合选项"对话框。设置"指定的步数"为 4，在"取向"选项中单击"对齐页面"按钮，如图 9-44 所示，单击"确定"按钮。选择"对象 > 混

合 > 建立"命令，效果如图 9-45 所示。

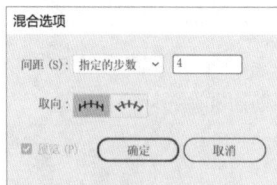
图 9-44

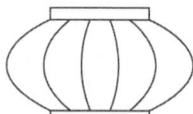
图 9-45

9.1.4 编辑混合路径

在制作混合图形之前，需要修改混合选项的设置，否则系统将采用默认的设置建立混合图形。

混合得到的图形由混合路径连接，自动创建的混合路径默认是直线，如图 9-46 所示。可以编辑混合路径，如添加、减少控制点，扭曲混合路径，以及将直角控制点转换为曲线控制点。

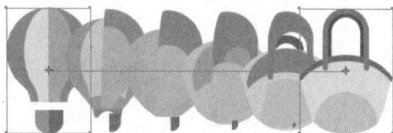
图 9-46

选择"对象 > 混合 > 混合选项"命令，弹出"混合选项"对话框，"间距"下拉列表中包括 3 个选项，如图 9-47 所示。

"平滑颜色"选项：根据进行混合的两个图形的颜色和形状来确定混合的步数，为默认的选项，效果如图 9-48 所示。

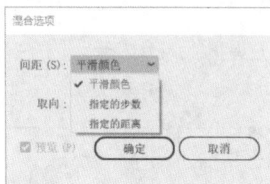
图 9-47

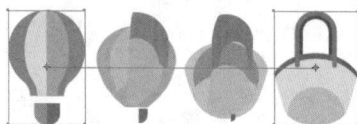
图 9-48

"指定的步数"选项：用于控制混合的步数。当"指定的步数"设置为 2 时，效果如图 9-49 所示。当"指定的步数"设置为 7 时，效果如图 9-50 所示。

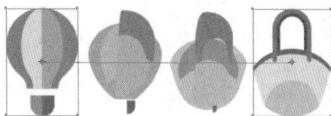
图 9-49

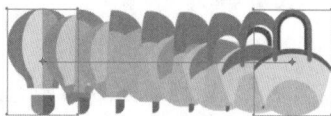
图 9-50

"指定的距离"选项：用于控制每一步混合的距离。当"指定的距离"设置为 25 时，效果如图 9-51 所示。当"指定的距离"设置为 2 时，效果如图 9-52 所示。

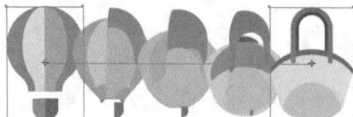
图 9-51

图 9-52

如果想要将混合图形与外部路径结合，需要同时选取混合图形和外部路径，然后选择"对象 > 混合 > 替换混合轴"命令，替换混合图形中的混合路径，混合前后的效果分别如图 9-53 和图 9-54 所示。

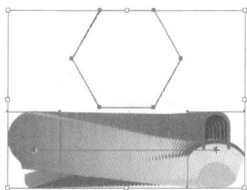

图 9-53

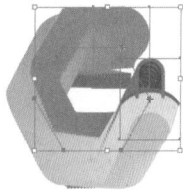

图 9-54

9.1.5 操作混合对象

1. 改变混合对象的重叠顺序

选取混合对象，选择"对象 > 混合 > 反向堆叠"命令，混合对象的重叠顺序将改变，改变前后的效果分别如图 9-55 和图 9-56 所示。

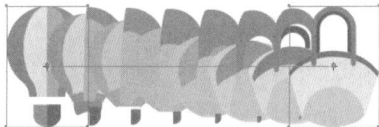

图 9-55

图 9-56

2. 打散混合对象

选取混合对象，选择"对象 > 混合 > 扩展"命令，混合对象将被打散，打散前后的效果分别如图 9-57 和图 9-58 所示。

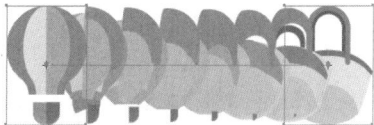

图 9-57

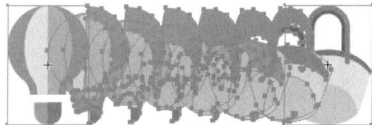

图 9-58

9.2 封套效果的使用

Illustrator 2022 提供了不同类型的封套，利用封套可以改变选定对象的形状。封套不仅可以应用到选定的图形中，还可以应用于路径、复合路径、文本对象、网格、混合对象和导入的位图中。

当对某个对象使用封套时，对象就像被放入一个特定的容器，封套会使对象发生相应的变化。对于应用了封套的对象，还可以对其进行编辑，如修改、删除等。

9.2.1 课堂案例——制作国风音乐会海报

📝 案例学习目标

学习使用绘图工具和"封套扭曲"命令制作国风音乐会海报。

微课

制作国风音乐会海报

案例知识要点

使用渐变工具、矩形工具绘制海报背景，使用添加锚点工具和直接选择工具添加并编辑锚点，使用椭圆工具、"渐变"面板、比例缩放工具和混合工具绘制装饰圆环，使用钢笔工具、渐变工具、文字工具和"用顶层对象建立"命令制作封套扭曲效果，国风音乐会海报效果如图 9-59 所示。

效果所在位置

图 9-59

云盘\Ch09\效果\制作国风音乐会海报.ai。

（1）按 Ctrl+N 组合键，弹出"新建文档"对话框。设置文档的宽度为 210 mm，高度为 285 mm，方向为纵向，颜色模式为 CMYK 颜色，光栅效果为高（300 ppi），单击"创建"按钮，新建一个文档。

（2）选择矩形工具，绘制一个与页面大小相等的矩形，设置填充色为黄色（CMYK 的值分别为 19、45、84、0），填充图形，并设置描边色为无，效果如图 9-60 所示。使用矩形工具在适当的位置再绘制一个矩形，如图 9-61 所示。

图 9-60

图 9-61

（3）双击渐变工具，弹出"渐变"面板，单击"线性渐变"按钮，在色带上设置两个渐变滑块，分别将渐变滑块的位置设为 0、100，并设置 CMYK 的值分别为 0（50、86、100、26）、100（10、64、94、0），其他选项的设置如图 9-62 所示。图形被填充为渐变色，设置描边色为无，效果如图 9-63 所示。

（4）选择直接选择工具，选中右上角的锚点，按住 Shift 键的同时，垂直向下拖曳锚点到适当的位置，如图 9-64 所示。

图 9-62

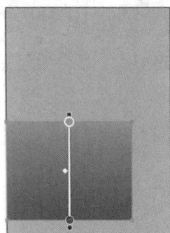
图 9-63

图 9-64

（5）选择添加锚点工具，在斜边上适当的位置单击，添加一个锚点，如图 9-65 所示。在工具属性栏中单击"将所选锚点转换为平滑"按钮，将锚点转换为平滑锚点。选择直接选择工具，分别拖曳锚点的控制手柄到适当的位置，调整其弧度，如图 9-66 所示。用相同的方法再添加一个锚点，并调整其弧度，效果如图 9-67 所示。

图 9-65   图 9-66   图 9-67

（6）选择椭圆工具 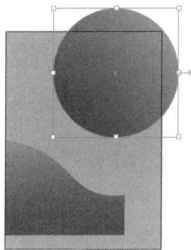，按住 Shift 键的同时，在右上角适当的位置绘制一个圆形，如图 9-68 所示。在"渐变"面板中单击"线性渐变"按钮 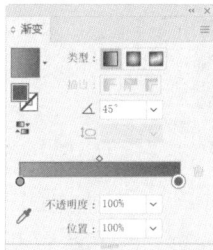，在色带上设置两个渐变滑块，分别将渐变滑块的位置设为 0、100，并设置 CMYK 的值分别为 0（71、1、37、0）、100（89、59、30、0），其他选项的设置如图 9-69 所示。图形被填充为渐变色，效果如图 9-70 所示。

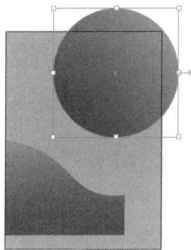
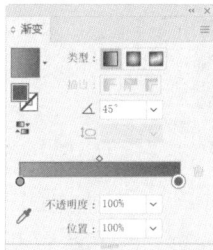
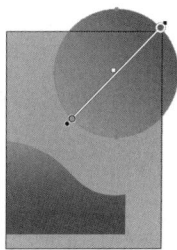

图 9-68   图 9-69   图 9-70

（7）双击比例缩放工具 ，弹出"比例缩放"对话框，各选项的设置如图 9-71 所示。单击"复制"按钮，缩放并复制圆形，效果如图 9-72 所示。

（8）在"渐变"面板中将"角度"选项设为 180°，如图 9-73 所示。图形被填充为渐变色，效果如图 9-74 所示。

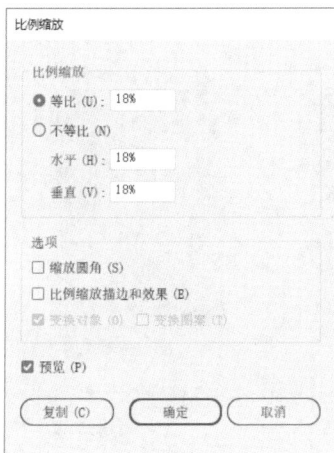
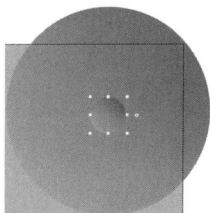
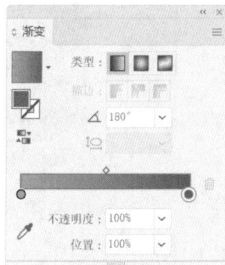
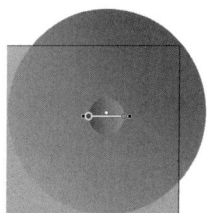

图 9-71   图 9-72   图 9-73   图 9-74

（9）选择选择工具 ，按住 Shift 键的同时，单击原图形将其同时选取，如图 9-75 所示。双击混合工具 ，在弹出的"混合选项"对话框中进行设置，如图 9-76 所示。单击"确定"按钮，按

Alt+Ctrl+B 组合键，生成混合，效果如图 9-77 所示。

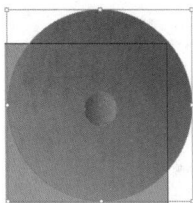
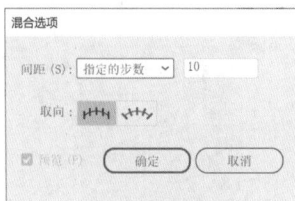
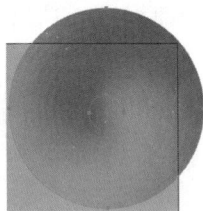

图 9-75　　　　　　　　　　　图 9-76　　　　　　　　　　　图 9-77

（10）选择选择工具 ▶，选取圆形，按 Ctrl+C 组合键，复制图形，按 Ctrl+Shift+V 组合键，就地粘贴图形。按 Shift+X 组合键，互换填色和描边，设置描边色为土黄色（CMYK 的值分别为 38、53、74、0），填充描边，效果如图 9-78 所示。选择钢笔工具 ✏，在适当的位置绘制一个不规则图形，如图 9-79 所示。

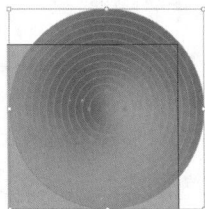
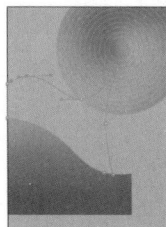

图 9-78　　　　　　　　　　　　　图 9-79

（11）在"渐变"面板中单击"线性渐变"按钮 ▣，在色带上设置两个渐变滑块，分别将渐变滑块的位置设为 0、100，并设置 CMYK 的值分别为 0（50、86、100、26）、100（10、64、94、0），其他选项的设置如图 9-80 所示。图形被填充为渐变色，设置描边色为无，效果如图 9-81 所示。用相同的方法分别绘制其他图形，并填充相应的渐变色，效果如图 9-82 所示。

（12）选择选择工具 ▶，选取渐变图形，连续按 Ctrl+[组合键，将选中的图形后移到适当的位置，效果如图 9-83 所示。

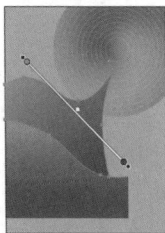
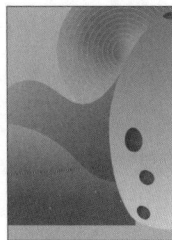
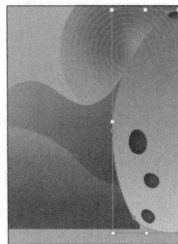

图 9-80　　　　　　　图 9-81　　　　　　　图 9-82　　　　　　　图 9-83

（13）选择文字工具 Ⓣ，在页面中输入需要的文字。选择选择工具 ▶，在工具属性栏中选择合适的字体并设置文字大小。设置填充色为浅黄色（CMYK 的值分别为 12、21、32、0），填充文字，效果如图 9-84 所示。

（14）按 Ctrl+T 组合键，弹出"字符"面板。将"设置所选字符的字距调整"选项 🆅🅰 设为 -100，其他选项的设置如图 9-85 所示。按 Enter 键确定操作，效果如图 9-86 所示。在工具属性栏中将"不透明度"选项设置为 20%，按 Enter 键确定操作，效果如图 9-87 所示。

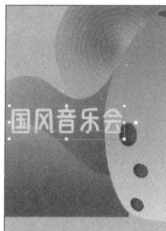

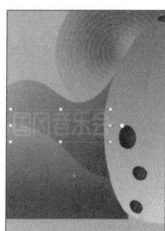

图 9-84　　　　　　　　　　　图 9-85　　　　　　　　　　图 9-86　　　　　　　　图 9-87

（15）选择选择工具 ▶ ，选取下方的渐变图形，按 Ctrl+C 组合键，复制图形，按 Ctrl+Shift+V 组合键，就地粘贴图形，如图 9-88 所示。按住 Shift 键的同时单击下方文字，将其同时选取，如图 9-89 所示。选择"对象 > 封套扭曲 > 用顶层对象建立"命令，效果如图 9-90 所示。

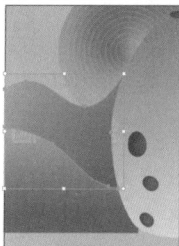
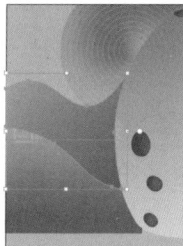
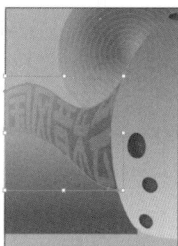

图 9-88　　　　　　　　　　图 9-89　　　　　　　　　　图 9-90

（16）按 Ctrl+O 组合键，弹出"打开"对话框。选择云盘中的"Ch09 > 素材 > 制作国风音乐会海报 > 01"文件，单击"打开"按钮，打开文件。按 Ctrl+A 组合键，全选图形和文字，按 Ctrl+C 组合键，复制图形和文字。选择正在编辑的页面，按 Ctrl+V 组合键，将复制的图形和文字粘贴到页面中，选择选择工具 ▶ ，拖曳复制的图形和文字到适当的位置，效果如图 9-91 所示。

（17）选取需要的乐器图像，连续按 Ctrl+[组合键，将其向后移动到适当的位置，效果如图 9-92 所示。国风音乐会海报制作完成，效果如图 9-93 所示。

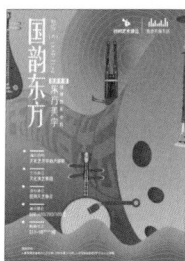

图 9-91　　　　　　　　　　图 9-92　　　　　　　　　　图 9-93

9.2.2　创建封套

当需要使用封套来改变对象的形状时，可以使用系统预设的形状创建封套，也可以使用网格和路径创建封套。但是对象必须位于所有对象的最上层。

（1）使用系统预设的形状创建封套

选中对象，选择"对象 > 封套扭曲 > 用变形建立"命令（或按 Alt+Shift+Ctrl+W 组合键），弹出"变形选项"对话框，如图 9-94 所示。

"样式"下拉列表提供了 15 种封套类型，可根据需要选择，如图 9-95 所示。

"水平"单选项和"垂直"单选项用来设置封套的放置位置。"弯曲"选项用于设置对象的弯曲程度。"扭曲"选项用于设置封套类型在水平或垂直方向上的扭曲程度。勾选"预览"复选框，预览设置的封套效果。单击"确定"按钮，将设置好的封套应用到选定的对象中，图形应用封套前后的对比效果如图 9-96 所示。

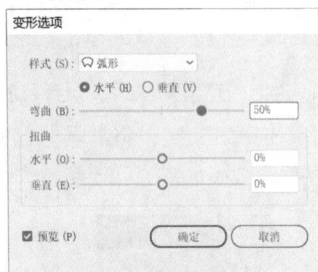
图 9-94

图 9-95

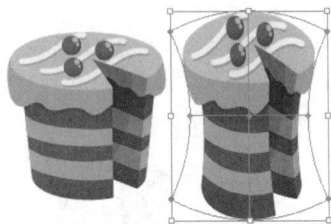
图 9-96

（2）使用网格建立封套

选中对象，选择"对象 > 封套扭曲 > 用网格建立"命令（或按 Alt+Ctrl+M 组合键），弹出"封套网格"对话框。"行数"选项和"列数"选项用于设置网格的行数和列数，如图 9-97 所示，单击"确定"按钮，将网格封套应用到选定的对象中，如图 9-98 所示。

设置完成后，可以使用网格工具 对网格封套进行编辑。选择网格工具 ，单击网格封套对象，即可增加对象上的网格数，如图 9-99 所示。按住 Alt 键的同时，单击对象上的网格点和网格线，可以减少网格封套的行数和列数。拖曳网格点可以改变对象的形状，如图 9-100 所示。

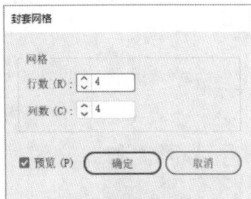
图 9-97

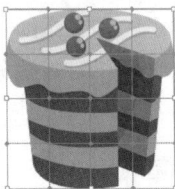
图 9-98

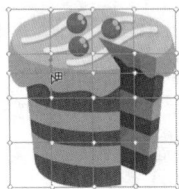
图 9-99

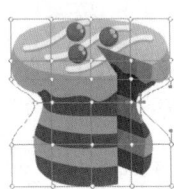
图 9-100

（3）使用路径建立封套

选中对象和要作为封套的路径（封套路径必须位于所有对象的最上层），如图 9-101 所示。选择"对象 > 封套扭曲 > 用顶层对象建立"命令（或按 Alt+Ctrl+C 组合键），封套效果如图 9-102 所示。

图 9-101

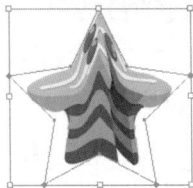
图 9-102

9.2.3 编辑封套

用户可以对创建的封套进行编辑。由于创建的封套和对象是组合在一起的，因此，既可以编辑封套，也可以编辑对象，但是不能同时编辑。

1. 编辑封套

选择选择工具 ▶，选取一个含有对象的封套。选择"对象 > 封套扭曲 > 用变形重置"命令或"用网格重置"命令，弹出"变形选项"对话框或"重置封套网格"对话框，可以根据需要重新设置封套类型，效果如图 9-103 和图 9-104 所示。

选择直接选择工具 ▷ 或网格工具 囲 后，可以通过拖动封套上的锚点编辑封套。还可以使用变形工具 ■ 对封套进行扭曲变形，效果如图 9-105 所示。

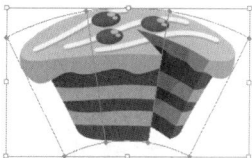
图 9-103

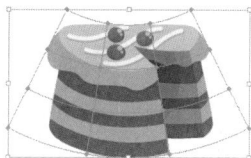
图 9-104

图 9-105

2. 编辑封套内的对象

选择选择工具 ▶，选取含有封套的对象，如图 9-106 所示。选择"对象 > 封套扭曲 > 编辑内容"命令（或按 Shift+Ctrl+V 组合键），对象上会显示原来的选择框，如图 9-107 所示。这时在"图层"面板中，封套图层左侧将显示小三角形图标，表示可以修改封套中的内容，如图 9-108 所示。

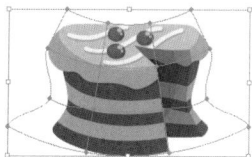
图 9-106

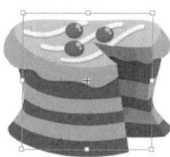
图 9-107

图 9-108

9.2.4 设置封套属性

可以对封套进行设置，使封套符合图形绘制的要求。

选择一个封套对象，选择"对象 > 封套扭曲 > 封套选项"命令，弹出"封套选项"对话框，如图 9-109 所示。

勾选"消除锯齿"复选框，可以在使用封套扭曲的时候防止锯齿的产生，保持图形的清晰度。选择"剪切蒙版"单选项可以在封套上使用蒙版，选择"透明度"单选项可以对封套应用 Alpha 通道。"保真度"选项用于设置对象适合封套的保真度。勾选"扭曲外观"复选框后，下方的两个复选框被激活。它可使对象具有外观属性，如应用了特殊效果，对象也将随之发生扭曲变形。"扭曲线性渐变填充"和"扭曲图案填充"复选框分别用于扭曲对象的线性渐变填充和图案填充。

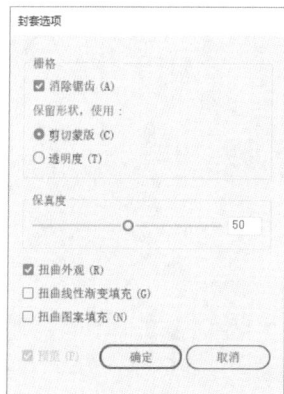
图 9-109

课堂练习——制作卡通火焰贴纸

练习知识要点

使用星形工具、"圆角"命令绘制多角星形，使用椭圆工具、"描边"面板绘制虚线，使用钢笔工具、混合工具制作火焰，卡通火焰贴纸效果如图 9-110 所示。

图 9-110

微课

制作卡通火焰贴纸

效果所在位置

云盘\Ch09\效果\制作卡通火焰贴纸.ai。

课后习题——制作促销商品海报

习题知识要点

使用文字工具、"封套扭曲"命令、渐变工具和"高斯模糊"命令添加并编辑标题文字，使用文字工具、"字符"面板添加宣传文字，使用圆角矩形工具、"描边"命令绘制虚线框，促销商品海报效果如图 9-111 所示。

图 9-111

微课

制作促销商品海报

效果所在位置

云盘\Ch09\效果\制作促销商品海报.ai。

第 10 章
效果的使用

10

本章介绍 ⦙⦙⦙

　　本章主要介绍 Illustrator 2022 中的效果。通过本章的学习，学生可以掌握效果的使用方法，并将丰富的图形图像效果应用到实际操作中。

学习目标 ⦙⦙⦙

　✔ 了解"效果"菜单和重复应用效果的方法。
　✔ 掌握 Illustrator 效果的使用方法。
　✔ 掌握 Photoshop 效果的使用方法。
　✔ 掌握"图形样式"面板和"外观"面板的使用技巧。

技能目标 ⦙⦙⦙

　✔ 掌握具有立体效果的 Logo 的制作方法。
　✔ 掌握文房四宝展示会海报的制作方法。

素养目标 ⦙⦙⦙

　✔ 培养精益求精的工作作风。

10.1 "效果"菜单简介

在 Illustrator 2022 中，使用效果命令可以快速地处理图像，使图像更加精美。所有的效果命令都放置在"效果"菜单下，如图 10-1 所示。

"效果"菜单包括 4 个部分。第一部分包含重复应用上一个效果的命令，第二部分用于设置文档栅格效果，第三部分包含 Illustrator 效果命令，第四部分包含 Photoshop 效果命令，可用于处理矢量图形或位图图像。

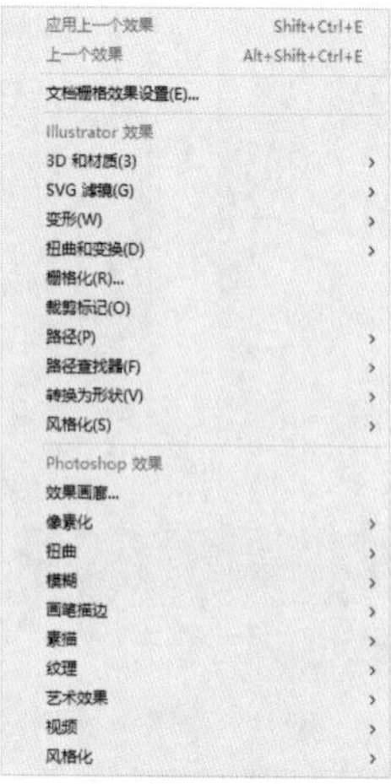

图 10-1

10.2 重复应用效果

"效果"菜单的第一部分有两个命令，分别是"应用上一个效果"命令和"上一个效果"命令。当没有使用过任何效果时，这两个命令处于灰色不可用状态，如图 10-2 所示。当使用过效果后，这两个命令变为上次使用的效果命令。例如，如果上次使用的是"效果 > 扭曲和变换 > 扭转"命令，那么菜单命令如图 10-3 所示。

图 10-2

图 10-3

选择"应用上一个效果"命令可以直接将上一次使用的效果添加到图像上。打开文件，如图 10-4 所示，选择"效果 > 扭曲和变换 > 扭转"命令，设置扭曲度为 40°，效果如图 10-5 所示。选择"应用'扭转'"命令，可以使图像再次扭曲 40°，如图 10-6 所示。

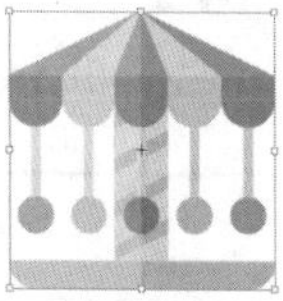

图 10-4

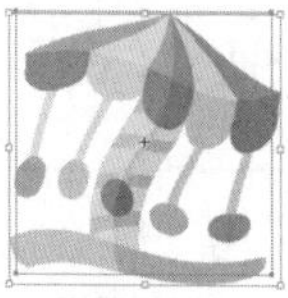

图 10-5

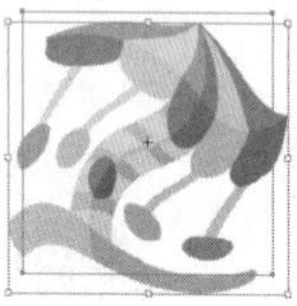

图 10-6

如果选择"扭转"命令，将弹出"扭转"对话框，可以输入新的数值，如图 10-7 所示，单击"确定"按钮，得到的效果如图 10-8 所示。

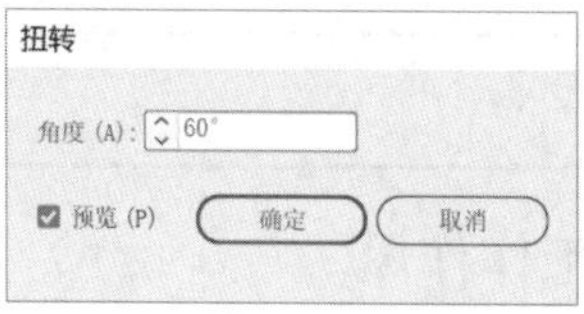

图 10-7

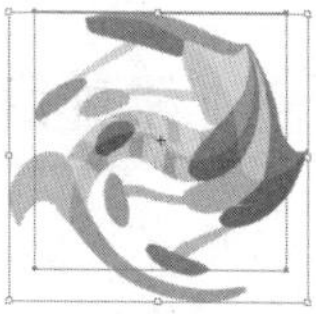

图 10-8

10.3 Illustrator 效果

Illustrator 效果为矢量效果，可以应用于矢量图和位图对象，它包括 10 个效果组，有些效果组又包括多个效果。

10.3.1　课堂案例——制作具有立体效果的 Logo

✎ 案例学习目标

学习使用"3D 和材质"命令、"路径查找器"面板制作具有立体效果的 Logo。

🔒 案例知识要点

使用矩形工具、"凸出和斜角（经典）"命令、"路径查找器"面板和渐变工具制作具有立体效果的 Logo，使用文字工具输入 Logo 文字，具有立体效果的 Logo 效果如图 10-9 所示。

图 10-9

◎ 效果所在位置

云盘\Ch10\效果\制作具有立体效果的 Logo.ai。

（1）按 Ctrl+N 组合键，弹出"新建文档"对话框。设置文档的宽度为 800 px，高度为 600 px，方向为横向，颜色模式为 RGB 颜色，光栅效果为屏幕（72 ppi），单击"创建"按钮，新建一个文档。

（2）选择矩形工具 ▣，在页面中单击，弹出"矩形"对话框，各选项的设置如图 10-10 所示。单击"确定"按钮，得到一个正方形。选择选择工具 ▶，拖曳正方形到适当的位置，效果如图 10-11 所示。设置填充色（RGB 的值分别为 109、213、250），填充图形，并设置描边色为无，效果如图 10-12 所示。

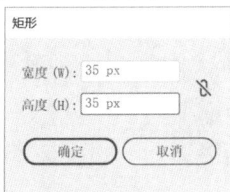

图 10-10

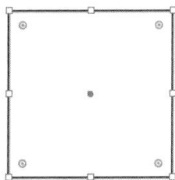

图 10-11

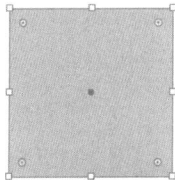

图 10-12

（3）选择"效果 > 3D 和材质 > 3D（经典） > 凸出和斜角（经典）"命令，弹出"3D 凸出和斜角选项（经典）"对话框，各选项的设置如图 10-13 所示。单击"确定"按钮，效果如图 10-14 所示。选择"对象 > 扩展外观"命令，扩展图形外观，效果如图 10-15 所示。

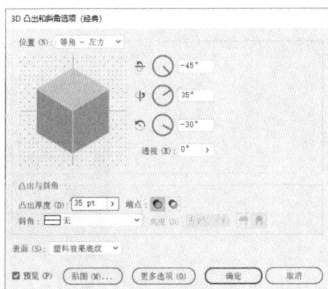

图 10-13

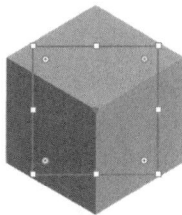

图 10-14

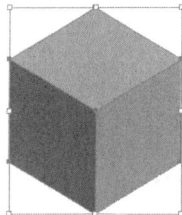

图 10-15

（4）选择直接选择工具 ▷，用框选的方法将长方体下方需要的锚点同时选取，如图 10-16 所示，向下拖曳锚点到适当的位置，效果如图 10-17 所示。

（5）选择选择工具 ▶，按住 Alt+Shift 组合键的同时，水平向右拖曳图形到适当的位置，复制图形，效果如图 10-18 所示。

图 10-16

图 10-17

图 10-18

（6）选择直接选择工具 ，用框选的方法将右侧长方体下方需要的锚点同时选取，如图 10-19 所示。向上拖曳锚点到适当的位置，效果如图 10-20 所示。

图 10-19

图 10-20

（7）选择选择工具 ，用框选的方法将两个长方体同时选取，如图 10-21 所示。再次单击左侧长方体将其作为参照对象，如图 10-22 所示。在工具属性栏中单击"垂直居中对齐"按钮 ，效果如图 10-23 所示。

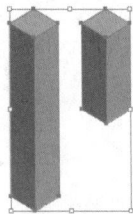

图 10-21

图 10-22

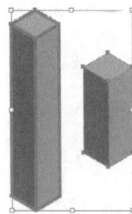

图 10-23

（8）选择选择工具 ，选取右侧的长方体，如图 10-24 所示。按住 Alt 键的同时，向左上角拖曳图形到适当的位置，复制图形，效果如图 10-25 所示。

（9）选择"窗口 > 变换"命令，弹出"变换"面板，将"旋转"选项设为 60°，如图 10-26 所示，按 Enter 键确定操作。拖曳旋转后的图形到适当的位置，效果如图 10-27 所示。

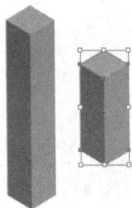

图 10-24

图 10-25

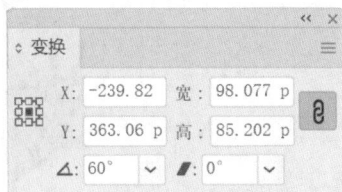

图 10-26

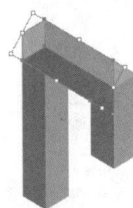

图 10-27

（10）双击镜像工具 ，弹出"镜像"对话框，选项的设置如图 10-28 所示。单击"复制"按钮，镜像并复制图形，效果如图 10-29 所示。选择选择工具 ，按住 Shift 键的同时，垂直向下拖曳复制的图形到适当的位置，效果如图 10-30 所示。

图 10-28　　　　　　图 10-29　　　　　　图 10-30

（11）选择选择工具 ▶，用框选的方法将绘制的图形同时选取，连续 3 次按 Shift+Ctrl+G 组合键，取消图形编组，如图 10-31 所示。选取左侧需要的图形，如图 10-32 所示，按 Shift+Ctrl+]组合键，将其置于顶层，效果如图 10-33 所示。用相同的方法调整其他图形的顺序，效果如图 10-34 所示。

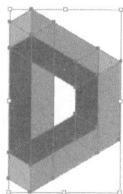

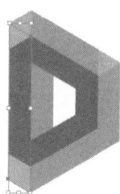

图 10-31　　　　图 10-32　　　　图 10-33　　　　图 10-34

（12）选取上方需要的图形，如图 10-35 所示。选择吸管工具 ✐，将鼠标指针放置在右侧需要的图形上，如图 10-36 所示，单击以吸取属性，如图 10-37 所示。选择选择工具 ▶，按 Shift+Ctrl+]组合键，将其置于顶层，效果如图 10-38 所示。

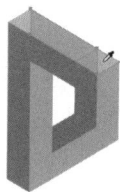

图 10-35　　　　图 10-36　　　　图 10-37　　　　图 10-38

（13）放大显示视图。选择直接选择工具 ▷，分别调整转角处的锚点，使其每个角或边对齐，效果如图 10-39 所示。选择选择工具 ▶，用框选的方法将绘制的图形同时选取，如图 10-40 所示。选择"窗口 > 路径查找器"命令，弹出"路径查找器"面板，单击"分割"按钮 ▣，如图 10-41 所示。生成新对象，效果如图 10-42 所示。按 Shift+Ctrl+G 组合键，取消图形编组。

图 10-39　　　图 10-40　　　　　　图 10-41　　　　　　图 10-42

（14）选择选择工具 ▶，按住 Shift 键的同时，依次单击需要的图形，将其同时选取，如图 10-43

所示。在"路径查找器"面板中单击"联集"按钮 ▣，如图 10-44 所示。生成新的对象，效果如图 10-45 所示。

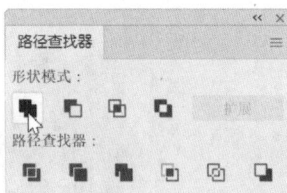

图 10-43　　　　　　图 10-44　　　　　　图 10-45

（15）双击渐变工具 ▣，弹出"渐变"面板。单击"线性渐变"按钮 ▣，在色带上设置 3 个渐变滑块，分别将渐变滑块的位置设为 0、36、100，并设置 RGB 的值分别为 0（41、105、176）、36（41、128、185）、100（109、213、250），其他选项的设置如图 10-46 所示，图形被填充为渐变色，效果如图 10-47 所示。用相同的方法合并其他图形，并填充相应的渐变色，效果如图 10-48 所示。

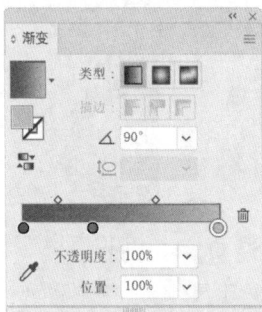

图 10-46　　　　　　图 10-47　　　　　　图 10-48

（16）选择选择工具 ▶，用框选的方法将绘制的图形全部选取，按 Ctrl+G 组合键，将其编组，如图 10-49 所示。

（17）选择文字工具 T，在页面中分别输入需要的文字。选择选择工具 ▶，在工具属性栏中分别选择合适的字体并设置文字大小，效果如图 10-50 所示。

图 10-49　　　　　　　　　图 10-50

（18）选取下方英文文字，按 Alt+→组合键，适当调整文字间距，效果如图 10-51 所示。具有立体效果的 Logo 制作完成，效果如图 10-52 所示。

碲点装饰
DIDIAN DECORATION
图 10-51

图 10-52

10.3.2 "3D 和材质"效果组

"3D 和材质"效果组可以将开放路径、封闭路径或位图对象转换为可以旋转、打光和投影的三维对象，如图 10-53 所示。

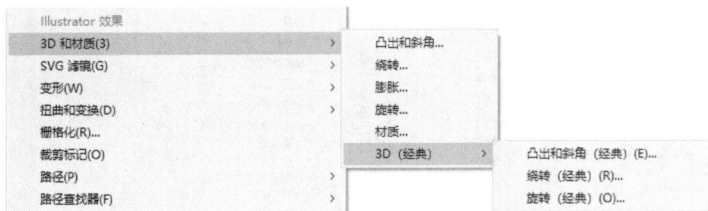

图 10-53

"3D 和材质"效果组中的效果如图 10-54 所示。

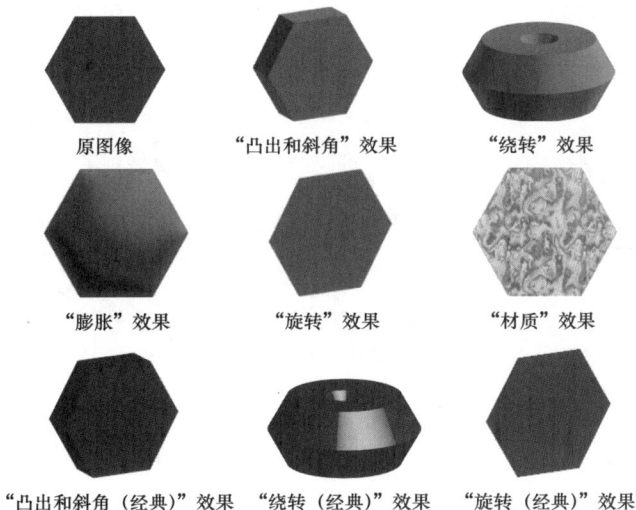

图 10-54

10.3.3 "SVG 滤镜"效果组

SVG 是将图像描述为形状、路径、文本和滤镜效果的矢量格式。其生成的文件很小，可在 Web、资源有限的手持设备上提供较高品质的图像。用户无须牺牲锐利程度、细节或清晰度，即可在屏幕上放大 SVG 图像的视图。此外，SVG 提供对文本和颜色的高级支持，可以确保用户看到的图像和 Illustrator 画板上显示的图像一样。

"SVG 滤镜"效果组是一系列描述各种数学运算的 XML 属性，生成的效果会应用于目标对象而不是源图形。如果对象使用了多个效果，则 SVG 效果必须是最后一个效果。

如果要从 SVG 文件导入效果，需要选择"效果 > SVG 滤镜 > 导入 SVG 滤镜"命令，如图 10-55 所示。选择需要的 SVG 文件，然后单击"打开"按钮。

10.3.4 "变形"效果组

"变形"效果组可使对象扭曲或变形，可作用的对象有路径、文本、网格、混合和栅格图像，如图 10-56 所示。

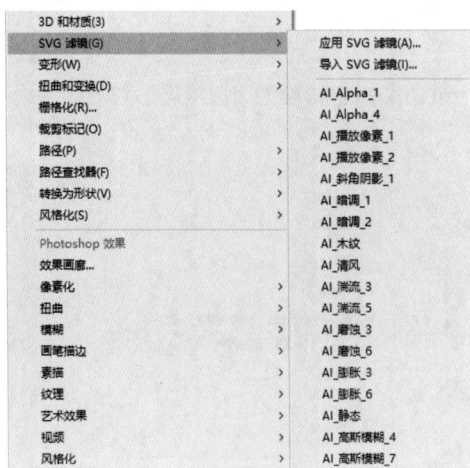

图 10-55

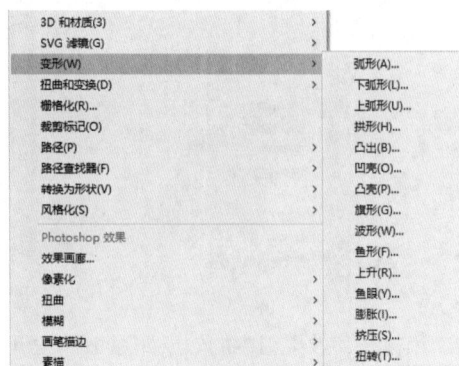

图 10-56

"变形"效果组中的效果如图 10-57 所示。

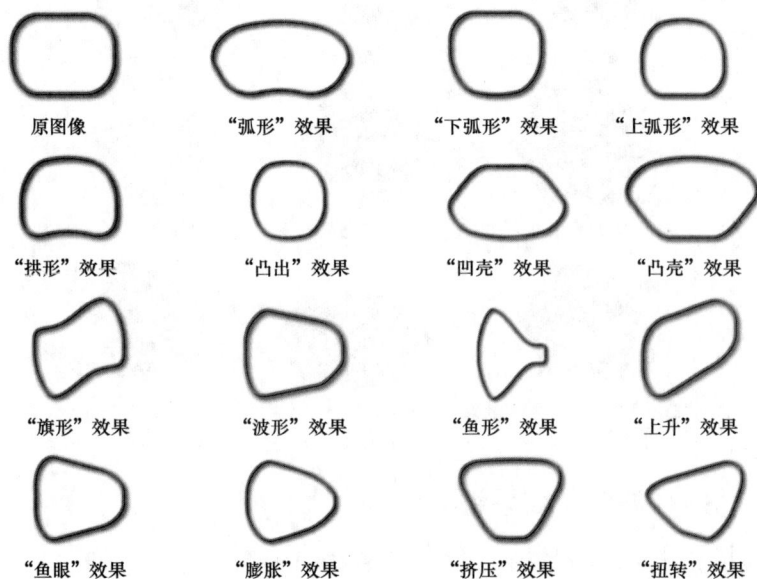

原图像	"弧形"效果	"下弧形"效果	"上弧形"效果
"拱形"效果	"凸出"效果	"凹壳"效果	"凸壳"效果
"旗形"效果	"波形"效果	"鱼形"效果	"上升"效果
"鱼眼"效果	"膨胀"效果	"挤压"效果	"扭转"效果

图 10-57

10.3.5 "扭曲和变换"效果组

"扭曲和变换"效果组可以使图像产生扭曲变形的效果，包括 7 个效果命令，如图 10-58 所示。

"扭曲和变换"效果组中的效果如图 10-59 所示。

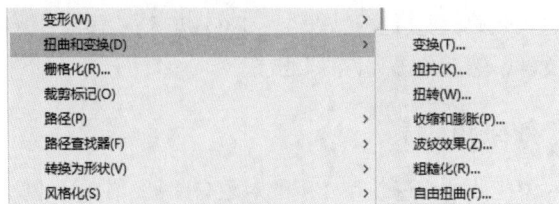

图 10-58

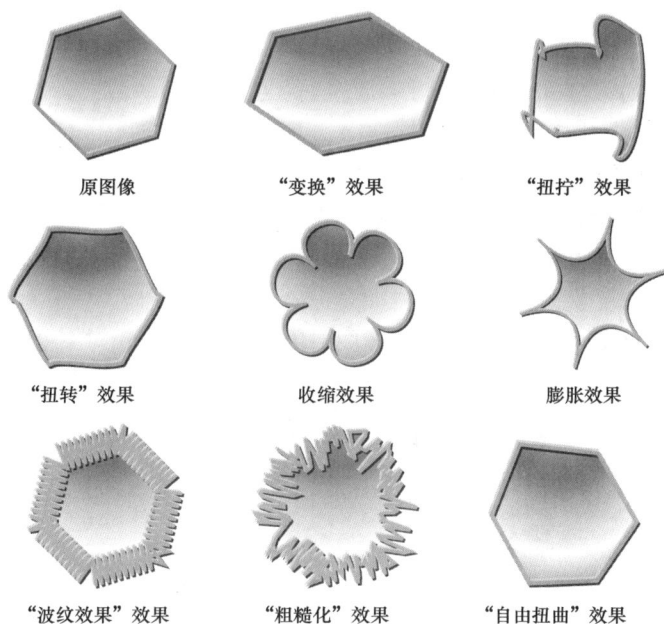

原图像   "变换"效果   "扭拧"效果

"扭转"效果   收缩效果   膨胀效果

"波纹效果"效果   "粗糙化"效果   "自由扭曲"效果

图 10-59

10.3.6 "栅格化"效果

"栅格化"命令可以将矢量图转换为像素图像，"栅格化"对话框如图 10-60 所示。

图 10-60

10.3.7 "裁剪标记"效果

裁剪标记用于指示打印纸张剪切的位置，效果如图 10-61 所示。

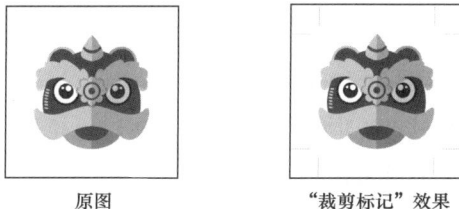

原图   "裁剪标记"效果

图 10-61

10.3.8 "路径"效果组

"路径"效果组可以将对象路径相对于对象的原始位置进行移动，将文字转换为可进行编辑和操作的复合路径，将所选对象的描边更改为与原始描边粗细相同的填色对象，如图 10-62 所示。

图 10-62

10.3.9 "路径查找器"效果组

"路径查找器"效果组可以将组、图层或子图层合并到一个可编辑对象中，如图 10-63 所示。

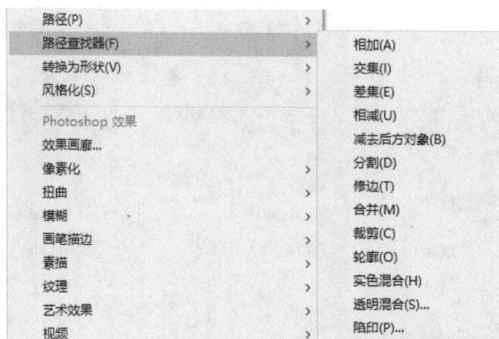

图 10-63

10.3.10 "转换为形状"效果组

"转换为形状"效果组可以将矢量对象的形状转换为矩形、圆角矩形或椭圆形，如图 10-64 所示。

"转换为形状"效果组中的效果如图 10-65 所示。

图 10-64

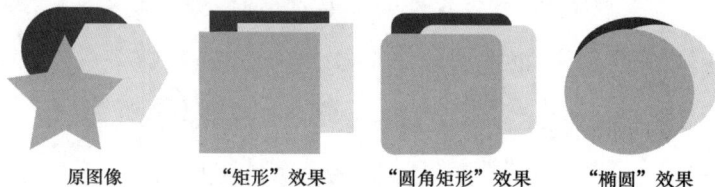

原图像　　　"矩形"效果　　　"圆角矩形"效果　　　"椭圆"效果

图 10-65

10.3.11 "风格化"效果组

"风格化"效果组用于向图像添加内发光、投影等效果，如图 10-66 所示。

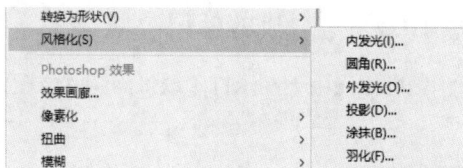

图 10-66

1. "内发光"命令

"内发光"命令可以在对象的内部创建发光的外观效果。选中要添加内发光效果的对象，如图 10-67 所示。选择"效果 > 风格化 > 内发光"命令，在弹出的"内发光"对话框中设置参数，如图 10-68 所示。单击"确定"按钮，对象的内发光效果如图 10-69 所示。

图 10-67

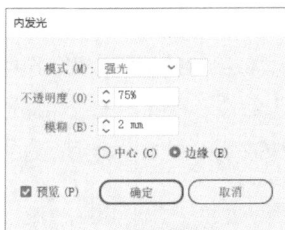
图 10-68

图 10-69

2."圆角"命令

使用"圆角"命令可以为对象添加圆角效果。选中要添加圆角效果的对象，如图 10-70 所示。选择"效果 > 风格化 > 圆角"命令，在弹出的"圆角"对话框中设置参数，如图 10-71 所示。单击"确定"按钮，对象的圆角效果如图 10-72 所示。

图 10-70

图 10-71

图 10-72

3."外发光"命令

"外发光"命令可以在对象的外部创建发光的外观效果。选中要添加外发光效果的对象，如图 10-73 所示。选择"效果 > 风格化 > 外发光"命令，在弹出的"外发光"对话框中设置参数，如图 10-74 所示。单击"确定"按钮，对象的外发光效果如图 10-75 所示。

图 10-73

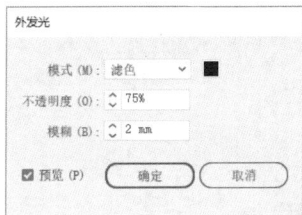
图 10-74

图 10-75

4."投影"命令

使用"投影"命令可以为对象添加投影效果。选中要添加投影效果的对象，如图 10-76 所示。选择"效果 > 风格化 > 投影"命令，在弹出的"投影"对话框中设置参数，如图 10-77 所示。单击"确定"按钮，对象的投影效果如图 10-78 所示。

图 10-76

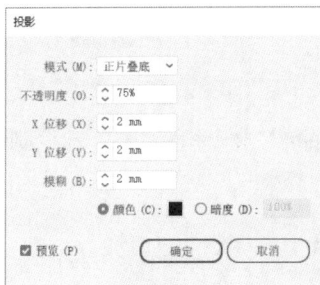
图 10-77

图 10-78

5．"涂抹"命令

使用"涂抹"命令可以为对象添加类似手绘的笔刷效果。选中要添加涂抹效果的对象，如图10-79所示。选择"效果 > 风格化 > 涂抹"命令，在弹出的"涂抹选项"对话框中设置参数，如图10-80所示。单击"确定"按钮，对象的涂抹效果如图10-81所示。

 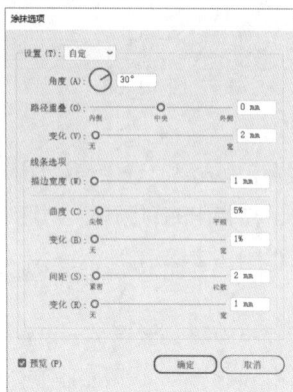 

图10-79 图10-80 图10-81

6．"羽化"命令

使用"羽化"命令可以使对象的边缘从实心颜色逐渐过渡为无色。选中要羽化的对象，如图10-82所示，选择"效果 > 风格化 > 羽化"命令，在弹出的"羽化"对话框中设置参数，如图10-83所示，单击"确定"按钮，对象的羽化效果如图10-84所示。

 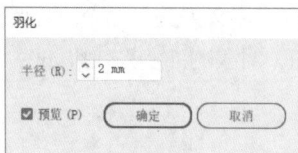 

图10-82 图10-83 图10-84

10.4　Photoshop 效果

Photoshop 效果为栅格效果，也就是用来生成像素的效果，可以应用于矢量图或位图对象。它包括一个效果画廊和9个效果组，有些效果组又包括多个效果。

10.4.1　课堂案例——制作文房四宝展示会海报

✒ 案例学习目标

学习使用"纹理"命令、"画笔描边"命令和"模糊"命令制作文房四宝展示会海报。

🔒 案例知识要点

使用矩形工具、"纹理化"命令制作海报背景，使用文字工具、"创建轮廓"命

微课

制作文房四宝
展示会海报

令、"喷色描边"命令、"高斯模糊"命令添加并编辑标题文字，使用直排文字工具、文字工具、"字符"面板、"字形"面板添加介绍性文字，文房四宝展示会海报效果如图 10-85 所示。

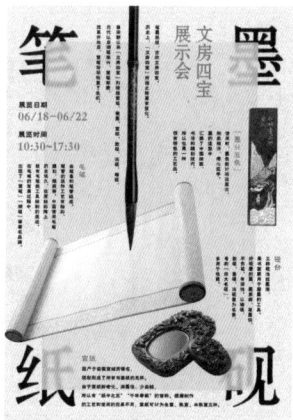

图 10-85

◉ 效果所在位置

云盘\Ch10\效果\制作文房四宝展示会海报.ai。

（1）按 Ctrl+N 组合键，弹出"新建文档"对话框，设置文档的宽度为 500mm，高度为 700mm，方向为纵向，颜色模式为 CMYK 颜色，光栅效果为屏幕（300 ppi），单击"创建"按钮，新建一个文档。

（2）选择"矩形"工具 ▢，绘制一个与页面大小相等的矩形，设置填充色为浅灰色（CMYK 的值分别为 5、4、4、0），填充图形，并设置描边色为无，效果如图 10-86 所示。

（3）选择"效果 > 纹理 > 纹理化"命令，弹出"纹理化"对话框，选项的设置如图 10-87 所示。单击"确定"按钮，效果如图 10-88 所示。

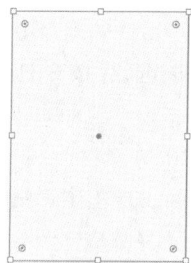

图 10-86

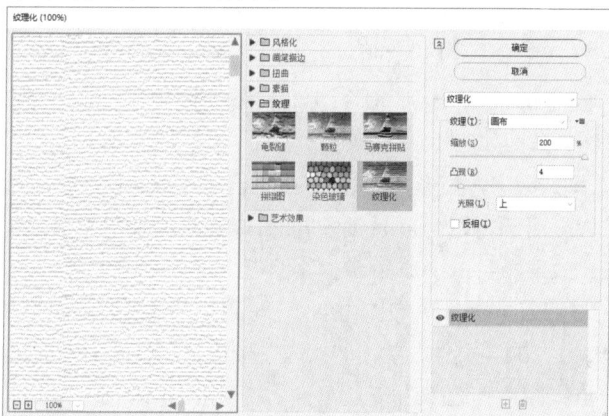

图 10-87

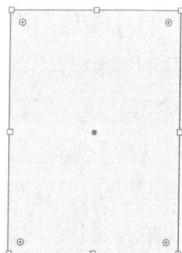

图 10-88

（4）选择"文字"工具 T，在页面四个角分别输入需要的文字。将输入的文字同时选取，选择"选择"工具 ▶，在属性栏中选择合适的字体并设置文字大小，效果如图 10-89 所示。按 Shift+Ctrl+O 组合键，将文字转换为轮廓，效果如图 10-90 所示。

（5）选择"效果 > 画笔描边 > 喷色描边"命令，弹出"喷色描边"对话框，各选项的设置如图 10-91 所示。单击"确定"按钮，效果如图 10-92 所示。

图 10-89

图 10-90

（6）选择矩形工具 ▢，在适当的位置绘制一个矩形，设置填充色为浅黄色（CMYK 的值分别为 12、10、15、0），填充图形，并设置描边色为无，效果如图 10-93 所示。

（7）选择选择工具 ▶，按住 Shift 键的同时，依次单击文字将其同时选取，按 Ctrl+G 组合键，将选中的文字编组。按 Ctrl+C 组合键，复制编组文字，按 Shift+Ctrl+V 组合键，就地粘贴编组文字，如图 10-94 所示。设置填充色为土黄色（CMYK 的值分别为 24、29、40、0），填充文字，效果如图 10-95 所示。

图 10-91

图 10-92

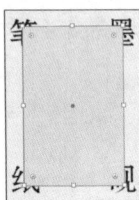
图 10-93

图 10-94

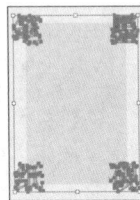
图 10-95

（8）选择"效果 > 模糊 > 高斯模糊"命令，弹出"高斯模糊"对话框，各选项的设置如图 10-96 所示。单击"确定"按钮，效果如图 10-97 所示。

（9）使用选择工具 ▶ 选取下方矩形，按 Ctrl+C 组合键，复制矩形，按 Shift+Ctrl+V 组合键，就地粘贴矩形，如图 10-98 所示。按住 Shift 键的同时，单击下方编组文字，将其同时选取，按 Ctrl+7 组合键，建立剪切蒙版，效果如图 10-99 所示。

（10）选择"文件 > 置入"命令，弹出"置入"对话框。选择云盘中的"Ch10 > 素材 > 制作文房四宝展示会海报 > 01～04"文件，单击"置入"按钮，在页面中分别置入图片，单击工具属性栏中的"嵌入"按钮，嵌入图片。选择选择工具 ▶ ，分别拖曳图片到适当的位置，并调整其大小，效果如图 10-100 所示。

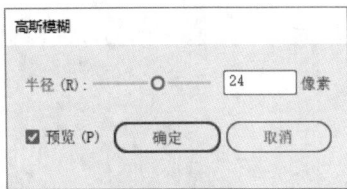
图 10-96

图 10-97

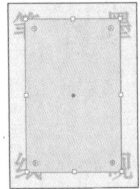
图 10-98

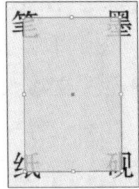
图 10-99

图 10-100

（11）选取需要的图片，选择"窗口 > 变换"命令，弹出"变换"面板，将"旋转"选项设为 31.4°，如图 10-101 所示。按 Enter 键确定操作，效果如图 10-102 所示。

（12）选择直排文字工具 ↓T ，在适当的位置分别输入需要的文字。选择选择工具 ▶ ，在工具属性栏中分别选择合适的字体并设置文字大小，效果如图 10-103 所示。选取文字"文房四宝展示会"，设置填充色为绿色（CMYK 的值分别为 64、36、64、0），填充文字，效果如图 10-104 所示。

（13）选取文字"笔墨……生机"，按 Ctrl+T 组合键，弹出"字符"面板，将"设置行距"选项 设为 48pt，其他选项的设置如图 10-105 所示。按 Enter 键确定操作，效果如图 10-106 所示。

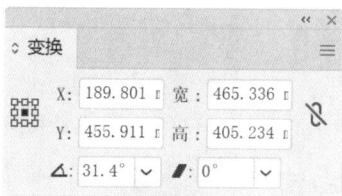
图 10-101

图 10-102

图 10-103

图 10-104

（14）选择直排文字工具 **IT**，在文字"文"上方单击，如图 10-107 所示。选择"文字 > 字形"命令，弹出"字形"面板，设置字体并选择需要的字形，如图 10-108 所示。双击以插入字形，效果如图 10-109 所示。用相同的方法插入其他字形，效果如图 10-110 所示。

图 10-105

图 10-106

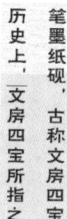
图 10-107

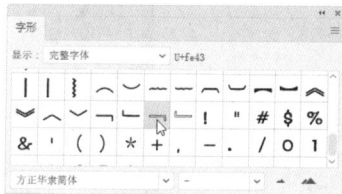
图 10-108

（15）选择文字工具 **T**，在适当的位置分别输入需要的文字。选择选择工具 ▶，在工具属性栏中分别选择合适的字体并设置文字大小，效果如图 10-111 所示。

（16）按住 Shift 键，将需要的文字同时选取，设置填充色为绿色（CMYK 的值分别为 64、36、64、0），填充文字，效果如图 10-112 所示。用相同的方法添加其他文字，效果如图 10-113 所示。文房四宝展示会海报制作完成。

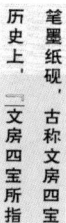
图 10-109

图 10-110

图 10-111

图 10-112

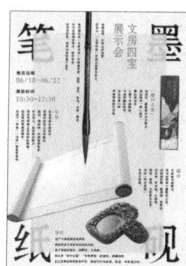
图 10-113

10.4.2 "像素化"效果组

"像素化"效果组可以将图像中颜色相似的像素合并起来，从而产生特殊的效果，如图 10-114 所示。

"像素化"效果组中的效果如图 10-115 所示。

图 10-114

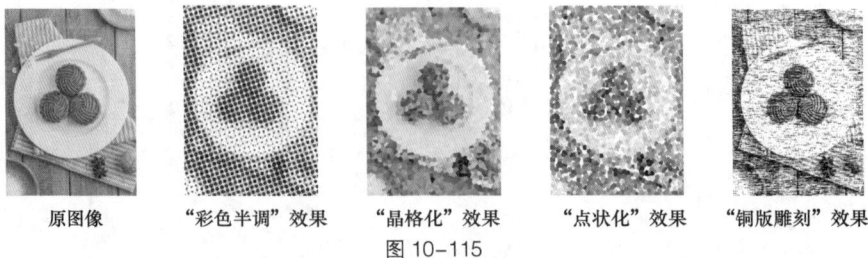

原图像　　　"彩色半调"效果　　　"晶格化"效果　　　"点状化"效果　　　"铜版雕刻"效果

图 10-115

10.4.3　"扭曲"效果组

"扭曲"效果组可以对像素进行移动或插值，从而使图像产生扭曲效果，如图 10-116 所示。

图 10-116

"扭曲"效果组中的效果如图 10-117 所示。

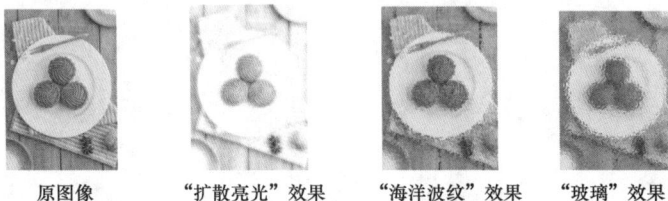

原图像　　　"扩散亮光"效果　　　"海洋波纹"效果　　　"玻璃"效果

图 10-117

10.4.4　"模糊"效果组

"模糊"效果组可以降低相邻像素之间的对比度，使图像产生柔化的效果，如图 10-118 所示。

图 10-118

1."径向模糊"命令

"径向模糊"命令可以使图像产生旋转或运动的效果，模糊的中心位置可以任意调整。

选中图片，如图 10-119 所示。选择"效果 > 模糊 > 径向模糊"命令，在弹出的"径向模糊"对话框中进行设置，如图 10-120 所示，单击"确定"按钮，图像效果如图 10-121 所示。

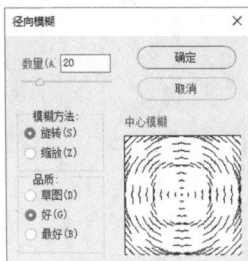

图 10-119　　　　　　　图 10-120　　　　　　　图 10-121

2."特殊模糊"命令

"特殊模糊"命令可以使图像背景产生模糊效果，常用来制作柔化效果。

选中图片，如图 10-122 所示。选择"效果 > 模糊 > 特殊模糊"命令，在弹出的"特殊模糊"对话框中进行设置，如图 10-123 所示。单击"确定"按钮，效果如图 10-124 所示。

图 10-122

图 10-123

图 10-124

3. "高斯模糊"命令

"高斯模糊"命令可以使图像变得柔和、模糊，常用来制作倒影或投影。

选中图像，如图 10-125 所示。选择"效果 > 模糊 > 高斯模糊"命令，在弹出的"高斯模糊"对话框中进行设置，如图 10-126 所示。单击"确定"按钮，图像效果如图 10-127 所示。

图 10-125

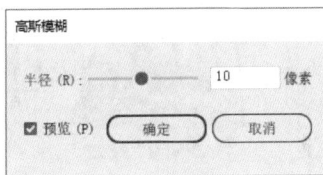
图 10-126

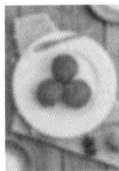
图 10-127

10.4.5 "画笔描边"效果组

"画笔描边"效果组通过不同的画笔和油墨设置使国家产生类似绘画的效果，如图 10-128 所示。

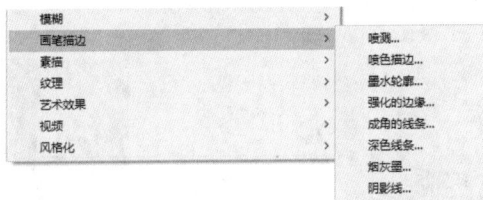
图 10-128

"画笔描边"效果组中的效果如图 10-129 所示。

原图像

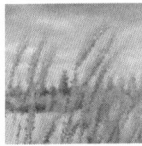
"喷溅"效果

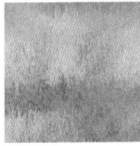
"喷色描边"效果

"墨水轮廓"效果

"强化的边缘"效果

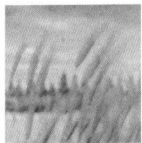
"成角的线条"效果

"深色线条"效果

"烟灰墨"效果

"阴影线"效果

图 10-129

10.4.6 "素描"效果组

"素描"效果组通过模拟现实中的素描、速写等美术方法对图像进行处理，如图 10-130 所示。

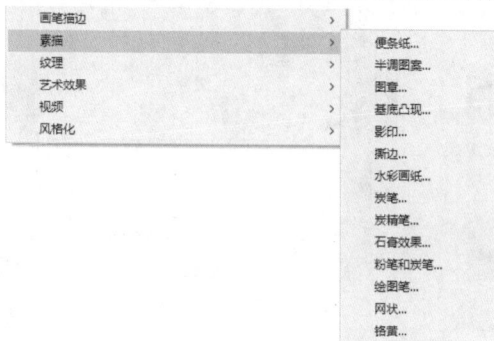

图 10-130

"素描"效果组中的效果如图 10-131 所示。

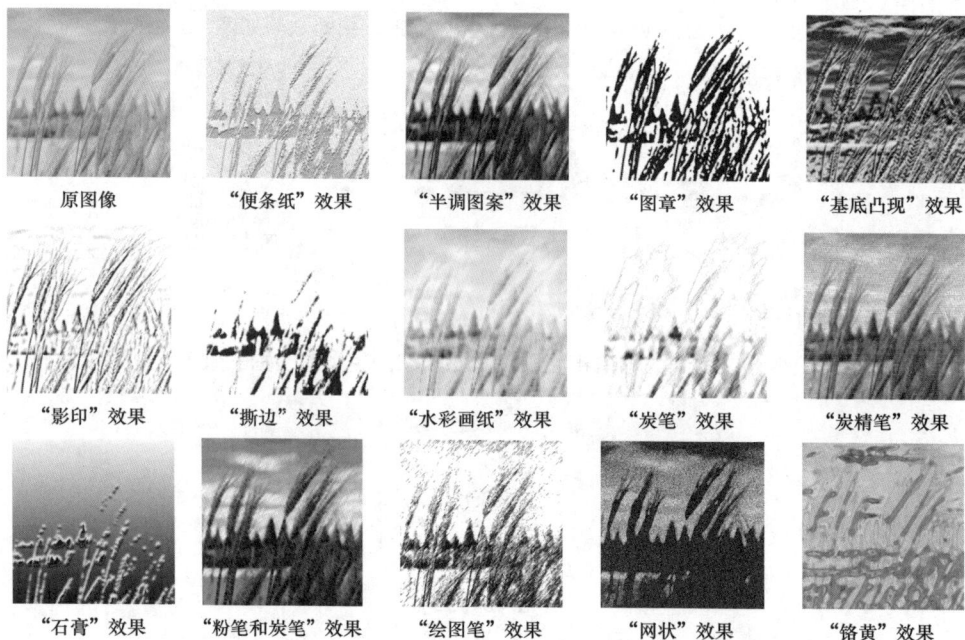

原图像　　　"便条纸"效果　　　"半调图案"效果　　　"图章"效果　　　"基底凸现"效果

"影印"效果　　　"撕边"效果　　　"水彩画纸"效果　　　"炭笔"效果　　　"炭精笔"效果

"石膏"效果　　　"粉笔和炭笔"效果　　　"绘图笔"效果　　　"网状"效果　　　"铬黄"效果

图 10-131

10.4.7 "纹理"效果组

"纹理"效果组可以使图像产生各种纹理效果，还可以利用前景色在空白的图像上制作纹理，如图 10-132 所示。

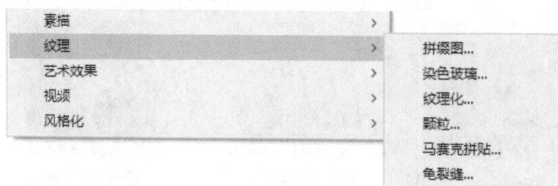

图 10-132

"纹理"效果组中的效果如图 10-133 所示。

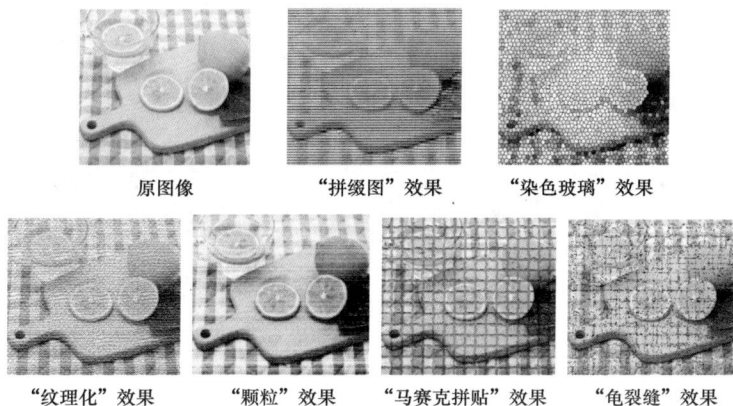

原图像   "拼缀图"效果   "染色玻璃"效果

"纹理化"效果   "颗粒"效果   "马赛克拼贴"效果   "龟裂缝"效果

图 10-133

10.4.8 "艺术效果"效果组

"艺术效果"效果组可以模拟不同的艺术派别，使用不同的工具和介质使图像产生不同的艺术效果，如图 10-134 所示。

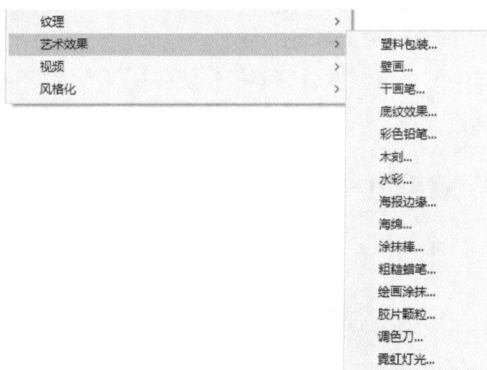

图 10-134

"艺术效果"效果组中的效果如图 10-135 所示。

原图像   "塑料包装"效果   "壁画"效果   "干画笔"效果

"底纹效果"效果   "彩色铅笔"效果   "木刻"效果   "水彩"效果

图 10-135

"海报边缘"效果   "海绵"效果   "涂抹棒"效果   "粗糙蜡笔"效果

"绘画涂抹"效果   "胶片颗粒"效果   "调色刀"效果   "霓虹灯光"效果

图 10-135（续）

10.4.9 "视频"效果组

"视频"效果组是基于栅格的效果，用于解决 Illustrator 格式的图像与视频图像交换时产生的系统差异问题，如图 10-136 所示。

图 10-136

NTSC 颜色：将色域限制在电视机重现时的可接受范围内，以防止过饱和颜色渗到电视扫描行中。

逐行：通过移除视频图像中的奇数或偶数扫描行，使在视频上捕捉的运动图像更平滑。可以通过复制或插值来替换移除的扫描行。

10.4.10 "风格化"效果组

"风格化"效果组中只有 1 个效果，如图 10-137 所示。

图 10-137

"照亮边缘"命令可以把图像中的低对比度区域变为黑色，高对比度区域变为白色，从而使图像中不同颜色的交界处呈现发光效果。

选中图像，如图 10-138 所示。选择"效果 > 风格化 > 照亮边缘"命令，在弹出的"照亮边缘"对话框中进行设置，如图 10-139 所示。单击"确定"按钮，图像效果如图 10-140 所示。

图 10-138

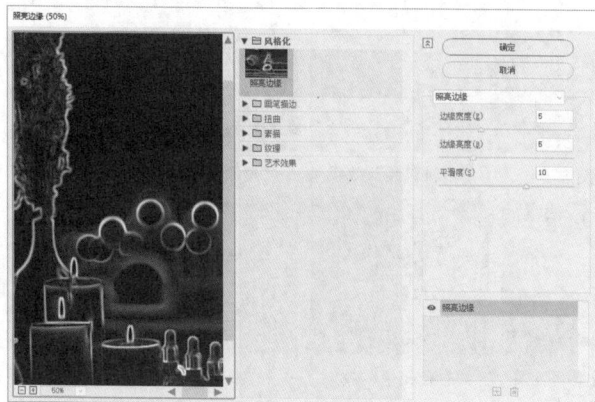

图 10-139

图 10-140

10.5 使用样式

Illustrator 2022 提供了多种样式供用户选择和使用。下面具体介绍各种样式的使用方法。

10.5.1 "图形样式"面板

选择"窗口 > 图形样式"命令，弹出"图形样式"面板。在默认状态下，"图形样式"面板如图 10-141 所示。在"图形样式"面板中，系统提供了多种预设的样式。在制作图像的过程中，用户可以任意调用面板中的样式，还可以创建、保存、管理样式。"图形样式"面板下方的"断开图形样式链接"按钮 ✎ 用于断开样式与图形之间的链接，"新建图形样式"按钮 ⊞ 用于建立新的样式，"删除图形样式"按钮 🗑 用于删除不需要的样式。

Illustrator 2022 提供了丰富的样式库，用户可以根据需要调出样式库。选择"窗口 > 图形样式库"命令，弹出其子菜单，如图 10-142 所示。选择其中的命令可以调出不同的样式库，如图 10-143 所示。

图 10-141

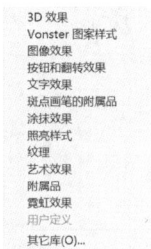
图 10-142

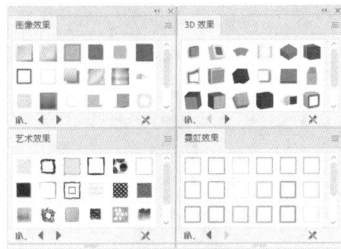
图 10-143

> **提示**　Illustrator 2022 中的样式有 CMYK 模式和 RGB 模式两种类型。

10.5.2 添加与保存样式

选中要添加样式的图形，如图 10-144 所示。在"3D 效果"面板中单击要添加的样式，如图 10-145 所示。添加样式后，图形如图 10-146 所示。

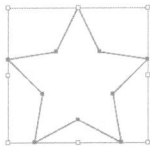
图 10-144

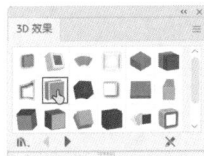
图 10-145

图 10-146

定义图形的外观后，可以将其保存。选中要保存外观的图形，如图 10-147 所示。单击"图形样式"面板中的"新建图形样式"按钮 ⊞，样式被保存到样式库，如图 10-148 所示。将图形直接拖曳到"图形样式"面板中也可以保存图形的样式，如图 10-149 所示。

把"图形样式"面板中的样式添加到图形上时，Illustrator 2022 将在图形和选定的样式之间创建链接关系。也就是说，如果"图形样式"面板中的样式发生了变化，那么添加了相应样式的图形也会随之变化。单击"图形样式"面板中的"断开图形样式链接"按钮 ✎，可断开链接关系。

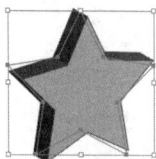
图 10-147

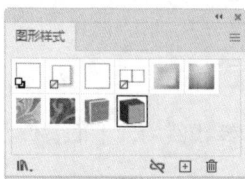
图 10-148

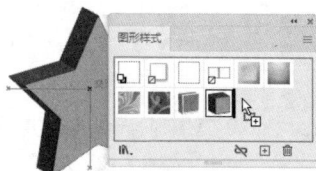
图 10-149

10.6 "外观"面板

在 Illustrator 2022 的"外观"面板中可以查看当前对象或图层的外观属性，包括应用到对象上的效果、描边颜色、描边粗细、填色、不透明度等。

选择"窗口 > 外观"命令，弹出"外观"面板。选中一个对象，如图 10-150 所示，"外观"面板中将显示该对象的各项外观属性，如图 10-151 所示。

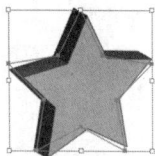
图 10-150

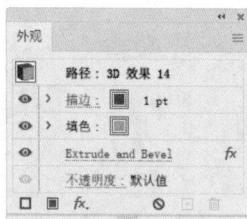
图 10-151

"外观"面板可分为两个部分。

第一部分显示当前选择的路径或图层的缩略图。

第二部分显示当前路径或图层的外观属性，包括应用到当前路径上的效果、描边颜色、描边粗细、填色和不透明度等。如果同时选中的多个对象具有不同的外观属性，如图 10-152 所示，"外观"面板不会显示每个对象的外观属性，只会提示当前选择为混合外观，如图 10-153 所示。

图 10-152

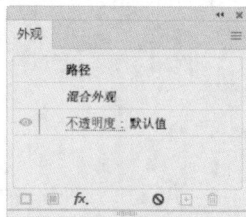
图 10-153

在"外观"面板中，各项外观属性按照一定的顺序进行排列，后应用的效果位于先应用的效果之上。拖曳各项外观属性，可以重新排列外观属性，从而改变对象的外观。例如，当图像的描边属性在填色属性之上时，图像效果如图 10-154 所示。在"外观"面板中将描边属性拖曳到填色属性的下方，如图 10-155 所示，图像效果如图 10-156 所示。

在创建新对象时，Illustrator 2022 会将当前设置的外观属性自动添加到新对象上。

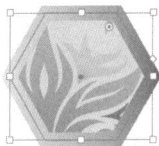

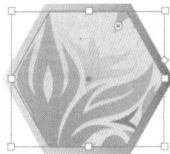

图 10-154　　　　　图 10-155　　　　　图 10-156

课堂练习——制作童装网站详情页主图

🔗 练习知识要点

使用矩形工具和直接选择工具制作底图，使用"置入"命令置入素材图片，使用"投影"命令为商品图片添加投影效果，使用文字工具添加主图信息，童装网站详情页主图效果如图 10-157 所示。

图 10-157

微课

制作童装网站
详情页主图

📍 效果所在位置

云盘\Ch10\效果\制作童装网站详情页主图.ai。

微课

制作夏日饮品营销
海报

课后习题——制作夏日饮品营销海报

🔗 习题知识要点

使用"置入"命令置入图片，使用文字工具、填充工具和"涂抹"命令添加并编辑标题文字，使用文字工具、"字符"面板添加其他相关信息，夏日饮品营销海报效果如图 10-158 所示。

📍 效果所在位置

云盘\Ch10\效果\制作夏日饮品营销海报.ai。

图 10-158

11

第 11 章
综合设计实训

本章介绍

　　本章的综合设计实训案例是根据商业设计项目的真实情境设计的。通过本章的学习，学生能进一步掌握 Illustrator 2022 的强大功能和使用技巧，并应用所学技能制作出专业的商业设计作品。

学习目标

✔ 熟悉 Illustrator 的常用设计领域。
✔ 了解 Illustrator 在不同设计领域的应用。

技能目标

✔ 掌握家居宣传单三折页的制作方法。
✔ 掌握阅读平台推广海报的制作方法。
✔ 掌握苏打饼干包装的制作方法。
✔ 掌握电商网站首页 Banner 的制作方法。
✔ 掌握餐饮类 App 引导页的制作方法。

素养目标

✔ 培养商业设计思维。
✔ 培养举一反三、学以致用的能力。

11.1 宣传单设计——制作家居宣传单三折页

11.1.1 项目背景及要求

1. 客户名称

顾凯美家居。

2. 客户需求

顾凯美是一家家居用品零售商，主要销售座椅、沙发、厨房用品、照明用品等。目前，品牌推出了新款家居产品，要求制作宣传单，用于街头派发、橱窗及公告栏展示。宣传单以宣传新款产品为主要内容，要求内容明确清晰，展现家居产品的品质。

3. 设计要求

（1）内容以家居产品实体照片为主，文字与图片相结合，相互衬托。

（2）色调明亮，清晰地体现出家居产品的品质，给人舒适的视觉感受。

（3）画面构图合理，突出展示家居产品。

（4）整体设计简洁明了，以第一时间向客户传递有用的信息。

（5）设计规格为 285 mm（宽）×210 mm（高），分辨率为 300 dpi。

11.1.2 项目创意及制作

1. 素材资源

图片素材所在位置：云盘中的"Ch11\素材\制作家居宣传单三折页\01～06"。

文字素材所在位置：云盘中的"Ch11\素材\制作家居宣传单三折页\文字文档"。

2. 作品参考

设计作品参考效果所在位置：云盘中的"Ch11\效果\制作家居宣传单三折页.ai"。效果如图 11-1 所示。

微课

制作家居宣传单
三折页 1

微课

制作家居宣传单
三折页 2

图 11-1

3. 制作要点

使用"置入"命令添加家居产品图片，使用矩形工具和"剪切蒙版"命令制作图片剪切蒙版，使用文字工具、"字符"面板、"段落"面板添加正面、背面和内页宣传信息，使用矩形工具、直线段工具绘制装饰图形。

11.2　海报设计——制作阅读平台推广海报

11.2.1　项目背景及要求

1. 客户名称

Circle。

2. 客户需求

Circle 是一个以文字、图片、视频等多媒体形式为主的，可实现信息的即时分享的阅读平台。现需要制作一款宣传海报，用于推广该平台，要求内容明确清晰。

3. 设计要求

（1）海报内容以图书插画为主，将文字与图片相结合，表明主题。

（2）色调淡雅，带给人平静、放松的视觉感受。

（3）画面干净整洁，使观者体会到阅读的快乐。

（4）设计规格为 750 px（宽）×1181 px（高），分辨率为 72 dpi。

微课

制作阅读平台推广
海报

11.2.2　项目创意及制作

1. 素材资源

图片素材所在位置：云盘中的"Ch11\素材\制作阅读平台推广海报\01、02"。

文字素材所在位置：云盘中的"Ch11\素材\制作阅读平台推广海报\文字文档"。

2. 作品参考

设计作品参考效果所在位置：云盘中的"Ch11\效果\制作阅读平台推广海报.ai"。效果如图 11-2 所示。

3. 制作要点

使用"置入"命令、"不透明度"选项添加海报背景，使用直排文字工具、"字符"面板、"创建轮廓"命令、矩形工具和"路径查找器"面板添加并编辑标题文字，使用直接选择工具、删除锚点工具调整文字，使用直线段工具、"描边"面板绘制装饰线条。

图 11-2

11.3　包装设计——制作苏打饼干包装

11.3.1　项目背景及要求

1. 客户名称

好乐奇食品有限公司。

2. 客户需求

好乐奇是一家以休闲零食的研发、分装及销售为主的产业链平台型公司。公司现阶段新推出香葱酵母苏打饼干，需要为其设计一款包装，重点突出产品的种类及产品信息等。包装设计要求画面简洁、视觉效果醒目。

3. 设计要求

（1）采用纸质盒状包装，体现产品特色的同时起到保护产品的作用。

（2）将产品图片放在画面主要位置，突出主题。

（3）画面以黄色为主色调，带给人酥香爽口的感觉。

（4）整体设计简洁明了，以第一时间向客户传递有用的信息。

（5）设计规格为 234 mm（宽）×268 mm（高），分辨率为 300 dpi。

微课

制作苏打饼干包装 1

11.3.2 项目创意及制作

1. 素材资源

图片素材所在位置：云盘中的"Ch11\素材\制作苏打饼干包装\01～03"。

文字素材所在位置：云盘中的"Ch11\素材\制作苏打饼干包装\文字文档"。

微课

制作苏打饼干包装 2

微课

制作苏打饼干包装 3

2. 作品参考

设计作品参考效果所在位置：云盘中的"Ch11\效果\制作苏打饼干包装.ai"。效果如图 11-3 所示。

3. 制作要点

使用"置入"命令添加产品图片，使用"投影"命令为产品图片添加阴影效果，使用矩形工具、渐变工具、"变换"面板、镜像工具、添加锚点工具和直接选择工具制作包装平面展开图，使用文字工具、倾斜工具和填充工具添加产品名称，使用文字工具、"字符"面板、矩形工具和直线段工具添加营养成分表和其他信息。

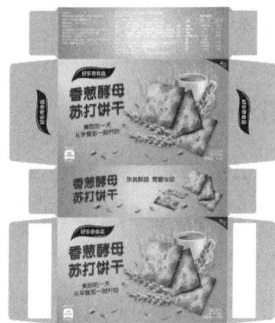

图 11-3

11.4 Banner 设计——制作电商网站首页 Banner

11.4.1 项目背景及要求

1. 客户名称

简维电器。

2. 客户需求

简维电器是一家综合性家电企业，销售的商品涵盖手机、电脑、热水器、冰箱等品类。该企业现推出新款超薄嵌入式冰箱，需要进行 Banner 设计，用于产品宣传及推广，要求 Banner 设计采用现代风格，给人沉稳干净的印象。

3. 设计要求

（1）视觉风格要现代时尚，突显冰箱的科技感和高品质。

（2）颜色使用冷色调，给人清新、干净、高级的印象。

（3）文字设计直观醒目。

（4）使用高质量的产品照片，展示产品的外观设计。

（5）设计规格为 1200 px（宽）×675 px（高），分辨率为 72 dpi。

11.4.2　项目创意及制作

1. 素材资源

图片素材所在位置：云盘中的"Ch11\素材\制作电商网站首页 Banner \ 01～03"。

文字素材所在位置：云盘中的"Ch11\素材\制作电商网站首页 Banner \文字文档"。

2. 作品参考

设计作品参考效果所在位置：云盘中的"Ch11\效果\制作电商网站首页 Banner.ai"，效果如图 11-4 所示。

3. 制作要点

使用"置入"命令、"不透明度"选项添加产品图片，使用文字工具、"字符"面板和"渐变"面板添加标题和产品信息，使用"投影"命令为文字添加投影效果，使用圆角矩形工具、"路径查找器"面板和直线段工具绘制装饰图形。

微课

制作电商网站首页
Banner

图 11-4

11.5　引导页设计——制作餐饮类 App 引导页 1

11.5.1　项目背景及要求

1. 客户名称

美食佳。

2. 客户需求

美食佳是一家餐饮连锁店，现为更好地发展需要制作一款 App。本例要求进行 App 引导页设计，设计要体现出该餐饮连锁店的特点。

3. 设计要求

（1）引导页采用插画的形式。

（2）界面内容丰富，图文搭配合理。

（3）画面色彩充满时尚性和现代感。

（4）设计风格具有特色，版式布局合理有序。

（5）设计规格为 750 px（宽）×1624 px（高），分辨率为 72 dpi。

微课

制作餐饮类 App
引导页 1

11.5.2　项目创意及制作

1. 素材资源

图片素材所在位置：云盘中的"Ch11\素材\制作餐饮类 App 引导页 1\01"。

文字素材所在位置：云盘中的"Ch11\素材\制作餐饮类 App 引导页 1\文字文档"。

2. 作品参考

设计作品参考效果所在位置：云盘中的"Ch11\效果\制作餐饮类 App 引导页 1.ai"。效果如图 11-5 所示。

3. 制作要点

使用圆角矩形工具、椭圆工具绘制餐盘，使用椭圆工具、直接选择工具、圆角矩形工具和"路径查找器"命令绘制小鱼和筷子，使用文字工具、"字符"面板添加相关信息。

11.6 课堂练习 1——设计家居画册封面

11.6.1 项目背景及要求

1. 客户名称

东方木品家装有限公司。

2. 客户需求

东方木品是一家致力于提供高品质的家居设计方案的家装公司。该公司现需要设计家居画册的封面，用于展示公司的设计理念、作品等。画册封面的主题为"雅韵东方"，目标受众为有家居装修需求的业主和对美学有追求的客户，要求通过画册封面突出公司的设计风格和专业性，吸引潜在客户对公司的关注。

3. 设计要求

（1）设计风格大气简约，利用图像和文字的组合营造视觉层次感，突出重点。

（2）画册封面的色彩要素雅，以给人舒适感并衬托主题。

（3）突出主题信息，使人一目了然。

（4）画面的色调搭配和谐。

（5）设计规格为 420 mm（宽）×285 mm（高），分辨率为 300 dpi。

图 11-5

微课

设计家居画册封面

11.6.2 项目创意及制作

1. 素材资源

图片素材所在位置：云盘中的"Ch11\素材\设计家居画册封面\01、02"。

文字素材所在位置：云盘中的"Ch11\素材\设计家居画册封面\文字文档"。

2. 制作提示

首先新建文件并制作封面底图，然后添加封面名称及其他信息，制作标志，最后制作封底。

3. 知识提示

使用参考线分割页面，使用矩形工具、"变换"面板、"置入"命令、"剪切蒙版"命令和"变换"命令制作封面底图，使用文字工具、"字符"面板添加封面信息，使用钢笔工具、文字工具制作标志，使用直线段工具、椭圆工具绘制装饰图形。

11.7 课堂练习 2——设计餐饮类 App 引导页 2

11.7.1 项目背景及要求

1. 客户名称

Shine。

2. 客户需求

Shine 是一家本地生活平台，主营在线外卖、新零售、即时配送和餐饮供应链等业务，现因业务增加需要制作新款 App。本例要求进行 App 引导页设计，用于平台的宣传和推广，设计要体现出平台的特点。

3. 设计要求

（1）引导页主体图案采用插画的形式，体现出平台的特点。

（2）界面功能齐全，图文搭配合理。

（3）界面的色调搭配和谐。

（4）整体设计简洁明了，能准确地为用户提供平台信息。

（5）设计规格为 750 px（宽）×1624 px（高），分辨率为 72 dpi。

微课

设计餐饮类 App
引导页 2

11.7.2 项目创意及制作

1. 素材资源

图片素材所在位置：云盘中的"Ch11\素材\设计餐饮类 App 引导页 2\01"。

文字素材所在位置：云盘中的"Ch11\素材\设计餐饮类 App 引导页 2\文字文档"。

2. 制作提示

首先新建文件，然后置入状态栏，并制作电动车图形，最后添加文字信息。

3. 知识提示

使用"置入"命令添加状态栏，使用圆角矩形工具、矩形工具、椭圆工具、钢笔工具、"描边"面板和"路径查找器"命令绘制电动车图形，使用文字工具、"字符"面板添加文字，使用圆角矩形工具、文字工具绘制开始按钮。

11.8 课后习题 1——设计食品宣传单

11.8.1 项目背景及要求

1. 客户名称

味食美餐厅。

2. 客户需求

味食美是一家专门制作各类快餐的餐厅，一直深受周围居民和食客的喜爱。在端午节来临之际，味食美餐厅推出了新品粽子，要求制作宣传单，用于街头派发、橱窗及公告栏展示。宣传单以宣传新品粽子为主体内容，要求内容明确清晰，展现可口美食。

3. **设计要求**

（1）内容以食物照片为主，使文字与图片相结合，相互衬托。

（2）色调鲜艳，以引起食欲。

（3）画面构图饱满，使人的视线被美食吸引。

（4）整体设计简洁明了，以第一时间向顾客传递有用的信息。

（5）设计规格为 92 mm（宽）×210 mm（高）分辨率为 300 dpi。

微课　　　　微课

设计食品宣传单 1　　设计食品宣传单 2

11.8.2　项目创意及制作

1. **素材资源**

图片素材所在位置：云盘中的"Ch11\素材\设计食品宣传单\01～05"。

文字素材所在位置：云盘中的"Ch11\素材\设计食品宣传单\文字文档"。

2. **制作提示**

首先新建文件，然后制作宣传单正面效果以及宣传单背面效果。

3. **知识提示**

使用文字工具、"创建轮廓"命令和"描边"面板添加并编辑标题文字，使用直线段工具绘制装饰线条，使用文字工具、"制表符"命令添加产品品类信息，使用文字工具、"字符"面板添加其他相关信息。

11.9　课后习题 2——设计腊八节宣传海报

11.9.1　项目背景及要求

1. **客户名称**

溯源文化发展有限公司。

2. **客户需求**

溯源是一家致力于传承和弘扬中华传统文化的公司，主营内容包括传统文化活动策划、文化传媒推广、文化教育培训等。在腊八节来临之际，该公司希望设计一份宣传海报，吸引大众了解腊八节的文化内涵，增进文化认同。

3. **设计要求**

（1）使用腊八节传统元素进行装饰。

（2）文字表达简洁生动，突出腊八节的文化内涵和节日亮点。

（3）布局合理清晰、突出重点。

（4）设计规格为 420 mm（宽）×570 mm（高），分辨率为 300 dpi。

微课

设计腊八节宣传
海报

11.9.2 项目创意及制作

1. 素材资源

图片素材所在位置：云盘中的"Ch11\素材\设计腊八节宣传海报\01～11"。

文字素材所在位置：云盘中的"Ch11\素材\设计腊八节宣传海报\文字文档"。

2. 制作提示

首先新建文件，然后制作背景效果和发散效果，最后制作宣传文字。

3. 知识提示

使用"置入"命令添加粗粮图片，使用椭圆工具、"径向"命令、极坐标网格工具和"变换"面板制作发散效果，使用椭圆工具、混合工具、路径文字工具制作路径文字，使用文字工具、"字符"面板添加介绍性文字。